高等学校"十二五"规划教材·计算机软件工程系列

离散数学

王义和　主　编
张淑丽　姜守旭　副主编

哈尔滨工业大学出版社

内容简介

本书内容包括四部分：集合论、图论、近世代数和数理逻辑，共 13 章。第一部分集合论，包括集合及其运算、映射、关系、无穷集合及其基数；第二部分图论，包括图的基本概念、树、平面图和图的着色、有向图；第三部分近世代数，包括群、环与域、格与布尔代数；第四部分数理逻辑，包括命题逻辑和谓词逻辑。每节后都配有习题。

本书可作为普通高等学校软件工程、计算机等相关专业的教材，也可供从事计算机工作的有关人员参考。

图书在版编目(CIP)数据

离散数学/王义和主编. —哈尔滨：哈尔滨工业大学出版社，2012.3(2020.1 重印)
高等学校"十二五"规划教材·计算机软件工程系列
ISBN 978-7-5603-3486-8

Ⅰ.①离… Ⅱ.①王… Ⅲ.①离散数学－高等学校－教材 Ⅳ.①O158

中国版本图书馆 CIP 数据核字(2012)第 012499 号

策划编辑	王桂芝　赵文斌
责任编辑	王桂芝
出版发行	哈尔滨工业大学出版社
社　　址	哈尔滨市南岗区复华四道街10号　邮编150006
传　　真	0451-86414749
网　　址	http://hitpress.hit.edu.cn
印　　刷	黑龙江艺德印刷有限责任公司
开　　本	787mm×1092mm　1/16　印张 12.25　字数 300 千字
版　　次	2012 年 3 月第 1 版　2020 年 1 月第 3 次印刷
书　　号	ISBN 978-7-5603-3486-8
定　　价	28.00 元

(如因印装质量问题影响阅读，我社负责调换)

高等学校"十二五"规划教材
计算机软件工程系列

编审委员会

名誉主任 丁哲学
主　　任 王义和
副 主 任 王建华
编　　委 （按姓氏笔画排序）

　　　　　　王霓虹　印桂生　许少华　任向民
　　　　　　衣治安　刘胜辉　苏中滨　张　伟
　　　　　　苏建民　李金宝　苏晓东　张淑丽
　　　　　　沈维政　金　英　胡　文　姜守旭
　　　　　　贾宗福　黄虎杰　董宇欣

◎ 序

Foreword

随着计算机软件工程的发展和社会对计算机软件工程人才需求的增长,软件工程专业的培养目标更加明确,特色更加突出。目前,国内多数高校软件工程专业的培养目标是以需求为导向,注重培养学生掌握软件工程基本理论、专业知识和基本技能,具备运用先进的工程化方法、技术和工具从事软件系统分析、设计、开发、维护和管理等工作能力,以及具备参与工程项目的实践能力、团队协作能力、技术创新能力和市场开拓能力,具有发展成软件行业高层次工程技术和企业管理人才的潜力,使学生成为适应社会市场经济和信息产业发展需要的"工程实用型"人才。

本系列教材针对软件工程专业"突出学生的软件开发能力和软件工程素质,培养从事软件项目开发和管理的高级工程技术人才"的培养目标,集9家软件学院(软件工程专业)的优秀作者和强势课程,本着"立足基础,注重实践应用;科学统筹,突出创新特色"的原则,精心策划编写。具体特色如下:

1. 紧密结合企业需求,多校优秀作者联合编写

本系列教材在充分进行企业需求、学生需要、教师授课方便等多方市场调研的基础上,采取校企适度联合编写的做法,根据目前企业的普遍需要,结合在校学生的实际学习情况,校企作者共同研讨、确定课程的安排和相关教材内容,力求使学生在校学习过程中就能熟悉和掌握科学研究及工程实践中需要的理论知识和实践技能,以便适应就业及创业的需要,满足国家对软件工程人才的需要。

2. 多门课程系统规划,注重培养学生工程素质

本系列教材精心策划,从计算机基础课程→软件工程基础与主干课程→设计与实践课程,系统规划,统一编写。既考虑到每门课程的相对独立性、基础知识的完整性,又兼顾到相关课程之间的横向联系,避免知识点的简单重复,力求形成科学、完整的知识体系。

本系列教材中的《离散数学》、《数据库系统原理》、《算法设计与分析》等基础教材在引入概念和理论时,尽量使其贴近社会现实及软件工程等学科的技术和应用,力图将基本知识与软件工程学科的实际问题结合起来,在具备直观性的同时强调启发性,让学生理解所学的知

识。《软件工程导论》《软件体系结构》《软件质量保证与测试技术》《软件项目管理》等软件工程主干课程以《软件工程导论》为线索,各课程间相辅相成,互相照应,系统地介绍了软件工程的整个学习过程。《数据结构应用设计》《编译原理设计与实践》《操作系统设计与实践》《数据库系统设计与实践》等实践类教材以实验为主题,坚持理论内容以必需和够用为度,实验内容以新颖、实用为原则编写。通过一系列实验,培养学生的探究问题、分析问题的能力,激发学生的学习兴趣,充分调动学生的非智力因素,提高学生的实践能力。

相信本系列教材的出版,对于培养软件工程人才、推动我国计算机软件工程事业的发展将起到积极作用。

2011年7月

◎ 前 言

Preface

　　离散数学是普通高等学校计算机专业和软件工程专业等相关专业的一门基础课程。离散数学课程的内容是以研究离散量的结构和相互间的关系为主要目标，其研究对象一般是有限或可数个元素，因此它充分描述了计算机科学离散性的特点。离散数学与数据结构、操作系统、编译理论、算法分析、逻辑设计、系统结构等课程紧密联系，因此，在国内外的教材中，取材各异，侧重不同。为了适应大众化高等教育阶段应用型软件人才的培养，我们根据近年来的教学实践，编写了这本普通高等学校计算机和软件工程等相关专业适用的离散数学教材。

　　本书内容既强调了基础性和理论性，又体现了先进性和应用性，在满足计算机和软件工程等相关专业对数学知识需求的基础上，培养学生的抽象思维和逻辑推理能力。因此，本书在引入概念和理论时会将其背景交代清楚，尽量使其贴近社会现实及计算机和软件工程等学科的技术和应用，力图将基本知识与计算机和软件工程学科的实际问题结合起来，在具备直观性的同时强调启发性，既能让学生易于理解所学的知识，又能让其具备创新意识和开拓精神。

　　本书充分尊重学生学习过程的认知规律，循序渐进，深入浅出，强调实用，本着精简、高效的原则，紧紧围绕计算机和软件工程等相关专业的需求，提高课程内容的知识集成度，选择在后继课程中直接用到的那些数学概念和方法等有关内容，以及一些对培养学生逻辑思维和抽象能力特别有益的内容，旨在使学生学会特定的一些数学事实并知道怎样应用，学会数学思维和解决应用问题的方法。本书文字精练、简明，但不失严谨。

　　本书的主要内容包括集合论、图论、近世代数和数理逻辑4个部分，共13章。集合论部分包括集合及其运算、映射、关系、无穷集合及其基数；图论部分包括图的基本概念、树、平面图与图的着色、有向图；近世代数部分包括群、环与域、格与布尔代数；数理逻辑部分包括命题逻辑和谓词逻辑。每节后都配有难度不同的习题以供读者练习之用。本书突出特点是：以集合论为基础，具有高度的抽象性和推理的严密性。

　　本书第1~11章主要内容基于《离散数学引论》(王义和编著)，根据对学生的培养要求，进行了删减和重新组织，第12~13章为新补充内容。本书由哈尔滨工业大学王义和教授任主编，哈尔滨理工大学张淑丽、哈尔滨工业大学姜守旭任副主编，全书由张淑丽统稿，王义和最后审定。具体编写分工如下：第1~4章由王义和编写，第5~8章由姜守旭编写，第9~13章由张淑丽编写。

　　由于作者水平有限，书中难免存在一些疏漏和不当之处，敬请读者批评指正。

编　者
2012年1月

目录

第一部分 集合论

第1章 集合及其运算 ... 3
- 1.1 集合的概念 ... 3
- 1.2 集合之间的关系 ... 5
- 1.3 集合的运算 ... 7
- 1.4 笛卡儿积 ... 13
- 1.5 有穷集合的基数 ... 15

第2章 映射 ... 19
- 2.1 映射的基本概念 ... 19
- 2.2 抽屉原理 ... 23
- 2.3 映射的合成和逆 ... 24
- 2.4 置换 ... 27
- 2.5 二元运算和 n 元运算 ... 29

第3章 关系 ... 31
- 3.1 关系的概念 ... 31
- 3.2 关系矩阵和关系图 ... 33
- 3.3 关系的性质 ... 35
- 3.4 复合关系和逆关系 ... 38
- 3.5 关系的闭包 ... 41
- 3.6 等价关系与集合的划分 ... 43
- 3.7 偏序关系 ... 46

第4章 无穷集合及其基数 ... 49
- 4.1 可数集 ... 49
- 4.2 连续统集 ... 52
- 4.3 基数及其比较 ... 54
- 4.4 康托－伯恩斯坦定理 ... 56

第二部分 图 论

第5章 图的基本概念 ... 61
- 5.1 图的基本定义 ... 61
- 5.2 路、圈与连通图 ... 65
- 5.3 补图与偶图 ... 67
- 5.4 欧拉图和哈密顿图 ... 69
- 5.5 图的矩阵表示 ... 73
- 5.6 带权图与最短路问题 ... 75

第6章 树 ... 78
- 6.1 树及其性质 ... 78
- 6.2 生成树 ... 80
- 6.3 割点和桥 ... 82
- 6.4 顶点连通度和边连通度 ... 84

第7章 平面图与图的着色 ... 86
- 7.1 平面图及其欧拉公式 ... 86
- 7.2 库拉托夫斯基定理 ... 88
- 7.3 图的着色 ... 90

第8章 有向图 ... 94
- 8.1 有向图的概念 ... 94
- 8.2 有向路与有向圈 ... 96
- 8.3 有向树与有序树 ... 100
- 8.4 判定树与比赛图 ... 103

第三部分 近世代数

第9章 群 ... 107
- 9.1 二元代数运算 ... 107
- 9.2 半群和幺半群 ... 109
- 9.3 群的定义和性质 ... 112
- 9.4 子群 ... 115
- 9.5 变换群和循环群 ... 117
- 9.6 陪集和拉格朗日定理 ... 119
- 9.7 同态与同构 ... 121

第 10 章　环与域 ·· 126
10.1　环与域的定义及性质 ··· 126
10.2　同态和理想 ·· 130
10.3　环的同态基本定理 ·· 133

第 11 章　格与布尔代数 ··· 135
11.1　格的定义及简单性质 ··· 135
11.2　特殊的格 ·· 139
11.3　布尔代数的定义及简单性质 ·· 140
11.4　布尔表达式与布尔函数 ··· 144

第四部分　数理逻辑

第 12 章　命题逻辑 ··· 151
12.1　命题及联结词 ·· 151
12.2　命题公式与恒等式 ·· 154
12.3　重言式与蕴含式 ··· 160
12.4　其他联结词 ··· 164
12.5　范式 ·· 166
12.6　命题逻辑的推理理论 ·· 169

第 13 章　谓词逻辑 ··· 173
13.1　谓词与量词 ··· 173
13.2　谓词公式与变元的约束 ··· 176
13.3　谓词演算的恒等式与蕴含式 ·· 178
13.4　前束范式 ·· 180
13.5　谓词逻辑的推理理论 ·· 182

参考文献 ··· 184

第一部分　集合论

集合论的起源可以追溯到16世纪末期。开始时是为了追寻微积分的坚实的基础,人们仅进行了有关数集的研究。集合论是德国数学家康托(G. Cantor)于1874年创立的,他发表了一系列有关集合论的文章,对任意元素的集合进行了深入的探讨,提出了关于基数、序数和良序集等理论,奠定了集合论的深厚基础。

随着集合论的发展,以及关于它与数学、哲学密切联系所做的讨论,于1900年前后,出现了布拉利福蒂(Burali-Forti)悖论、康托悖论和罗素(B. Russell)悖论等各种悖论,使集合论的发展一度陷入僵滞的局面。

1904～1908年,策墨罗(E. Zermelo)提出了第一个集合论的公理系统,他的公理使数学哲学中产生的一些矛盾基本得到统一。在此基础上,逐步形成了公理化集合论和抽象集合论,使该学科成为在数学中发展最为迅速的一个分支。集合论在数学中占有一个独特的地位,它的基本概念已渗透到数学的所有领域。

而今,集合论是现代数学的基础,在计算机科学中具有十分广泛的应用,计算机科学领域中的大多数基本概念和理论,几乎都用集合论的有关术语来描述和论证。

集合论是研究集合的数学理论,在朴素集合论中,集合是被当作一堆物件构成的整体之类的原始概念。在公理化集合论中,集合和集合中的元素并不直接被定义,而是先规范可以描述其性质的一些公理。由此,集合和集合中的元素是有如欧氏几何中的点和线,而不被直接定义。

本部分讲述朴素集合论,主要内容包括集合及其运算、映射、关系、无穷集合的基数。其中,集合及其运算是基础,映射和关系是重点,无穷集合的基数是难点。

第 1 章

集合及其运算

本章首先讨论集合论的基本概念,包括集合及其元素、元素与集合之间的属于关系,以及集合的表示方法。然后,定义子集、幂集以及集合相等,接着定义并、交、差、对称差、补集、笛卡儿积等集合间的运算,并阐述各运算的性质及相互联系。最后,介绍有穷集合的基数与基本计数法则。

1.1 集合的概念

"集合"是集合论中最原始的概念,以至于无法用更原始的概念来定义它。因此,我们只能给出这个概念的非形式描述,用于说明这个概念的含义。

通常将一些互不相同的、确定的对象的全体称为集合,简称集。这些对象作为集合的成员,称为集合的元素。常用大写字母表示集合,用小写字母表示元素。

集合的元素,既可以是具体的事物,也可以是抽象的概念。例如,某教室里的所有学生构成的整体是一个集合,所有整数构成的整体也是一个集合。集合的元素是可区分的,因此任一元素,对于一个给定的集合,或者这个元素是该集合的一个元素,或者这个元素不是该集合的一个元素,二者必居其一,且仅居其一。于是,一个元素 a 对于一个集合 A,若 a 是 A 中的一个元素,则称 a 属于 A,记为 $a \in A$;否则,若 a 不是 A 中的一个元素,则称 a 不属于 A,记为 $a \notin A$ 或 $a \overline{\in} A$。集合、元素、属于关系就是集合论中的三个原始概念。

例 1.1 设 $\mathbf{I}$ 为整数集,则 $-5 \in \mathbf{I}, 2^8 \in \mathbf{I}, 8.6 \notin \mathbf{I}, \sqrt{2} \notin \mathbf{I}$。

我们常用两种方法表示集合。第一种方法是将集合的元素逐一枚举出来,元素之间用逗号","加以间隔,并用一对括号"{ }"括起来,这称为枚举法表示,或列举法表示。

例 1.2 由三个自然数 1,2,3 构成的集合表示为 $\{1,2,3\}$。

在集合的概念中要求构成集合的元素必须是互不相同的,而与它们在集合中的出现次序无关,因此,集合中的每个元素只能出现一次,至于各元素的出现次序是无关紧要的。于是 $\{1,2,3\}$ 和 $\{2,3,1\}$ 表示同一集合。

一般来说,集合的元素个数较少时,枚举法表示最为有效。对元素个数较多的集合,原则上这种方法是可行的,但实际上很难将其元素全部列举出来。不过借助于有关知识,只需列举出集合的几个元素就可知道集合的所有元素。

例 1.3 小写英文字母之集可表示为 $\{a, b, c, \cdots, x, y, z\}$。

其中"…"不是集合的元素,它用来代表那些未列出的但已为我们所知的小写英文字母。使用这种方法,还可描述无穷多个元素构成的集合。例如,全体正整数之集为$\{1,2,3,\cdots\}$。

使用枚举法表示集合比较直观,集合中有哪些元素一目了然,但是这种方法的表达能力是有限的。有些集合很难或不能用这种方法表示,例如区间$[0,1]$上所有实数构成的集合就不能用这种方法表示。为此引入集合的另一种表示法,用集合中元素的共同性质来刻画集合,这称为性质描述法。设x为某类对象的一般表示,$P(x)$为关于x的一个命题,则用
$$\{x \mid P(x)\} \text{ 或} \{x : P(x)\}$$
表示具有性质P的那些元素构成的集合。

例 1.4 偶数集合可表示为$E=\{x \mid x \in \mathbf{I} \text{ 且 } 2 \mid x\}$,其中$2 \mid x$表示2能整除$x$,$\mathbf{I}$为整数集。

例 1.5 区间$[0,1]$上所有连续函数之集表示为$F=\{f(x) \mid f(x)\text{是}[0,1]\text{上的连续函数}\}$。

使用性质描述法表示集合比较方便,通过这种方法我们能够知道更多信息。

集合中的元素个数可以是有限的,也可以是无穷的。由有限个元素构成的集合称为有限集合,或有穷集合,由无穷多个元素构成的集合称为无穷集合。集合A的元素个数记为$|A|$。

有穷集合的一个特例是仅含有一个元素的集合,称为单元素集。例如,方程$x^2-2x+1=0$的所有实根构成的集合$\{x \mid x^2-2x+1=0, x \in \mathbf{R}\}$就是单元素集$\{1\}$,其中$\mathbf{R}$为实数集。

不含任何元素的集合称为空集,记为$\varnothing$,于是,$\varnothing=\{\}$。例如,方程$x^2+1=0$的所有实根构成的集合$\{x \mid x^2+1=0, x \in \mathbf{R}\}$就是空集。我们假定空集是存在的。

包含所考虑的目标内的所有元素的集合称为全集,常记为U。对于全集要注意两点:一是"全"不是绝对的,而是相对的;二是全集常省略其表示。

习　　题

1. 用枚举法表示下列集合。

(1) $2 \sim 20$ 的质数之集;

(2) 构成单词 evening 的英文字母的集合;

(3) $x^2+x-6=0$ 的实根之集;

(4) x^6-1 的整系数因式之集。

2. 用性质描述法表示下列集合。

(1) $\{1,2,3,\cdots,79\}$;

(2) 能被5整除的整数之集;

(3) 直角坐标系中,圆心在原点的单位圆内(不包括单位圆上)的点集;

(4) 实数域中所有一元一次方程之集。

1.2 集合之间的关系

我们已经给出了"集合"、"元素"、元素与集合间"属于"关系这三个原始概念,本节利用这三个概念定义集合与集合的包含关系、集合相等、幂集和集族的概念。

定义 1.1 设 A 和 B 是两个集合,如果 A 的每一个元素都是 B 的元素,则称 A 是 B 的子集,或 A 包含于 B,或 B 包含 A,记为 $A \subseteq B$,或 $B \supseteq A$。于是
$$A \subseteq B \Leftrightarrow \forall x \in A 有 x \in B$$

对于给定的两个集合 A 和 B,可能 $A \subseteq B$ 或 $B \subseteq A$,也可能两者均不成立。若 A 不是 B 的子集,则记为 $A \nsubseteq B$。于是 $A \nsubseteq B \Leftrightarrow \exists x \in A$ 使得 $x \notin B$。

例 1.6 $A = \{1, 2, 3\}, B = \{1, 2\}, C = \{1, 4\}$,则 $B \subseteq A, C \nsubseteq A, A \nsubseteq C$。

设 A, B, C 是集合,显然有

(1) $A \subseteq A$。

(2) 若 $A \subseteq B$ 且 $B \subseteq C$,则 $A \subseteq C$。

定义 1.2 设 A 和 B 是两个集合,如果 $A \subseteq B$,但 B 中至少有一个元素不属于 A,则称 A 是 B 的真子集,或 A 真包含于 B,或 B 真包含 A,记为 $A \subset B$,或 $B \supset A$。于是
$$A \subset B \Leftrightarrow \forall x \in A 有 x \in B 但 \exists x \in B 使得 x \notin A。$$

例 1.7 设 $\mathbf{N} = \{0, 1, 2, \cdots\}$ 为自然数集,$\mathbf{I}$ 为整数集,$\mathbf{Q}$ 为有理数集,$\mathbf{R}$ 为实数集,$\mathbf{C}$ 为复数集,$\mathbf{I}_+$ 为正整数集,则 $\mathbf{I}_+ \subset \mathbf{N} \subset \mathbf{I} \subset \mathbf{Q} \subset \mathbf{R} \subset \mathbf{C}$。

定义 1.3 设 A 和 B 是两个集合,如果 $A \subseteq B$ 且 $B \subseteq A$,则称 A 与 B 相等,记为 $A = B$。

两个集合相等意味着两个集合由完全相同的元素组成,但是并不意味着它们是用同样的方法表示的。若 A 与 B 是两个不相等的集合,就记为 $A \neq B$。显然有
$$A = B \Leftrightarrow A \subseteq B 且 B \subseteq A$$
$$A \subset B \Leftrightarrow A \subseteq B 且 A \neq B$$

例 1.8 设 $A = \{1, 2\}, B = \{x \mid x^2 - 3x + 2 = 0\}$,则 $A = B$。

集合相等的定义本身提供了证明两个集合相等的最基本的方法,就是证明两个集合互为子集,即证明每一个集合的任一元素均是另一集合的元素,这种证明应是依靠逻辑推理,而不是依靠直观。

定理 1.1 空集是任一集合的子集,且空集是唯一的。

证 首先用反证法证明空集是任一集合的子集。

假设存在一个集合 A,使得 $\varnothing \subseteq A$ 为假,即 $\varnothing \nsubseteq A$,则至少存在一个元素 $x \in \varnothing$ 但 $x \notin A$,这与空集的定义矛盾,所以 $\varnothing \subseteq A$,空集是任意集合的子集。

最后证明空集是唯一的。设 $\varnothing_1, \varnothing_2$ 都是空集,则 $\varnothing_1 \subseteq \varnothing_2, \varnothing_2 \subseteq \varnothing_1$,由集合相等的定义得 $\varnothing_1 = \varnothing_2$,所以空集是唯一的。 **证毕**

由于集合是一些事物的总体,因此对于集合的元素没有什么限制,它既可以是具体的事物,也可以是抽象的概念。于是集合中的元素也可能是集合,例如,$A = \{1, 2, \{1, 3\},$

$\{4,5\}\}, B = \{\{a\},\{b\},\{a,b,c,d\}\}$。

定义 1.4　以集合为元素的集合称为集族。

例如，在学校中，每个班级的学生构成一个集合，而全校的所有班级就构成了一个集族。

定义 1.5　集合 A 的全部子集构成的集族称为 A 的幂集，记为 2^A 或 $\mathscr{P}(A)$。于是
$$2^A = \{X \mid X \subseteq A\}。$$

例 1.9　设 $A = \{1,2,3\}$，则 $2^A = \{\varnothing,\{1\},\{2\},\{3\},\{1,2\},\{1,3\},\{2,3\},\{1,2,3\}\}$，$2^\varnothing = \{\varnothing\}$。

注意区分 $\varnothing$ 和 $\{\varnothing\}$，$\varnothing$ 是空集，而 $\{\varnothing\}$ 是一个集族，这个集族只有一个元素，就是空集，因此 $\varnothing \neq \{\varnothing\}$，但是 $\varnothing \in \{\varnothing\}$ 且 $\varnothing \subseteq \{\varnothing\}$。

设 A 是一个集合，$X \subseteq A$。若 $|X| = k$，则说 X 是 A 的一个 k-子集。若 $|A| = n$，则 A 共有 C_n^k 个 k-子集。

若有穷集合 A 有 n 个元素，则 A 有 2^n 个子集，那么 2^A 中就有 2^n 个元素，这也是将幂集记为 2^A 的原因。

习　题

1. 对任意集合 A 和 B，判断下列各命题的真假。

   (1) $\varnothing \in A$；　　　(2) $\varnothing \subseteq A$；　　　(3) $A \in \{A\}$；　　　(4) $A \in A$；
   (5) $A \subseteq \{A\}$；　　　(6) $A \subseteq A$；　　　(7) $\varnothing \in 2^A$；　　　(8) $\varnothing \subseteq 2^A$；
   (9) $A \in 2^A$；　　　(10) $A \subseteq 2^A$；　　　(11) $\varnothing = \{\varnothing\}$；　　　(12) $A = \{A\}$。

2. 对任意集合 A, B, C，判断下列各命题的真假。

   (1) 若 $A \in B$ 且 $B \subseteq C$，则 $A \in C$；
   (2) 若 $A \in B$ 且 $B \subseteq C$，则 $A \subseteq C$；
   (3) 若 $A \subseteq B$ 且 $B \in C$，则 $A \in C$；
   (4) 若 $A \subseteq B$ 且 $B \in C$，则 $A \subseteq C$。

3. 判断满足下列条件的集合是否存在？证明你的结论。

   (1) $A \in B$ 且 $A \subset B$；
   (2) $A \in B$ 且 $A \in 2^B$；
   (3) $\varnothing \in A$ 且 $\varnothing \subseteq A$；
   (4) $A \in B$ 且 $B \in C$ 且 $A \in C$。

4. 判断下列哪些集合是相等的。

   (1) $A = \{x \mid x^2 - 1 = 15$ 且 $x^3 = 1, x \in \mathbf{I}\}$；
   (2) $B = \{x \mid x^2 - 6x + 8 = 0, x \in \mathbf{I}\}$；
   (3) $D = \{2x \mid x \in \mathbf{I}\}$；
   (4) $F = \{x \mid x^2 + 1 = 0\}$；
   (5) $G = \{2,4\}$；
   (6) $H = \{0,2,-2,4,-4,6,-6,\cdots\}$。

5. 求下列各集合的幂集。
(1) $\emptyset$；　　　　(2) $\{\emptyset\}$；　　　　(3) $\{\emptyset,a\}$；　　　　(4) $\{a,b,\{a,c\}\}$。

1.3　集合的运算

本节介绍集合的并、交、差等运算，并给出它们满足的运算规律。通过运算可以由已知集合得到新的集合，而且由于运算满足某些运算规律，从而能够简化公式，甚至能够简化科学结论的逻辑结构。

定义 1.6　设 A 与 B 是任意两个集合，由至少属于集合 A 与集合 B 之一的一切元素构成的集合称为 A 与 B 的并集，记为 $A \cup B$，即
$$A \cup B = \{x \mid x \in A \text{ 或 } x \in B\}$$

例 1.10　$A=\{a,b,c,d\}, B=\{a,c,e,f,g\}$，则 $A \cup B = \{a,b,c,d,e,f,g\}$。

例 1.11　设 A 是所有能被 k 整除的整数的集合，B 是所有能被 l 整除的整数的集合，$A \cup B$ 是所有能被 k 或 l 整除的整数的集合。

定理 1.2　设 A,B,C 为任意集合，则
(1) 交换律成立：$A \cup B = B \cup A$；
(2) 结合律成立：$(A \cup B) \cup C = A \cup (B \cup C)$；
(3) 幂等律成立：$A \cup A = A$；
(4) $\emptyset \cup A = A$；
(5) $A \cup B = B \Leftrightarrow A \subseteq B$。

证　根据定义 1.6 即可得到性质 (1),(3),(4),(5)。

下面证明性质 (2)：

对于 $\forall x \in (A \cup B) \cup C$，根据定义 1.6 有 $x \in A \cup B$ 或 $x \in C$。

当 $x \in A \cup B$ 时，$x \in A$ 或 $x \in B$，可得 $x \in A$ 或 $x \in B \cup C$，从而 $x \in A \cup (B \cup C)$；当 $x \in C$ 时，$x \in B \cup C$，从而 $x \in A \cup (B \cup C)$。

于是 $(A \cup B) \cup C \subseteq A \cup (B \cup C)$。

反之，对于 $\forall x \in A \cup (B \cup C)$，根据定义 1.6 有 $x \in A$ 或 $x \in B \cup C$。

当 $x \in A$ 时，$x \in A \cup B$，从而 $x \in (A \cup B) \cup C$；当 $x \in B \cup C$ 时，$x \in B$ 或 $x \in C$，可得 $x \in A \cup B$ 或 $x \in C$，从而 $x \in (A \cup B) \cup C$。

于是 $A \cup (B \cup C) \subseteq (A \cup B) \cup C$。

由集合相等的定义得
$$A \cup (B \cup C) = (A \cup B) \cup C$$
证毕

由性质 (2) 可知，$A \cup B \cup C$ 是有意义的。

类似地，可以定义多个集合 $A_1, A_2, \cdots, A_n$ 的并集为
$$A_1 \cup A_2 \cup \cdots \cup A_n = \bigcup_{i=1}^{n} A_i = \{x \mid x \in A_i, 1 \leqslant i \leqslant n\}$$

集合的无穷序列 $A_1, A_2, A_3, \cdots$ 的并集记为

$$A_1 \cup A_2 \cup A_3 \cup \cdots = \bigcup_{i=1}^{\infty} A_i = \{x \mid \exists i \in \mathbf{I}_+ \text{ 使得 } x \in A_i\}$$

集合的并运算就是把给定集合的那些元素放到一起合并成一个集合,在这种合并中,相同的元素只要一个。

定义 1.7 设 A 与 B 是任意两个集合,由既属于集合 A 又属于集合 B 的一切元素构成的集合称为 A 与 B 的交集,记为 $A \cap B$,即

$$A \cap B = \{x \mid x \in A \text{ 且 } x \in B\}$$

例 1.12 $A = \{2,4,6,8,10\}$,$B = \{1,2,3,4\}$,则 $A \cap B = \{2,4\}$。

例 1.13 设 A 是平面上所有矩形的集合,B 是平面上所有菱形的集合,$A \cap B$ 是所有正方形的集合。

定理 1.3 设 A,B,C 为任意集合,则

(6) 交换律成立:$A \cap B = B \cap A$;

(7) 结合律成立:$(A \cap B) \cap C = A \cap (B \cap C)$;

(8) 幂等律成立:$A \cap A = A$;

(9) $\varnothing \cap A = \varnothing$;

(10) $A \cap B = B \Leftrightarrow B \subseteq A$。

证 根据定义 1.7 即可得到性质 (6),(8),(9),(10)。

下面证明性质 (7):

对于 $\forall x \in (A \cap B) \cap C$,根据定义 1.7 有 $x \in A \cap B$ 且 $x \in C$,则 $x \in A$ 且 $x \in B$ 且 $x \in C$,可得 $x \in A$ 且 $x \in B \cap C$,从而 $x \in A \cap (B \cap C)$。

于是 $(A \cap B) \cap C \subseteq A \cap (B \cap C)$。

反之,对于 $\forall x \in A \cap (B \cap C)$,根据定义 1.7 有 $x \in A$ 且 $x \in B \cap C$,则 $x \in A$ 且 $x \in B$ 且 $x \in C$,可得 $x \in A \cap B$ 且 $x \in C$,从而 $x \in (A \cap B) \cap C$。

于是 $A \cap (B \cap C) \subseteq (A \cap B) \cap C$。

由集合相等的定义得

$$(A \cap B) \cap C = A \cap (B \cap C) \qquad \text{证毕}$$

同样可以定义多个集合 $A_1, A_2, \cdots, A_n$ 的交集为

$$A_1 \cap A_2 \cap \cdots \cap A_n = \bigcap_{i=1}^{n} A_i = \{x \mid x \in A_i, i = 1, 2, \cdots, n\}$$

集合的无穷序列 $A_1, A_2, A_3, \cdots$ 的交集记为

$$A_1 \cap A_2 \cap A_3 \cap \cdots = \bigcap_{i=1}^{\infty} A_i = \{x \mid \forall i \in \mathbf{I}_+ \text{ 使得 } x \in A_i\}$$

定义 1.8 设 A,B 为任意集合,若 $A \cap B = \varnothing$,则称 A 与 B 不相交。若集序列 $A_1, A_2, A_3, \cdots$ 的任意两集合 A_i 和 $A_j (i \neq j)$ 不相交,则称 $A_1, A_2, A_3, \cdots$ 是两两不相交的集序列。

集合的交运算是由给定集合的公共元素构成的集合。

定理 1.2 和定理 1.3 是并运算与交运算各自的性质,下面的定理 1.4 表明了并运算与交运算之间的联系。

定理 1.4 设 A,B,C 为任意集合,则

(11) 交运算对并运算满足分配律:$A \cap (B \cup C) = (A \cap B) \cup (A \cap C)$;

(12) 并运算对交运算满足分配律:$A \cup (B \cap C) = (A \cup B) \cap (A \cup C)$.

证 首先证明(11)式：

设 $x \in A \cap (B \cup C)$，由定义 1.7 有 $x \in A$ 且 $x \in B \cup C$。

当 $x \in B \cup C$ 时，$x \in B$ 或 $x \in C$。

当 $x \in B$ 时，$x \in A \cap B$，从而 $x \in (A \cap B) \cup (A \cap C)$；当 $x \in C$ 时，$x \in A \cap C$，从而 $x \in (A \cap B) \cup (A \cap C)$。

因此 $A \cap (B \cup C) \subseteq (A \cap B) \cup (A \cap C)$。

设 $x \in (A \cap B) \cup (A \cap C)$，由定义 1.6 有 $x \in A \cap B$ 或 $x \in A \cap C$。

当 $x \in A \cap B$ 时，$x \in A$ 且 $x \in B$，可得 $x \in A$ 且 $x \in B \cup C$，从而 $x \in A \cap (B \cup C)$；当 $x \in A \cap C$ 时，有 $x \in A$ 且 $x \in C$，可得 $x \in A$ 且 $x \in B \cup C$，从而 $x \in A \cap (B \cup C)$。

因此 $(A \cap B) \cup (A \cap C) \subseteq A \cap (B \cup C)$。

由集合相等的定义有
$$A \cap (B \cup C) = (A \cap B) \cup (A \cap C)$$

下面用(11)式证明(12)式：

由于 $A \subseteq A \cup C$ 且 $A \cap B \subseteq A$，所以

$(A \cup B) \cap (A \cup C) = (A \cap (A \cup C)) \cup (B \cap (A \cup C)) = A \cup (B \cap (A \cup C)) = A \cup ((B \cap A) \cup (B \cap C)) = (A \cup (B \cap A)) \cup (B \cap C) = A \cup (B \cap C)$

因此(12)式成立。 证毕

另外我们还可证明，假如(12)式成立，则(11)式成立。于是，(11)式成立当且仅当(12)式成立。

用(11)式来证明(12)式的这种方法是证明两个集合相等的又一种方法。

定理 1.5 设 A 和 B 为任意集合，则吸收律成立：

(13) $A \cap (A \cup B) = A$；

(14) $A \cup (A \cap B) = A$。

定义 1.9 设 A 与 B 是任意两个集合，由属于 A 但不属于 B 的一切元素构成的集合称为 A 与 B 的差集，记为 $A \backslash B$ 或 $A - B$，即
$$A \backslash B = \{x \mid x \in A \text{ 且 } x \notin B\}$$
$$x \notin A \backslash B \Leftrightarrow x \notin A \text{ 或 } x \in B$$

例 1.14 $A = \{1, 2, 3, 4, 5\}$, $B = \{1, 3, 9, 27\}$, $C = \{2, 3, 6\}$，则
$$A \backslash B = \{2, 4, 5\}, B \backslash A = \{9, 27\}, (A \backslash B) \backslash C = \{4, 5\}, A \backslash (B \backslash C) = \{2, 3, 4, 5\}$$
因此 $A \backslash B \neq B \backslash A$, $(A \backslash B) \backslash C \neq A \backslash (B \backslash C)$。

这表明差运算不满足交换律，也不满足结合律。

定理 1.6 设 A, B, C 为任意集合，则交运算对差运算满足分配律：

(15) $A \cap (B \backslash C) = (A \cap B) \backslash (A \cap C)$。

证 设 $x \in A \cap (B\backslash C)$，则 $x \in A$ 且 $x \in B\backslash C$。当 $x \in B\backslash C$ 时，$x \in B$ 且 $x \notin C$，所以 $x \in A \cap B$ 且 $x \notin A \cap C$，得 $x \in (A \cap B)\backslash(A \cap C)$。

因此 $A \cap (B\backslash C) \subseteq (A \cap B)\backslash(A \cap C)$。

设 $x \in (A \cap B)\backslash(A \cap C)$，则 $x \in A \cap B$ 且 $x \notin A \cap C$，于是 $x \in A$ 且 $x \in B$ 且 $x \notin C$，得 $x \in A \cap (B\backslash C)$。

因此 $(A \cap B)\backslash(A \cap C) \subseteq A \cap (B\backslash C)$。

由集合相等的定义有
$$A \cap (B\backslash C) = (A \cap B)\backslash(A \cap C)$$
证毕

定理 1.7 设 A 和 B 为任意集合，则
$$(A\backslash B) \cup B = A \Leftrightarrow B \subseteq A$$

证 显然有 $(A\backslash B) \cup B = A \Rightarrow B \subseteq A$。

下面证明 $B \subseteq A \Rightarrow (A\backslash B) \cup B$。

因为 $B \subseteq A$，并且 $A\backslash B \subseteq A$，所以 $(A\backslash B) \cup B \subseteq A$。

对任意集合 A 和 B 都有 $A \subseteq (A\backslash B) \cup B$。

因此 $(A\backslash B) \cup B = A$。
证毕

定义 1.10 设 A 和 B 是任意两个集合，$A\backslash B$ 与 $B\backslash A$ 的并集称为 A 与 B 的对称差，记为 $A \triangle B$。于是
$$A \triangle B = (A\backslash B) \cup (B\backslash A) = \{x \mid x \in A \text{ 或 } x \in B \text{ 但 } x \notin A \cap B\}$$

例 1.15 若 $A = \{1,2,3,4\}$，$B = \{1,3,5\}$，则
$$A \triangle B = (A\backslash B) \cup (B\backslash A) = \{2,4\} \cup \{5\} = \{2,4,5\}$$

定理 1.8 设 A,B,C 为任意集合，则

(16) 交换律成立：$A \triangle B = B \triangle A$；

(17) 结合律成立：$(A \triangle B) \triangle C = A \triangle (B \triangle C)$；

(18) $A \triangle A = \varnothing$；

(19) $\varnothing \triangle A = A$；

(20) 交运算关于对称差满足分配律：$A \cap (B \triangle C) = (A \cap B) \triangle (A \cap C)$。

证 (16)，(18)，(19) 式显然成立。(17) 式的证明作为习题。

下面证明 (20) 式：
$$A \cap (B \triangle C) = A \cap ((C\backslash B) \cup (B\backslash C)) = (A \cap (C\backslash B)) \cup (A \cap (B\backslash C)) =$$
$$((A \cap C)\backslash(A \cap B)) \cup ((A \cap B)\backslash(A \cap C)) = (A \cap B) \triangle (A \cap C)$$

因此 (20) 式成立。
证毕

定义 1.11 设 S 是一个集合，$A \subseteq S$，差集 $S\backslash A$ 称为 A 对 S 的余集，记为 A^c，即
$$A^c = S\backslash A$$

余集也称为补集，并且也记为 $\bar{A}, A', C_S A$。

例 1.16 若 $S = \{1,2,3,4,5\}$，$A = \{1,3\}$，则 $A^c = \{2,4,5\}$。

定理 1.9 设 S 是一个集合，$A \subseteq S$，则

(21) S 对 S 的余集 S^c 为空集,即 $S^c = \varnothing$;

(22) $\varnothing^c = S$;

(23) $A \cap A^c = \varnothing$;

(24) $A \cup A^c = S$;

(25) $A \backslash B = A \cap B^c$;

(26) $A \triangle B = (A \cap B^c) \cup (B \cap A^c)$;

(27) $A^c = S \triangle A$;

(28) $(A^c)^c = A$。

证 (21),(22),(23),(24),(27),(28) 式显然成立。

下面证明 (25),(26) 式:

$\forall x \in A \backslash B$,由定义 1.9 有 $x \in A$ 且 $x \notin B$,所以 $x \in B^c$,故 $x \in A \cap B^c$。

因此 $A \backslash B \subseteq A \cap B^c$。

反之,$\forall x \in A \cap B^c$,由定义 1.7 有 $x \in A$ 且 $x \in B^c$,所以 $x \notin B$,故 $x \in A \backslash B$。

因此 $A \cap B^c \subseteq A \backslash B$。

根据集合相等的定义有

$$A \backslash B = A \cap B^c$$

$$A \triangle B = (A \backslash B) \cup (B \backslash A) = (A \cap B^c) \cup (B \cap A^c) \qquad \text{证毕}$$

定理 1.10 设 S 是一个集合,$A, B \subseteq S$,则 De Morgan 律成立:

(29) $(A \cup B)^c = A^c \cap B^c$;

(30) $(A \cap B)^c = A^c \cup B^c$。

证 仅证明 (29) 式。

$\forall x \in (A \cup B)^c$,有 $x \notin A \cup B$,所以 $x \notin A$ 且 $x \notin B$,可得 $x \in A^c$ 且 $x \in B^c$,故 $x \in A^c \cap B^c$。

因此 $(A \cup B)^c \subseteq A^c \cap B^c$。

反之,$\forall x \in A^c \cap B^c$,有 $x \in A^c$ 且 $x \in B^c$,所以 $x \notin A$ 且 $x \notin B$,可得 $x \notin A \cup B$,故 $x \in (A \cup B)^c$。

因此 $A^c \cap B^c \subseteq (A \cup B)^c$。

根据集合相等定义有

$$(A \cup B)^c = A^c \cap B^c \qquad \text{证毕}$$

(30) 式可以类似地证明。

一般地设 k 是一个下标集,$\forall \xi \in k$ 有一个集 A_ξ 与之对应,则

$$(\bigcup_{\xi \in k} A_\xi)^c = \bigcap_{\xi \in k} A_\xi^c, \quad (\bigcap_{\xi \in k} A_\xi)^c = \bigcup_{\xi \in k} A_\xi^c$$

在许多实际问题中,常用文氏图这样一种图示方法来描述集合之间的关系以及集合运算,即用矩形中各点表示全集 U 的各元素,用矩形里的圆中各点表示 U 的子集的各元素。于是集合及集合运算的表示如图 1.1 所示。

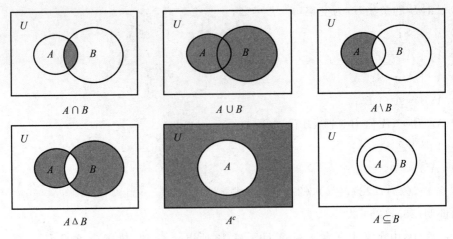

图 1.1

用文氏图来表示集合间的关系及运算,富有直观性和启发性,可以帮助我们进行逻辑思考,帮助我们理解概念和定理。所以可以用文氏图作为思考的起点,来寻找解决问题的思路,但是绝不能用文氏图法作为推理的依据,因为直观是不可靠的,只有逻辑推理才是可靠的。

习　题

1. 设 A,B,C 是集合,证明:$(A\triangle B)\triangle C=A\triangle(B\triangle C)$。

2. 设 A,B,C 是集合,$A\neq\varnothing$,$A\bigcup B=A\bigcup C$,证明:不能得出 $B=C$。

   若 $A\neq\varnothing$,$A\bigcup B=A\bigcup C$,$A\bigcap B=A\bigcap C$,能得出 $B=C$ 吗?试证明。

3. 证明:对任意集合 A,B,有

   (1) $(A\backslash B)\bigcup B=(A\bigcup B)\backslash B\Leftrightarrow B=\varnothing$;

   (2) $(A\triangle B)=B\Leftrightarrow A=\varnothing$;

   (3) $A\triangle B=(A\bigcup B)\triangle(A\bigcap B)$;

   (4) $A\triangle B=(A\bigcup B)\bigcap(A^c\bigcup B^c)$。

4. 证明:对任意集合 A,B,C,有

   (1) $A\backslash(B\bigcup C)=(A\backslash B)\backslash C$;

   (2) $(A\bigcup B)\backslash C=(A\backslash C)\bigcup(B\backslash C)$;

   (3) $(A\bigcap B)\backslash C=(A\backslash C)\bigcap(B\backslash C)$;

   (4) $(A\backslash B)\backslash C=(A\backslash C)\backslash(B\backslash C)$。

5. 设 A,B,C 是集合,且 $A\subseteq B\subseteq C$,证明:$A\bigcup(B\backslash C)=B\backslash(C\backslash A)$。

6. 判断下列命题是否为真?

   (1) 对任意集合 A,B,有 $2^{A\bigcup B}=2^A\bigcup 2^B$;

   (2) 对任意集合 A,B,有 $2^{A\bigcap B}=2^A\bigcap 2^B$;

   (3) 对任意集合 A,B,有 $2^{A\backslash B}=2^A\backslash 2^B$;

   (4) 对任意集合 A,B,有 $2^{A\triangle B}=2^A\triangle 2^B$。

1.4 笛卡儿积

1.3 节中讨论了集合的 5 种基本运算,这些运算的共同特点是:若参加运算的各个集合是同一集合的子集,那么运算后的结果集合仍是这个集合的子集。由于参加并、交、差、对称差运算的对象是两个集合,因此称这 4 种运算是二元运算,而求余集的运算只需要一个运算对象,因此称它是一元运算。我们还可以把求集合 A 的幂集视为一元运算,但是其结果不再是 A 的子集,而是 A 的子集作为元素构成的集合。本节讨论集合的笛卡儿积,它也是一种二元运算,其结果也不再与运算对象集合的类型相同。为定义笛卡儿积,需要先引入序对的概念。

两个元素 a 和 b 按一定次序排列的整体称为序对,或二元组,记为 (a,b)。a 称为序对 (a,b) 的第一个元素,b 称为第二个元素。

序对中的两个元素是有次序的,因此序对与含两个元素的集合是有区别的。集合 $\{a,b\}$ 的元素没有次序关系,$\{a,b\}$ 与 $\{b,a\}$ 是同一集合,但是序对 (a,b) 与 (b,a) 在 $a \neq b$ 时是不相同的。我们规定 $(a,b)=(c,d)$ 当且仅当 $a=c$ 且 $b=d$。

在这里并未给出序对的形式定义,序对概念借助了"次序"这个直观的描述,这对我们今后的讨论和应用而言已足够了。

我们可以将二元组的概念推广,而得到三元组、四元组,乃至 n 元组。三元组就是三个元素按一定次序组成的整体,其第一个元素为 x,第二个元素为 y,第三个元素为 z,这个三元组就记为 (x,y,z)。一般地,n 元组就是 n 个元素按一定次序排列组成的整体,若其第一个元素为 x_1,第二个元素为 x_2,……,第 n 个元素为 x_n,这个 n 元组就记为 $(x_1,x_2,\cdots,x_n)$。

两个 n 元组 $(x_1,x_2,\cdots,x_n)$ 和 $(y_1,y_2,\cdots,y_n)$ 相等,即 $(x_1,x_2,\cdots,x_n)=(y_1,y_2,\cdots,y_n)$,当且仅当 $x_1=y_1,x_2=y_2,\cdots,x_n=y_n$。

例 1.17 平面上点的坐标表示为序对 (x,y),空间中点的坐标表示为三元组 (x,y,z),程序设计语言 C 中的一维数组 $s[10]$ 是一个 10 元组。

定义 1.12 设 A 和 B 为任意两个集合,则称集合
$$\{(a,b) \mid a \in A, b \in B\}$$
为 A 与 B 的笛卡儿积,记为 $A \times B$。

例 1.18 $A=\{1,2\}, B=\{a,b,c\}, C=\{\alpha\}$,则
$$A \times B = \{(1,a),(1,b),(1,c),(2,a),(2,b),(2,c)\}$$
$$B \times A = \{(a,1),(a,2),(b,1),(b,2),(c,1),(c,2)\}$$
$(A \times B) \times C = \{((1,a),\alpha),((1,b),\alpha),((1,c),\alpha),((2,a),\alpha),((2,b),\alpha),((2,c),\alpha)\}$
$A \times (B \times C) = \{(1,(a,\alpha)),(1,(b,\alpha)),(1,(c,\alpha)),(2,(a,\alpha)),((2,(b,\alpha)),(2,(c,\alpha))\}$

笛卡儿积是有序的,$A \times B$ 中的元素为序对,序对的第一个分量必属于第一个集合 A,第二个分量必属于第二个集合 B,因此一般地 $A \times B \neq B \times A$,即笛卡儿积运算不满足交换律。

笛卡儿积运算也不满足结合律,即$(A\times B)\times C\neq A\times(B\times C)$。因为当$A\neq\varnothing,B\neq\varnothing,C\neq\varnothing$时,$(A\times B)\times C$中的一般元素形如$((a,b),c)$,而$A\times(B\times C)$中的一般元素形如$(a,(b,c))$,按序对相等的定义知$((a,b),c)\neq(a,(b,c))$,从而$(A\times B)\times C\neq A\times(B\times C)$。

由定义 1.12 可知,对任意集合 A,有
$$A\times\varnothing=\varnothing\times A=\varnothing$$

定理 1.11 设 A,B,C 为任意集合,则笛卡儿积对并、交、差运算分别满足分配律,即

(31) $A\times(B\bigcup C)=(A\times B)\bigcup(A\times C)$;

(32) $A\times(B\bigcap C)=(A\times B)\bigcap(A\times C)$;

(33) $A\times(B\backslash C)=(A\times B)\backslash(A\times C)$。

证 仅证(31)式。

设$(x,y)\in A\times(B\bigcup C)$,则$x\in A$且$y\in B\bigcup C$。所以$x\in A$且$y\in B$,或者$x\in A$且$y\in C$。

当$x\in A$且$y\in B$时,$(x,y)\in A\times B$,当$x\in A$且$y\in C$时,$(x,y)\in A\times C$。故$(x,y)\in(A\times B)\bigcup(A\times C)$。

因此$A\times(B\bigcup C)\subseteq(A\times B)\bigcup(A\times C)$。

反之,设$(x,y)\in(A\times B)\bigcup(A\times C)$,则$(x,y)\in A\times B$或者$(x,y)\in A\times C$。当$(x,y)\in A\times B$时,$x\in A$且$y\in B$,当$(x,y)\in A\times C$时,$x\in A$且$y\in C$。可得$x\in A$且$y\in B\bigcup C$,故$(x,y)\in A\times(B\bigcup C)$。

因此$(A\times B)\bigcup(A\times C)\subseteq A\times(B\bigcup C)$。

根据集合相等的定义有
$$A\times(B\bigcup C)=(A\times B)\bigcup(A\times C)$$

可以类似地证明(32)式和(33)式。 **证毕**

定义 1.13 设 $A_1,A_2,\cdots,A_n$ 为 $n(n\geqslant 2)$ 个集合,集合
$$\{(a_1,a_2,\cdots,a_n)\mid a_i\in A_i,i=1,2,\cdots,n\}$$
称为 $A_1,A_2,\cdots,A_n$ 的笛卡儿积,记为 $A_1\times A_2\times\cdots\times A_n$,简记为 $\prod\limits_{i=1}^{n}A_i$。

当 $A_1=A_2=\cdots=A_n=A$ 时,$A_1\times A_2\times\cdots\times A_n$ 就简记为 A^n,即
$$A^n=\underbrace{A\times A\times\cdots\times A}_{n\text{个}A}$$

习 题

1. 若 $A=\{a,b\},B=\{a\}$,求: $A\times B,B\times A,A\times B\times\{0,1\},A^2\times B,(A\times B)^2$。

2. 设 A,B 为任意集合,证明: $A\times B=B\times A\Leftrightarrow A=\varnothing$ 或 $B=\varnothing$ 或 $A=B$。

3. 设 A,B,C 为任意集合,证明: $A\times(B\triangle C)=(A\times B)\triangle(A\times C)$。

4. 设 A,B,C,D 为任意集合,证明: $(A\bigcap B)\times(C\bigcap D)=(A\times C)\bigcap(B\times D)$。

5. 设 $A\subseteq X,B\subseteq Y$,证明: $(A\times B)^c=(A^c\times B)\bigcup(A\times B^c)\bigcup(A^c\times B^c)$。

6. 判断下列命题是否为真。

(1) $(x,y) \notin A \times B \Leftrightarrow x \notin A$ 且 $y \notin B$；

(2) $(x,y) \notin A \times B \Leftrightarrow x \notin A$ 或 $y \notin B$；

(3) 若 $A \times C = B \times C$，则 $A = B$；

(4) 若 $A \times C = B \times C$ 且 $C \neq \varnothing$，则 $A = B$。

1.5 有穷集合的基数

在抽象地研究集合时，并没对元素本身的属性加以要求，故从数学的角度并不关心元素的属性，而只把元素视为一些彼此可区分的抽象的符号。这样高度抽象地描述集合，使集合具有的基本的数学属性是不多的。于是，一个集合中所含元素的"个数"就成为这个集合的一个重要属性了。当然对有穷集合，谈论该集合的元素的个数是有意义的，故称之为有穷集合的基数。但对无限集合，就不便谈论其元素的个数了，因为按通常的理解，个数是指一个有限数。但可把这个概念加以推广，有关无限集合的基数将在第 4 章中给予介绍。本节先对有穷集合的基数的若干性质进行讨论。

集合中元素的个数概念是计数概念，实际上，计数概念是一个复杂的概念，它建立在更基本的概念——一对一配对之上，在数学上称为一一对应。

定义 1.14 一个从集合 A 到集合 B 的一一对应 f 是 $A \times B$ 的子集，它满足：

(1) $\forall x \in A, \exists y \in B$ 使 $(x,y) \in f$，并且若 $(x,y) \in f$ 且 $(x,z) \in f$，则 $y = z$。

(2) $\forall y \in Y, \exists x \in A$ 使 $(x,y) \in f$，并且若 $(x,y) \in f$ 且 $(z,y) \in f$，则 $x = z$。

若 $(x,y) \in f$，则把 y 记为 $f(x)$，即 $y = f(x)$。

例 1.19 $A = \{1,2,3\}, B = \{a,b,c\}$，则 $f = \{(1,a),(2,b),(3,c)\}$ 是从 A 到 B 的一个一一对应，这时，$f(1) = a, f(2) = b, f(3) = c$。

定义 1.15 设 A 是一个集合，若 $A \neq \varnothing$ 且存在一个自然数 n 使得 A 与集合 $\{1,2,\cdots,n\}$ 间存在一一对应，则称 A 为有穷集合，或有穷集，且 n 称为 A 的基数，记为 $|A|$。若 $A = \varnothing$，则称 A 为有穷集，其基数为 0。若 A 不是有穷集，则称 A 为无穷集。

计数的本质是一一对应，利用一一对应的概念可以建立基数的比较。

定义 1.16 若 A 与 B 的一个真子集间存在一个一一对应，但 A 与 B 间不存在一一对应，则称 $|A|$ 小于 $|B|$，记为 $|A| < |B|$。

定理 1.12（加法法则） 设集合 A 与集合 B 为两个有穷集合，若 $A \cap B = \varnothing$，则

$$|A \cup B| = |A| + |B|$$

证 若 $A = \varnothing$ 或 $B = \varnothing$，由定义 1.15 知，$|A \cup B| = |A| + |B|$。

若 $A \neq \varnothing$ 且 $B \neq \varnothing$，由定义 1.15 知，从 A 到 $\{1,2,\cdots,|A|\}$ 存在一一对应 f，从 B 到 $\{1,2,\cdots,|B|\}$ 存在一一对应 g。

可构造从 $A \cup B$ 到 $\{1,2,\cdots,|A|+|B|\}$ 的一一对应 h，对 $\forall x \in A \cup B$，若 $\forall x \in A$，则 $h(x) = f(x)$；若 $\forall x \in B$，则 $h(x) = g(x) + |A|$。因此

$$|A \cup B| = |A| + |B|$$

证毕

应用数学归纳法可以证明下述定理。

定理 1.13 设 $A_1, A_2, \cdots, A_n$ 为 n 个两两互不相交的有穷集合，则

$$\left|\bigcup_{i=1}^{n} A_i\right| = \sum_{i=1}^{n} |A_i|$$

定理 1.14（乘法法则） 设 A 与 B 为两个有穷集合，则

$$|A \times B| = |A| \cdot |B|$$

证 设 $A = \{a_1, a_2, \cdots, a_m\}$，则 $|A| = m$。对 $i = 1, 2, \cdots, m$，令 $A_i = \{(a_i, b) \mid b \in B\}$，则 $|A_i| = |B|$，且 $A_1, A_2, \cdots, A_m$ 为两两互不相交的有穷集合。而 $A \times B = \bigcup_{i=1}^{m} A_i$，因此

$$|A \times B| = \left|\bigcup_{i=1}^{m} A_i\right| = \sum_{i=1}^{m} |A_i| = m \cdot |B| = |A| \cdot |B|$$

证毕

应用数学归纳法可以证明下述定理。

定理 1.15 设 $A_1, A_2, \cdots, A_n$ 为 n 个有穷集合，则

$$|A_1 \times A_2 \times \cdots \times A_n| = |A_1| \cdot |A_2| \cdot \cdots \cdot |A_n|$$

定理 1.16（减法法则或淘汰原理） 设 S 是有穷集合，$A \subseteq S$，则

$$|A^c| = |S| - |A|$$

证 由于 $S = A \cup A^c$，且 $A \cap A^c = \varnothing$，由加法法则得 $|S| = |A| + |A^c|$，所以

$$|A^c| = |S| - |A|$$

证毕

定理 1.17 设 A 与 B 为有穷集合，则

$$|A \cup B| = |A| + |B| - |A \cap B|$$

证 因为 $A \cup B = A \cup (B \setminus A)$ 且 $A \cap (B \setminus A) = \varnothing$，因此 $|A \cup B| = |A| + |B \setminus A|$。又因为 $B \setminus A = B \setminus (A \cap B)$，所以 $B = (B \setminus A) \cup (A \cap B)$，因此 $|B \setminus A| = |B| - |A \cap B|$。

故

$$|A \cup B| = |A| + |B \setminus A| = |A| + |B| - |A \cap B|$$

证毕

进一步推广，可得到下述定理。

定理 1.18（容斥原理形式之一） 设 $A_1, A_2, \cdots, A_n$ 为有穷集合，则

$$\left|\bigcup_{i=1}^{n} A_i\right| = \sum_{i=1}^{n} |A_i| - \sum_{1 \leq i < j \leq n} |A_i \cap A_j| + \sum_{1 \leq i < j < k \leq n} |A_i \cap A_j \cap A_k| + \cdots + (-1)^{n-1} |A_1 \cap \cdots \cap A_n|$$

证 应用数学归纳法，对 n 施以归纳。

当 $n = 2$ 时，由定理 1.17 可知本定理之结论成立。

假设对 $n - 1 \geq 2$ 个有穷集合，本定理之结论成立。

对 n 个有穷集合有

$$\left|\bigcup_{i=1}^{n} A_i\right| = \left|\left(\bigcup_{i=1}^{n-1} A_i\right) \cup A_n\right| = \left|\bigcup_{i=1}^{n-1} A_i\right| + |A_n| - \left|\left(\bigcup_{i=1}^{n-1} A_i\right) \cap A_n\right| =$$

$$\left|\bigcup_{i=1}^{n-1} A_i\right| + |A_n| - |(A_1 \cap A_n) \cup (A_2 \cap A_n) \cup \cdots \cup (A_{n-1} \cap A_n)|$$

由归纳假设得

$$|(A_1 \cap A_n) \cup (A_2 \cap A_n) \cup \cdots \cup (A_{n-1} \cap A_n)| =$$
$$\sum_{i=1}^{n-1} |A_i \cap A_n| - \sum_{1 \leqslant i < j \leqslant n-1} |(A_i \cap A_n) \cap (A_j \cap A_n)| +$$
$$\sum_{1 \leqslant i < j < k \leqslant n-1} |(A_i \cap A_n) \cap (A_j \cap A_n) \cap (A_k \cap A_n)| - \cdots +$$
$$(-1)^{n-2} |(A_1 \cap A_n) \cap (A_2 \cap A_n) \cap \cdots \cap (A_{n-1} \cap A_n)| =$$
$$\sum_{i=1}^{n-1} |A_i \cap A_n| - \sum_{1 \leqslant i < j \leqslant n-1} |A_i \cap A_j \cap A_n| +$$
$$\sum_{1 \leqslant i < j < k \leqslant n-1} |(A_i \cap A_j \cap A_k)| - \cdots + (-1)^{n-2} |A_1 \cap A_2 \cap \cdots \cap A_{n-1} \cap A_n|$$

所以

$$|\bigcup_{i=1}^{n} A_i| = |\bigcup_{i=1}^{n-1} A_i| + |A_n| - \left(\sum_{i=1}^{n-1} |A_i \cap A_n| - \sum_{1 \leqslant i < j \leqslant n-1} |A_i \cap A_j \cap A_n| + \right.$$
$$\sum_{1 \leqslant i < j < k \leqslant n-1} |(A_i \cap A_j \cap A_k)| - \cdots +$$
$$\left. (-1)^{n-2} |A_1 \cap A_2 \cap \cdots \cap A_{n-1} \cap A_n| \right) =$$
$$\sum_{i=1}^{n} |A_i| - \sum_{1 \leqslant i < j \leqslant n} |A_i \cap A_j| + \sum_{1 \leqslant i < j < k \leqslant n} |A_i \cap A_j \cap A_k| + \cdots +$$
$$(-1)^{n-1} |A_1 \cap \cdots \cap A_n|$$

证毕

定理 1.19(容斥原理形式之二) 设 $A_1, A_2, \cdots, A_n$ 都是有穷集合 S 的子集，则

$$|\bigcap_{i=1}^{n} A_i^c| = |S| - \sum_{i=1}^{n} |A_i| + \sum_{1 \leqslant i < j \leqslant n} |A_i \cap A_j| - \sum_{1 \leqslant i < j < k \leqslant n} |A_i \cap A_j \cap A_k| + \cdots +$$
$$(-1)^n |A_1 \cap A_2 \cap \cdots \cap A_n|$$

证 由于 $\bigcap_{i=1}^{n} A_i^c = (\bigcup_{i=1}^{n} A_i)^c = S \setminus (\bigcup_{i=1}^{n} A_i)$，由淘汰原理得

$$|\bigcap_{i=1}^{n} A_i^c| = |S| - |\bigcup_{i=1}^{n} A_i|$$

再由容斥原理形式之一得

$$|\bigcap_{i=1}^{n} A_i^c| = |S| - \sum_{i=1}^{n} |A_i| + \sum_{1 \leqslant i < j \leqslant n} |A_i \cap A_j| - \sum_{1 \leqslant i < j < k \leqslant n} |A_i \cap A_j \cap A_k| + \cdots +$$
$$(-1)^n |A_1 \cap A_2 \cap \cdots \cap A_n|$$

证毕

例 1.20 对某校 1 000 名大学生调查结果，学英语的 840 人，学日语的 205 人，学俄语的 190 人，既学英语又学日语的 125 人，既学英语又学俄语的 85 人，既学日语又学俄语的 57 人，没有 3 门外语都不学的学生，问 3 门外语都学的学生有多少人？

解 令 A, B, C 分别表示学英语、日语及俄语的学生的集合，则 $|A \cap B|$ 表示学英、日两种语言的人数，$|A \cap C|$ 表示学英、俄两种语言的人数，$|B \cap C|$ 表示学日、俄两种语言的人数。于是

$$1\,000 = 840 + 205 + 190 - 125 - 85 - 57 + |A \cap B \cap C|$$

所以

$$|A \cap B \cap C| = 32$$

即三门外语都学的学生有 32 人。

习 题

1. 在 60 人中，学英语的 45 人，学日语的 30 人，问两门都学的人最多可能为多少？最少可能为多少？

2. 对 100 名青年调查结果是：50 人学数学，70 人学物理，30 人既学数学又学物理，求既不学数学又不学物理的有多少人？

3. 某工厂给 30 辆汽车装配设备，其中 15 辆汽车装配了倒车雷达，8 辆汽车装配了导航，6 辆汽车装配了对讲机，并且有 3 辆汽车装配了 3 种设备，问至少有多少辆汽车没有装配任何设备？

4. 求 1 到 250 之间能被 2,3,5,7 任何一数整除的整数的个数。

5. 一个人写了 10 封信和 10 个信封，然后随机地将信装入信封，求每封信都装错了信封的概率。

第 2 章

映 射

　　自 17 世纪近代数学产生以来,函数的概念一直处于数学思想的真正核心位置,函数关系这一概念的重要意义远远超出了数学领域。人们在研究自然现象与技术的过程中发现,对于一个过程或系统中出现的量或事物,不能孤立地研究它们,而要研究它们之间的相互联系,从事物之间的联系中找出事物的运动规律,这种量与量、事物与事物之间的联系的数学表现,在最简单的情形下,就是单值依赖关系,即函数关系。如果在任意属性的事物间建立函数关系,就得到了函数的最一般概念 —— 映射,映射就是函数的推广。

　　本章讨论映射的基本定义,抽屉原理及其应用,复合映射、逆映射置换及二元运算和 n 元运算。

2.1 映射的基本概念

定义 2.1 设 X 和 Y 是两个非空集合,如果 $X \times Y$ 的子集 f 满足:

(1) 对于 $\forall x \in X, \exists y \in Y$ 使得 $(x,y) \in f$;

(2) 如果 $(x,y),(x,y') \in f$,则 $y = y'$。

则称 f 是 X 到 Y 的一个映射,记为 $f: X \to Y$。

　　若 $(x,y) \in f$,则记为 $y = f(x)$,或 $y = (x)f$,y 称为 x 在 f 作用下的象,x 称为原象。X 称为 f 的定义域,集合 $\{f(x) \mid x \in X\}$ 称为 f 的值域或象,记为 $f(X)$。

　　定义中的(1)说明对于集合 X 中的每一个元素 x,在集合 Y 中至少存在一个元素 y 使得 $(x,y) \in f$,(2)说明对于集合 X 中的每一个元素 x,在集合 Y 中都有唯一的元素 y 使得 $(x,y) \in f$,"唯一"表示了单值性。

例 2.1 $f_1 = \{(x,y) \mid x,y \in \mathbf{R} \text{ 且 } y = x^2\}$ 是映射。

　　$f_2 = \{(x,y) \mid x,y \in \mathbf{R} \text{ 且 } x = y^2\}$ 不是映射,因非单值。

　　$f_3 = \{(x,y) \mid x,y \in \mathbf{I} \text{ 且 } x = 2y\}$ 不是映射,因 X 中的奇数未被涉及。

定义 2.2 设 X 和 Y 是两个非空集合,$f: X \to Y, A \subseteq X$,当把 f 的定义域限制在 A 上时,就得到了一个映射 $\varphi: A \to Y$,其中 $\forall x \in A$ 有 $\varphi(x) = f(x)$,称 φ 为 f 在 A 上的限制,并用 $f \mid A$ 代替 φ。反之,称 f 为 φ 在 X 上的扩张。

定义 2.3 设 $f: A \to Y$ 且 $A \subseteq X$,则称 f 是 X 上的一个部分映射。这里假定空集 $\varnothing$ 到 Y 有一个唯一的映射,它也是 X 到 Y 的部分映射。

f 是 X 上的一个部分映射,则 f 在 X 上不是对每个元素都有定义,而只是对某些元素有定义。

定义 2.4　设 $f:X \to Y, g:X \to Y$,f 与 g 相等当且仅当 $\forall x \in X$,总有 $f(x)=g(x)$。

从有穷集合 X 到有穷集合 Y 的映射 $f:X \to Y$ 共有多少个呢?

令 Y^X 表示这些映射的集合,即 $Y^X = \{f \mid f:X \to Y\}$,设 $|X|=m, |Y|=n$,因为 X 中每个元素的象都有 n 种取法,所以 $|Y^X|=n^m$,即从有穷集合 X 到有穷集合 Y 的映射共有 n^m 种。

定义 2.5　设 $f:X \to Y$,如果 $\forall x_1, x_2 \in X$,只要 $x_1 \neq x_2$ 就有 $f(x_1) \neq f(x_2)$,则称 f 为从 X 到 Y 的单射。

定义 2.6　设 $f:X \to Y$,如果 $\forall y \in Y$,总是 $\exists x \in X$ 使得 $f(x)=y$,则称 f 为从 X 到 Y 的满射。

定义 2.7　设 $f:X \to Y$,如果 f 既是单射又是满射,则称 f 是双射,或一一对应。

定义 2.8　设 $f:X \to X$,如果 $\forall x \in X$ 有 $f(x)=x$,则称 f 为 X 上的恒等映射,常记为 I_X 或 1_X。

例 2.2　$f_1: \mathbf{R} \to \mathbf{R}, f_1 = \{(x,y) \mid y=x^2\}$ 是映射,但不是单射,也不是满射。

$f_2: \mathbf{I} \to \mathbf{I}, f_2 = \{(x,y) \mid y=2x\}$ 是单射,但不是满射。

$f_3: \mathbf{I} \to \mathbf{N}, f_3 = \{(x,y) \mid y=|x|\}$ 是满射,但不是单射。

$f_4: \mathbf{R} \to \mathbf{R}, f_4 = \{(x,y) \mid y=\dfrac{x}{2}\}$ 是双射。

设 $X=\{1,2,\cdots,n\}, Y=\{a_1, a_2, \cdots, a_m\}, f:X \to Y$。把 f 作如下解释是有益的:

(1) 视 X 为物件之集,Y 为盒子之集,若 $f(i)=a_k$,则意即把物件 i 放到盒子 a_k 里,那么 f 就是把 X 中物件放入 m 个命名的盒子里的一种方法。

(2) 视 X 中的 $1,2,\cdots,n$ 为 n 个位置,而 Y 中元素为 m 个不同字母,若 $f(i)=a_k$,则意即把 a_k 放在位置 i 上,那么 f 就是字母表 Y 上长为 n 的一个字。

定理 2.1　设 X 和 Y 是两个有穷集合,$f:X \to Y$,则

(1) 若 f 是单射,则 $|X| \leqslant |Y|$;

(2) 若 f 是满射,则 $|X| \geqslant |Y|$;

(3) 若 f 是双射,则 $|X|=|Y|$;

(4) 若 $|X|=|Y|$,则 f 是单射当且仅当 f 是满射。

定理 2.2　设 X 和 Y 是两个有穷集合,$|X|=n, |Y|=m$,则 $|Y^X|=m^n$。若 $n \leqslant m$,则从 X 到 Y 共有 $m(m-1)\cdots(m-n+1)$ 个单射;若 $m=n$,则从 X 到 Y 共有 $n!$ 个双射。

设 $f:X \to Y$,可以由 f 产生或诱导出一些映射。若 $A \subseteq X$,则由 f 和 A 唯一地确定了 Y 的一个子集

$$f(A) = \{f(x) \mid x \in A\}$$

$f(A)$ 称为 A 在 f 下的象。

利用这种方法,由 f 就可定义一个从 2^X 到 2^Y 的映射,仍记为 f。其次,还可定义一个从

2^Y 到 2^X 的映射。若 $B \subseteq Y$，则由 f 和 B 就唯一地确定了 X 的一个子集
$$f^{-1}(B) = \{x \mid f(x) \in B, x \in X\}$$
$f^{-1}(B)$ 称为 B 在 f 下的原象。$f^{-1}(\{a\})$ 可简记为 $f^{-1}(a)$。

例 2.3 $f: X \to Y, X = \{1,2,3,4\}, Y = \{a,b,c,d,e\}, f(1) = a, f(2) = b, f(3) = d, f(4) = a$。

设 $A = \{1,3\}, B = \{a,b,c,e\}$，则
$$f(A) = \{a,d\}, f^{-1}(B) = \{1,2,4\}, f^{-1}(\{a\}) = \{1,4\}, f^{-1}(\{c\}) = f^{-1}(\{e\}) = \varnothing$$

定理 2.3 设 $f: X \to Y$，且 $C, D \subseteq Y$，则

(1) $f^{-1}(C \cup D) = f^{-1}(C) \cup f^{-1}(D)$；

(2) $f^{-1}(C \cap D) = f^{-1}(C) \cap f^{-1}(D)$；

(3) $f^{-1}(C \triangle D) = f^{-1}(C) \triangle f^{-1}(D)$；

(4) $f^{-1}(C^c) = (f^{-1}(C))^c$。

证 (1) 设 $x \in f^{-1}(C \cup D)$，则 $f(x) \in C \cup D$，得 $f(x) \in C$ 或 $f(x) \in D$。所以 $x \in f^{-1}(C)$ 或 $x \in f^{-1}(D)$。于是 $x \in f^{-1}(C) \cup f^{-1}(D)$。

故 $f^{-1}(C \cup D) \subseteq f^{-1}(C) \cup f^{-1}(D)$。

反之，设 $x \in f^{-1}(C) \cup f^{-1}(D)$，则 $x \in f^{-1}(C)$ 或 $x \in f^{-1}(D)$，得 $f(x) \in C$ 或 $f(x) \in D$。所以 $f(x) \in C \cup D$。于是 $x \in f^{-1}(C \cup D)$。

故 $f^{-1}(C) \cup f^{-1}(D) \subseteq f^{-1}(C \cup D)$。

因此 $$f^{-1}(C \cup D) = f^{-1}(C) \cup f^{-1}(D)$$

(2) 设 $x \in f^{-1}(C \cap D)$，则 $f(x) \in C \cap D$，得 $f(x) \in C$ 且 $f(x) \in D$。所以 $x \in f^{-1}(C)$ 且 $x \in f^{-1}(D)$。于是 $x \in f^{-1}(C) \cap f^{-1}(D)$。

故 $f^{-1}(C \cap D) \subseteq f^{-1}(C) \cap f^{-1}(D)$。

反之，设 $x \in f^{-1}(C) \cap f^{-1}(D)$，则 $x \in f^{-1}(C)$ 且 $x \in f^{-1}(D)$，得 $f(x) \in C$ 且 $f(x) \in D$。所以 $f(x) \in C \cap D$。于是 $x \in f^{-1}(C \cap D)$。

故 $f^{-1}(C) \cap f^{-1}(D) \subseteq f^{-1}(C \cap D)$。

因此 $$f^{-1}(C \cap D) = f^{-1}(C) \cap f^{-1}(D)$$

(4) 设 $x \in f^{-1}(C^c)$，则 $f(x) \in C^c$，得 $f(x) \notin C$，$f(x) \notin f^{-1}(C)$。由 $x \in X$ 得 $f(x) \in f(X)$，于是 $x \in (f^{-1}(C))^c$。

故 $f^{-1}(C^c) \subseteq (f^{-1}(C))^c$。

反之，设 $x \in (f^{-1}(C))^c$，则 $x \in X$ 且 $x \notin f^{-1}(C)$，得 $f(x) \in Y$ 且 $f(x) \notin C$。所以 $f(x) \in Y \setminus C$，于是 $x \in f^{-1}(C^c)$。

故 $(f^{-1}(C))^c \subseteq f^{-1}(C^c)$。

因此 $$f^{-1}(C^c) = (f^{-1}(C))^c$$

(3) $f^{-1}(C \triangle D) = f^{-1}((C \setminus D) \cup (D \setminus C)) = f^{-1}((C \cap D^c) \cup (D \cap C^c)) =$
$$f^{-1}(C \cap D^c) \cup f^{-1}(D \cap C^c) =$$
$$(f^{-1}(C) \cap f^{-1}(D^c)) \cup (f^{-1}(D) \cap f^{-1}(C^c)) =$$

$$(f^{-1}(C) \cap (f^{-1}(D))^c) \cup (f^{-1}(D) \cap (f^{-1}(C))^c) =$$
$$(f^{-1}(C) \setminus f^{-1}(D)) \cup (f^{-1}(D) \setminus f^{-1}(C)) = f^{-1}(C) \triangle f^{-1}(D)$$
证毕

定理 2.4 设 $f: X \to Y$ 且 $A, B \subseteq X$,则

(5) $f(A \cup B) = f(A) \cup f(B)$;

(6) $f(A \cap B) \subseteq f(A) \cap f(B)$;

(7) $f(A \triangle B) \supseteq f(A) \triangle f(B)$。

证 (5) 设 $y \in f(A \cup B)$,则 $\exists x \in A \cup B$ 使 $f(x) = y$,于是 $x \in A$ 或 $x \in B$,所以 $f(x) = y \in f(A)$ 或 $f(x) = y \in f(B)$,得 $y \in f(A) \cup f(B)$。

故 $f(A \cup B) \subseteq f(A) \cup f(B)$。

反之,设 $y \in f(A) \cup f(B)$,则 $y \in f(A)$ 或 $y \in f(B)$,于是 $\exists x \in A$ 使 $f(x) = y$ 或 $\exists x \in B$ 使 $f(x) = y$,总之,$\exists x \in A \cup B$ 使得 $f(x) = y$,于是 $y \in f(A \cup B)$。

故 $f(A) \cup f(B) \subseteq f(A \cup B)$。

因此 $f(A \cup B) = f(A) \cup f(B)$

类似地可以证(6)、(7)式成立。 证毕

例 2.4 $f: X \to Y, X = \{1,2,3\}, Y = \{a,b,c\}, f(1) = a, f(2) = f(3) = b$。

设 $A = \{1,2\}, B = \{3\}$,则

$f(A) = \{a,b\}, f(B) = \{b\}, f(A) \cup f(B) = \{a,b\}, A \cup B = \{1,2,3\}, f(A \cup B) = \{a,b\}$

于是 $f(A \cup B) = f(A) \cup f(B), f(A) \cap f(B) = \{b\}, A \cap B = \varnothing, f(A \cap B) = \varnothing$

于是 $f(A \cap B) \subseteq f(A) \cap f(B)$

$f(A \triangle B) = f(\{1,2,3\}) = \{a,b\}, \quad f(A) \triangle f(B) = \{a\}$

于是 $f(A \triangle B) \supseteq f(A) \triangle f(B)$

习 题

1. 下述映射哪些是单射、满射和双射?设 S 是定义域的子集,求 $f(S)$。

(1) $f: \mathbf{N} \to \mathbf{N}, f(x) = 2x, S = \{1,3,5\}$;

(2) $f: \mathbf{N} \to \{0,1\}, f(x) = \begin{cases} 1 & (x \text{ 为奇数}) \\ 0 & (x \text{ 为偶数}) \end{cases}, S = \{2,4,6\}$;

(3) $f: \mathbf{R} \to \mathbf{R}, f(x) = x^2 + 2x - 15, S = [-1,1]$;

(4) $f: \mathbf{N} \times \mathbf{N} \to \mathbf{N}, f(m,n) = mn, S = \{(0,1),(0,2)(1,0),(2,0)\}$。

2. 对下面每一组集合 X 和 Y,构造从 X 到 Y 的双射。

(1) $X = (0,1), Y = (0,2)$;

(2) $X = \mathbf{N}, Y = \mathbf{N} \times \mathbf{N}$;

(3) $X = \mathbf{I} \times \mathbf{I}, Y = \mathbf{N}$;

(4) $X = \mathbf{R}, Y = (0, \infty)$。

3. 设 X 是一个有穷集合,证明:从 X 到 X 的部分映射共有 $(|X|+1)^{|X|}$ 个。

4. 设 $f: X \to Y$,且 $C, D \subseteq Y$,证明:$f^{-1}(C \setminus D) = f^{-1}(C) \setminus f^{-1}(D)$。

5. 设 $f: X \to Y$，且 $A, B \subseteq X$，证明：$f(A \backslash B) \supseteq f(A) \backslash f(B)$。

2.2 抽屉原理

映射可以解释为事物的一种安排方法，设 $X = \{a_1, a_2, \cdots, a_m\}$，$Y = \{1, 2, \cdots, n\}$，当视 X 为事物之集，Y 为盒子之集时，则一个映射 $f: X \to Y$ 就是把 m 中事物放入 n 个盒子里的一种方法，若 $f(a_i) = j$，则把 a_i 放到盒子 j 里。若 $m > n$，则必有一个盒子至少装两个物体。也就是说，当 $m > n$ 时，每个 $f: X \to Y$ 都不是单射，即至少有两个元素的象是相同的，这就是著名的狄里赫莱(Dirichlet)原理，人们采用直观的方式叙述之，并形象地称为抽屉原理、鸽巢原理。

定理 2.5(抽屉原理) 如果把 $n+1$ 个物体放入 n 个抽屉里，则必有一个抽屉里至少放了两个物体。

实际上，如果抽屉原理不成立，则每个抽屉至多放一个物体，从而 n 个抽屉里至多放了 n 个物体，这与前提矛盾，所以抽屉原理的结论成立。

例 2.5 13 个人中至少有两个人的生日在同一月份。

例 2.6 证明：任何 6 个人中，或有 3 个人互相认识，或有 3 个人互相不认识。

证 首先从 6 个人中任意选择一个人 a，然后把其余的 5 个人分成 A 和 B 两组，A 组是由与 a 互相认识的人组成的，B 组是由与 a 互相不认识的人组成的。

由抽屉原理得，A 和 B 两组中至少有一组不少于 3 个人。不妨设 A 组不少于 3 个人，则这 3 个人可能至少有 2 个人互相认识，也可能 3 个人互相不认识。

如果 A 组中有 2 个人互相认识，那么这 2 个人与 a 就是 3 个互相认识的人，结论成立；如果 A 组中有 3 个人互相不认识，那么结论也成立。

类似地可证 B 组不少于 3 个人时，结论也成立。 证毕

该例题中使用的抽屉原理，实际上是抽屉原理的一种推广形式，称为平均值原理，即把 m 个物体放入 n 个抽屉里，则必有一个抽屉里至少放了 $\left[\dfrac{m-1}{n}\right] + 1$ 个物体。

实际上，抽屉原理就是：如果把含有很多个元素的集合划分成不多的几个互不相交的子集，那么至少有一个子集中含有相当数量的元素。

定理 2.6(抽屉原理的强形式) 设 $q_1, q_2, \cdots, q_n$ 为 n 个正整数，如果把 $\sum\limits_{i=1}^{n} q_i - n + 1$ 个物体放入 n 个盒子中，则有一个盒子 i 里至少装了 q_i 个物体。

实际上，如果抽屉原理的强形式不成立，则每个盒子 i 里至多装了 $q_i - 1$ 个物体，从而 n 个盒子里至多放了 $\sum\limits_{i=1}^{n}(q_i - 1) = \sum\limits_{i=1}^{n} q_i - n$ 个物体，这与前提矛盾，所以，抽屉原理的强形式成立。

当 $q_1 = q_2 = \cdots = q_n = 2$ 时，$\sum\limits_{i=1}^{n} q_i - n + 1 = n + 1$，就得到简单形式的抽屉原理。

当 $q_1 = q_2 = \cdots = q_n = r$ 时，$\sum_{i=1}^{n} q_i - n + 1 = n(r-1) + 1$，于是有推论 2.1, 2.2 成立。

推论 2.1 如果把 $n(r-1)+1$ 个物体放入 n 个盒子中，则至少有一个盒子里装了至少 r 个物体。

推论 2.2（平均值原理） 如果 n 个正整数 $m_1, m_2, \cdots, m_n$ 的平均值 $\dfrac{\sum_{i=1}^{n} m_i}{n} > r-1$，则 $m_1, m_2, \cdots, m_n$ 中至少有一个正整数 $m_i \geqslant r$。

例 2.7 证明：任意 5 个整数中必有 3 个整数，其和是 3 的倍数。

证 设这 5 个整数分别为 x_1, x_2, x_3, x_4, x_5。由于 $x_i = 3q_i + r_i, 0 \leqslant r_i \leqslant 2$，所以可把余数为 r_i 的整数放到盒子 A_0, A_1, A_2 之一中，当 $r_i = k$ 时，$x_i \in A_k, 0 \leqslant k \leqslant 2$。

若有一个盒子为空，则由抽屉原理得必有一个盒子中有 3 个整数，其和是 3 的倍数；否则若每个盒子均不空，则从每个盒子中各取一个数，其和是 3 的倍数。 **证毕**

习 题

1. 证明：在 52 个整数中，必有 2 个整数，使得这 2 个整数之和或 2 个整数之差能被 100 整除。

2. 已知 m 个整数 $a_1, a_2, \cdots, a_m$，证明：存在两个整数 $k, l, 0 \leqslant k < l \leqslant m$，使得 $a_{k+1} + a_{k+2} + \cdots + a_l$ 能被 m 整除。

3. 证明：从一个边长为 1 的等边三角形中任意选 5 个点，则这 5 个点中必有 2 个点之间的距离最多为 $1/2$。若任意选 10 个点，则这 10 个点中必有 2 个点之间的距离最多为 $1/3$。

2.3 映射的合成和逆

映射是函数概念的推广，映射的合成是复合函数概念的推广，通过映射的合成，由已知映射产生新的映射，这种产生机制对计算机科学和程序设计语言是非常有用的。

定义 2.9 设 $f: X \to Y, g: Y \to Z$。一个从 X 到 Z 的映射 h 称为 f 与 g 的合成，如果 $\forall x \in X, h(x) = g(f(x))$。

若用 $f(x)$ 表示 x 在 f 下的象，h 就记为 $g \circ f$，简记为 gf；若用 $(x)f$ 表示 x 在 f 下的象，h 就记为 $f \circ g$。

按定义，$\forall x \in X$，有
$$g \circ f(x) = gf(x) = g(f(x))$$

例 2.8 $X = \{1, 2, 3\}, Y = \{a, b, c\}, Z = \{x, y, z\}, f: X \to Y, g: Y \to Z$
$$f(1) = f(2) = a, \quad f(3) = c; \quad g(a) = y, \quad g(b) = x, \quad g(c) = z$$
则
$$g \circ f(1) = y, \quad g \circ f(2) = y, \quad g \circ f(3) = z$$

合成运算不满足交换律，但满足结合律。

定理 2.7 设 $f: X \to Y, g: Y \to Z, h: Z \to W$，则

$$(h \circ g) \circ f = h \circ (g \circ f)$$

证 $(h \circ g) \circ f : X \to W, h \circ (g \circ f) : X \to W$,对于 $\forall x \in X$,有

$$(h \circ g) \circ f(x) = (h \circ g)(f(x)) = h(g(f(x)))$$
$$h \circ (g \circ f)(x) = h(g \circ f(x)) = h(g(f(x)))$$

因此,$\forall x \in X$,有 $(h \circ g) \circ f(x) = h \circ (g \circ f)(x)$。

根据映射相等的定义得

$$(h \circ g) \circ f = h \circ (g \circ f)$$
证毕

由于合成运算满足结合律,$(h \circ g) \circ f$ 和 $h \circ (g \circ f)$ 就可简记为 $h \circ g \circ f$ 或 hgf。于是,若 $f_1 : A_1 \to A_2, f_2 : A_2 \to A_3, \cdots, f_n : A_n \to A_{n+1}$,则 $f_1, f_2, \cdots, f_n$ 的合成就可简记为 $f_n \circ f_{n-1} \circ \cdots \circ f_1$ 或 $f_n f_{n-1} \cdots f_1$,对于 $\forall x \in X$,有

$$f_n f_{n-1} \cdots f_1(x) = f_n(f_{n-1} \cdots (f_2(f_1(x))) \cdots)$$

定理 2.8 设 $f : X \to Y, g : Y \to Z$,则

(1) 若 f 和 g 都是单射,那么 $g \circ f$ 也是单射;

(2) 若 f 和 g 都是满射,那么 $g \circ f$ 也是满射;

(3) 若 f 和 g 都是双射,那么 $g \circ f$ 也是双射。

证 (1) 对于 $\forall x_1, x_2 \in X$ 且 $x_1 \neq x_2$,因为 f 是单射,有 $f(x_1) \neq f(x_2)$。又因为 g 是单射,有 $g(f(x_1)) \neq g(f(x_2))$,故 $g \circ f$ 是单射。

(2) $\forall z \in Z$,因为 g 为满射,所以必 $\exists y \in Y$ 使得 $g(y) = z$。又因为 f 是满射,所以必 $\exists x \in X$,使 $f(x) = y$。于是

$$g \circ f(x) = g(f(x)) = g(y) = z$$

故 $g \circ f$ 是满射。

(3) 根据(1)和(2)可得(3)成立。 证毕

定理 2.9 若 $f : X \to Y, g : Y \to Z$,则

(1) 若 $g \circ f$ 是单射,则 f 是单射;

(2) 若 $g \circ f$ 是满射,则 g 是满射;

(3) 若 $g \circ f$ 是双射,则 f 是单射且 g 是满射。

证 (1) 对于 $\forall x_1, x_2 \in X$ 且 $x_1 \neq x_2$,因为 $g \circ f$ 是单射,有 $g \circ f(x_1) \neq g \circ f(x_2)$,因此 $f(x_1) \neq f(x_2)$,故 f 是单射。

(2) $\forall z \in Z$,因为 $g \circ f$ 为满射,所以必 $\exists x \in X$,使 $g \circ f(x) = g(f(x)) = z$。因为 f 是映射,所以,对于 $x \in X$,必 $\exists y \in Y$ 使得 $f(x) = y$,因此 $g \circ f(x) = g(y) = z$。即 $\forall z \in Z$,必 $\exists y \in Y$ 使得 $g(y) = z$,故 g 是满射。

(3) 根据(1)和(2)可得(3)成立。 证毕

定理 2.10 若 $f : X \to Y$,则 $f \circ I_X = I_Y \circ f = f$。

逆映射是反函数概念的推广。

定义 2.10 设 $f : X \to Y$,如果存在一个映射 $g : Y \to X$ 使得 $g \circ f = I_X$ 且 $f \circ g = I_Y$,则称 f 是可逆映射,g 称为 f 的一个逆映射。

定理 2.11 $f:X \to Y$,则 f 是可逆的,当且仅当 f 为双射。

证 设 f 是可逆的,则存在一个映射 $g:Y \to X$ 使得 $g \circ f = I_X$ 且 $f \circ g = I_Y$。由于 I_X, I_Y 既是单射又是满射,所以 f 既是单射又是满射,因此 f 是双射。

设 f 是双射,则 $\forall y \in Y$ 有且仅有一个 $x \in X$,使 $f(x) = y$。设 $g:Y \to X$,对 $\forall y \in Y$, $g(y) = x$,当且仅当 $f(x) = y$,显然 g 是映射。

$\forall x \in X, g \circ f(x) = g(f(x)) = x = I_X(x)$,所以 $g \circ f = I_X$。

$\forall y \in Y, f \circ g(y) = f(g(y)) = y = I_Y(y)$,所以 $f \circ g = I_Y$。

因此 f 是可逆的。   **证毕**

定理 2.11 给出了逆映射存在的条件,只有双射才有逆映射。

定理 2.12 设 $f:X \to Y$,若 f 是可逆的,则 f 的逆映射是唯一的。f 的逆记为 f^{-1}。

证 因为 f 是可逆的,所以存在一个映射 $g:Y \to X$ 使得 $g \circ f = I_X$ 且 $f \circ g = I_Y$。设还有 $h:Y \to X$ 是 f 的逆,则 $h \circ f = I_X$ 且 $f \circ h = I_Y$。故

$$g = I_X \circ g = (h \circ f) \circ g = h \circ (f \circ g) = h \circ I_Y = h$$

因此 f 的逆映射是唯一的。   **证毕**

定理 2.12 给出了逆映射的唯一性,因此才能够用 f^{-1} 表示 f 的唯一的逆映射。

定理 2.13 设 $f:X \to Y, g:Y \to Z$ 都是可逆的,则 $g \circ f$ 也可逆,且

(1) $(f^{-1})^{-1} = f$;

(2) $(g \circ f)^{-1} = f^{-1} \circ g^{-1}$(穿脱原则)。

证 (1) 由于 f 是可逆的,f 的逆为 f^{-1},$f^{-1} \circ f = I_X$ 且 $f \circ f^{-1} = I_Y$,所以,f 与 f^{-1} 互为逆映射,因此 f 是 f^{-1} 的逆映射,故 $(f^{-1})^{-1} = f$。

(2) 因为 f 和 g 均是可逆的,而由定理 2.12 得 f 和 g 的逆映射 $f^{-1}:Y \to X$ 和 $g^{-1}:Z \to Y$ 均是唯一的,因此 g^{-1} 与 f^{-1} 可以合成得 $f^{-1} \circ g^{-1}:Z \to X$,且

$$(g \circ f) \circ (f^{-1} \circ g^{-1}) = g \circ (f \circ f^{-1}) \circ g^{-1} = g \circ I_Y \circ g^{-1} = g \circ g^{-1} = I_Z$$

$$(f^{-1} \circ g^{-1}) \circ (g \circ f) = f^{-1} \circ (g^{-1} \circ g) \circ f = f^{-1} \circ I_Y \circ f = f^{-1} \circ f = I_X$$

所以 $f^{-1} \circ g^{-1}$ 是 $g \circ f$ 的逆映射,即 $(g \circ f)^{-1} = f^{-1} \circ g^{-1}$。   **证毕**

习　题

1. 设 f, g, h 皆为 $\mathbf{N} \to \mathbf{N}$ 的映射,它们分别定义如下:

$$f(n) = n + 2;$$

$$g(n) = 5n;$$

$$h(n) = \begin{cases} 0 & (n \text{ 为偶数}) \\ 1 & (n \text{ 为奇数}) \end{cases}$$

求:$f \circ f, g \circ h, h \circ g, f \circ g \circ h, f^{-1}$。

2. 是否存在集合 X 上的一一对应 f,使得 $f = f^{-1}$,但 $f \neq I_X$。

3. 试构造正整数集 $\mathbf{I}_+$ 上的映射 $f: \mathbf{I}_+ \to \mathbf{I}_+$ 和 $g: \mathbf{I}_+ \to \mathbf{I}_+$,使得 $fg = 1_{\mathbf{I}_+}$ 但 $gf \neq 1_{\mathbf{I}_+}$。

2.4 置　换

定义 2.11　集合 X 上的一个映射称为 X 的一个变换。

定义 2.12　有穷集合 S 上的一一对应称为 S 上的一个置换。若 $|S|=n$，则 S 上的置换就称为 n 次置换。

实际上，一个集合 S 上的 n 次置换就是 S 中 n 个元素的一个全排列。设 S_n 是 S 上的一切 n 次置换之集，则 $|S_n|=n!$。

设集合 $S=\{1,2,\cdots,n\}$，σ 为 S 上的一个置换，则对于 S 中的每一个元素 i，在 S 中有唯一的一个元素 k_i 与之对应，即 $\sigma(i)=k_i$，可将置换 σ 表示为

$$\sigma=\begin{pmatrix} 1 & 2 & \cdots & n \\ k_1 & k_2 & \cdots & k_n \end{pmatrix}$$

实际上，在上述表示方法中，上一行的元素不一定按照 $1,2,\cdots,n$ 的顺序写，而可以按照任何次序写出，只是必须保证元素 i 在 σ 下的象 k_i 写在 i 的正下方。

例如，设 $X=\{1,2,3\}$，$\sigma(1)=2,\sigma(2)=3,\sigma(3)=1$，则 σ 可表示为

$$\sigma=\begin{pmatrix} 1 & 2 & 3 \\ 2 & 3 & 1 \end{pmatrix}=\begin{pmatrix} 1 & 3 & 2 \\ 2 & 1 & 3 \end{pmatrix}=\begin{pmatrix} 2 & 1 & 3 \\ 3 & 2 & 1 \end{pmatrix}=\begin{pmatrix} 2 & 3 & 1 \\ 3 & 1 & 2 \end{pmatrix}=\begin{pmatrix} 3 & 1 & 2 \\ 1 & 2 & 3 \end{pmatrix}=\begin{pmatrix} 3 & 2 & 1 \\ 1 & 3 & 2 \end{pmatrix}$$

置换的这种表示方法使用起来更为方便。两个 n 次置换 α 与 β 的合成称为 α 与 β 的乘积。当元素 i 在 α 下的象用 $i\alpha$ 表示时，α 与 β 的乘积就可记为 $\alpha\beta$，这正好符合通常的从左到右的计算习惯。

例 2.9　设 $X=\{1,2,3,4,5\}$，X 上的置换

$$\alpha=\begin{pmatrix} 1 & 2 & 3 & 4 & 5 \\ 3 & 5 & 2 & 1 & 4 \end{pmatrix}, \quad \beta=\begin{pmatrix} 1 & 2 & 3 & 4 & 5 \\ 4 & 5 & 3 & 2 & 1 \end{pmatrix}$$

则

$$\alpha\beta=\begin{pmatrix} 1 & 2 & 3 & 4 & 5 \\ 3 & 5 & 2 & 1 & 4 \end{pmatrix}\begin{pmatrix} 1 & 2 & 3 & 4 & 5 \\ 4 & 5 & 3 & 2 & 1 \end{pmatrix}=\begin{pmatrix} 1 & 2 & 3 & 4 & 5 \\ 3 & 1 & 5 & 4 & 2 \end{pmatrix}$$

显然，在计算 $\alpha\beta$ 时，把 β 的表示式中的上一行按照 α 的表示式中的下一行的顺序写出时，β 的新表示式中的下一行就是 $\alpha\beta$ 的表示式中的下一行。即

$$\alpha\beta=\begin{pmatrix} 1 & 2 & 3 & 4 & 5 \\ 3 & 5 & 2 & 1 & 4 \end{pmatrix}\begin{pmatrix} 3 & 5 & 2 & 1 & 4 \\ 3 & 1 & 5 & 4 & 2 \end{pmatrix}=\begin{pmatrix} 1 & 2 & 3 & 4 & 5 \\ 3 & 1 & 5 & 4 & 2 \end{pmatrix}$$

由于 S 上的 n 次置换 σ 是一个双射，所以 σ 有逆置换，记为 σ^{-1}，并且 σ^{-1} 也是一个双射。

若

$$\sigma=\begin{pmatrix} 1 & 2 & \cdots & n \\ k_1 & k_2 & \cdots & k_n \end{pmatrix}$$

则

$$\sigma^{-1}=\begin{pmatrix} k_1 & k_2 & \cdots & k_n \\ 1 & 2 & \cdots & n \end{pmatrix}$$

即将 σ 的表示式中的上下两行交换后所得到的新的表示式就是 σ^{-1} 的表示式。

定义 2.13　设 σ 是 S 上的一个 n 次置换，若 $i_1\sigma=i_2,i_2\sigma=i_3,\cdots,i_{k-1}\sigma=i_k,i_k\sigma=i_1$，而

对于其余任意元素 $i \in S \setminus \{i_1, i_2, \cdots, i_k\}$ 有 $i\sigma = i$，则称 σ 为一个 k-循环置换，简记为 $(i_1 \ i_2 \ \cdots \ i_k)$。2-循环置换 $(i \ j)$ 称为对换。

于是，k-循环置换为

$$(i_1 i_2 \cdots i_k) = \begin{pmatrix} i_1 & i_2 & \cdots & i_{k-1} & i_k & i_{k+1} & \cdots & i_n \\ i_2 & i_3 & \cdots & i_k & i_1 & i_{k+1} & \cdots & i_n \end{pmatrix}$$

对换为

$$(ij) = \begin{pmatrix} 1 & 2 & \cdots & i-1 & i & i+1 & \cdots & j-1 & j & j+1 & \cdots & n \\ 1 & 2 & \cdots & i-1 & j & i+1 & \cdots & j-1 & i & j+1 & \cdots & n \end{pmatrix}$$

显然 $(i_1 i_2 \cdots i_k) = (i_2 \cdots i_k i_1) = \cdots = (i_k i_1 i_2 \cdots i_{k-1}) = (i_1 i_2)(i_1 i_3) \cdots (i_1 i_k)$

例 2.10 $\begin{pmatrix} 1 & 2 & 3 & 4 & 5 \\ 3 & 4 & 2 & 1 & 5 \end{pmatrix} = (1 \ 3 \ 2 \ 4)$ 为一个 4-循环置换。

$$\begin{pmatrix} 1 & 2 & 3 & 4 & 5 \\ 3 & 2 & 1 & 4 & 5 \end{pmatrix} = (1 \ 3)$$

为一个 2-循环置换，即对换。

恒等置换 $\quad I = \begin{pmatrix} 1 & 2 & 3 & \cdots & n \\ 1 & 2 & 3 & \cdots & n \end{pmatrix}$

称为 1-循环置换，简记为 (1) 或 $(2), \cdots, (n)$。

显然 $\quad (ij)^{-1} = (ij), (i_1 i_2 \cdots i_k)^{-1} = (i_k i_{k-1} \cdots i_1)$

定理 2.14 每个置换均可分解为若干个没有相同数字的循环置换的乘积。若不计这些无共同数字的循环置换的次序，则分解是唯一的。

置换的循环分解的方法是：先找出一个实际被变动的符号，在它的后面写出这个符号的象，依次继续进行，直到不能得出新的符号为止。在这个循环置换闭合后，若还有实际被变动的符号，就重复上述过程，得到第二个循环置换。依此类推。

例 2.11 $\begin{pmatrix} 1 & 2 & 3 & 4 & 5 \\ 3 & 5 & 4 & 1 & 2 \end{pmatrix} = (1 \ 3 \ 4)(2 \ 5)$。

定理 2.15 每个置换均可分解为若干对换的乘积，但这种分解不唯一。

例 2.12 $(2 \ 5) = (1 \ 2)(1 \ 5)(1 \ 2) = (1 \ 5)(1 \ 2)(1 \ 5)$

定义 2.14 能分解为偶数(奇数)个对换的乘积的置换被称为偶置换(奇置换)。

例 2.12 的置换为奇置换。

习 题

1. 设 $\delta_1 = \begin{pmatrix} 1 & 2 & 3 & 4 & 5 \\ 4 & 3 & 2 & 1 & 5 \end{pmatrix}, \delta_2 = \begin{pmatrix} 1 & 2 & 3 & 4 & 5 \\ 3 & 2 & 5 & 1 & 4 \end{pmatrix}$，求：$\delta_1 \delta_2, \delta_2 \delta_1, \delta_1^{-1}$。

2. 列写出 3 个元素的集合上的所有置换，并判断哪些为奇置换，哪些为偶置换。

3. 将置换 $\begin{pmatrix} 1 & 2 & 3 & 4 & 5 & 6 & 7 & 8 & 9 \\ 7 & 9 & 1 & 2 & 6 & 5 & 3 & 4 & 8 \end{pmatrix}$ 表示成对换乘积的形式，并指出其奇偶性。

4. 证明：每个 n 次置换均可被分解成这样的一些置换的乘积：每个置换或为 $(1\ 2)$，或为 $(2\ 3\ \cdots\ n)$。

2.5 二元运算和 n 元运算

首先考察一下自然数集上的加法运算：$1+2=3, 3+3=6, 3+5=8$，可以写成
$$(1,2) \to 3, (3,3) \to 6, (3,5) \to 8$$
此时我们完全可以把这种运算看成是一个由序对组成的集合到另一集合的映射，即把运算看成是映射。

定义 2.15 设 X, Y, Z 为任意三个非空集合，一个从 $X \times Y$ 到 Z 的映射 φ 称为 X 与 Y 到 Z 的二元运算。

此时，φ 称为运算符号，它表示了运算法则，X 和 Y 是运算对象的集合，Z 是运算结果所在的集合。由定义可知，二元运算 φ 对于 $X \times Y$ 中任意元素 (x, y)，规定了唯一的结果元素。若 $\varphi(x, y) = z$，习惯上记为 $x \varphi y = z$。当 φ 为 X 上的二元代数运算时，$\varphi(x, y) \in X$，称为 φ 在 X 上封闭。

在数学上，习惯把二元运算 φ 记为"$*$"、"$\circ$"、"$\cdot$"等，于是 $\varphi(x, y)$ 或 $x \varphi y$ 就可以写成 $x * y$、$x \circ y$、$x \cdot y$ 等，甚至写成 xy。

例 2.13 实数的普通加法、乘法均为实数集 $\mathbf{R}$ 上的二元代数运算，而除法不是 $\mathbf{R}$ 上的二元代数运算，因为不能用 0 作除数，即对于 $\forall x \in \mathbf{R}, x \div 0$ 没有定义。但是去掉 0 后，除法就是 $\mathbf{R} \setminus \{0\}$ 上的二元代数运算了。

当运算对象集 $X = \{x_1, x_2, \cdots, x_m\}, Y = \{y_1, y_2, \cdots, y_n\}$，运算结果集为 Z 时，X 与 Y 到 Z 的二元运算"$*$"可以用表 2.1 所示的一个二维表表示。

表 2.1

$*$	y_1	y_2	y_3	$\cdots$	y_n
x_1	z_1	z_2	z_3	$\cdots$	z_n
x_2	z_{n+1}	z_{n+2}	z_{n+3}	$\cdots$	z_{2n}
x_3	z_{2n+1}	z_{2n+2}	z_{2n+3}	$\cdots$	z_{3n}
$\vdots$	$\vdots$	$\vdots$	$\vdots$	$\vdots$	$\vdots$
x_m	$z_{n(m-1)+1}$	$z_{n(m-1)+2}$	$z_{n(m-1)+3}$	$\cdots$	z_{nm}

例 2.14 集合 $X = \{a, b, c\}$ 上的二元代数运算"$*$"的运算表见表 2.2。

表 2.2

*	a	b	c
a	a	b	c
b	b	b	b
c	c	b	a

除了二元运算外，还有一元运算、三元运算，乃至 n 元运算。

定义 2.16 从集合 X 到集合 Y 的任意映射称为 X 到 Y 的一元运算。

求实数的相反数、矩阵的转置矩阵等都是一元运算。

定义 2.17 设 $X_1,X_2,\cdots,X_n,Y$ 为非空集合，一个从 $X_1 \times X_2 \times \cdots \times X_n$ 到 Y 的映射 φ 称为 $X_1,X_2,\cdots,X_n$ 到 Y 的 n 元运算。当 $X_1=X_2=\cdots=X_n=Y=X$ 时，称 φ 为 X 上的 n 元运算。

求 n 个正整数的最大公约数和最小公倍数都是 n 元运算。

在近世代数中常用的是集合 X 上的一元代数运算和二元代数运算。从定义可知，代数运算的运算对象和运算方法都可以任意规定。二元代数运算的性质将在代数系统中讨论。

习　题

1. 定义二元运算 $*$ 如下：$x*y=x^y$，它是正整数集合上的代数运算吗？

2. 定义二元运算 $\circ$ 如下：$x \circ y=x-y$，它是正整数集合上的代数运算吗？它是整数集合上的代数运算吗？

3. 二元运算"$*$"的运算表见表 2.3，$*$ 是集合 $X=\{a,b,c,d\}$ 上的二元代数运算吗？

表 2.3

*	a	b	c	d
a	a	b	c	d
b	b	a	a	c
c	c	a	b	d
d	d	c	a	b

第 3 章

关 系

集合为描述系统中的各类对象提供了数学工具,而映射为描述事物之间的一种单值依赖关系提供了工具。单值依赖联系是事物之间比较简单的联系,通过这种联系,研究事物的运动规律和状态变化。现实世界中,事物不是孤立的,事物之间都有联系,不仅有单值依赖联系,更有多值依赖关系。"关系"这个概念就提供了一种描述事物之间的多值依赖关系的数学工具。映射是关系的一个特例。这样,集合、映射和关系等概念都是描述自然现象及其相互联系的有力工具,为建立系统和技术过程的数学模型提供了描述工具和方法。

本章的任务是系统地研究关系的概念及其性质。本章将给出关系的定义,特别给出二元关系的几种等价定义和性质、二元关系的运算,其中特别讨论在计算机科学中具有重要应用的关系闭包运算、等价关系与偏序关系。

3.1 关系的概念

数学中"关系"的概念是从自然界中的一般关系里抽象出来的。例如,父子关系、兄妹关系、国家间的外交关系、整数间的大于关系等。这些都是具体关系,都涉及了一些具体事物和某种性质。因此,关系是事物间的联系,至少指两个事物,并且具有一定的顺序。

定义 3.1 设 A 和 B 是两个集合,一个从 $A \times B$ 到{是,否}的映射 R 称为从 A 到 B 的一个二元关系。$\forall (a,b) \in A \times B$,如果$(a,b)$在 R 作用下的象为"是",则 a 与 b 符合关系 R,记为 aRb;如果(a,b)在 R 作用下的象为"否",则 a 与 b 不符合关系 R,记为 $a\slashed{R}b$。如果 $A=B$,则称 R 为 A 上的二元关系。

令 $f:A \rightarrow B$,则有 $R_f:A \times B \rightarrow \{是,否\}$,对于 $\forall (x,y) \in A \times B, xR_fy$ 当且仅当 $f(x)=y$。于是映射 f 是 A 到 B 的一个二元关系。

映射是二元关系的特例。于是映射 f 作为二元关系仍记为 f,$\forall x \in A$,存在唯一 $y \in B$ 使 $f(x)=y$,即 xfy。但对 A 到 B 的任意二元关系 R 未必有此性质,即对于 $\forall x \in A$,未必有 $y \in B$ 使 xRy。若某个 $x \in A$ 有 $y \in B$ 使 xRy,那么 y 也可能不唯一,甚至有多个,乃至无穷多个。

例 3.1 整数集合 $\mathbf{I}$ 上的整除关系记为 $|$。$\forall m,n \in \mathbf{I}, m|n$ 当且仅当 m 能除尽 n,于是 $|$ 是 $\mathbf{I}$ 上的二元关系。

在通常的应用中,某个具体的二元关系总是用具体事物之间的某种联系来确定。由于直观的联系并不总是清楚的,因此有必要给出一个精确的定义。当抽去事物的属性和联系的属性时,剩下的就是一个序对对应的是"是"还是"否"了。于是我们有二元关系的更形式的等价定义 3.2。

定义 3.2 设 A 和 B 是两个集合,$A \times B$ 的任一子集 R 称为从 A 到 B 的一个二元关系。如果 $(a,b) \in R$,则 a 与 b 符合关系 R,记为 aRb;如果 $(a,b) \notin R$,则 a 与 b 不符合关系 R,记为 $a\not{R}b$。如果 $A = B$,则称 R 为 A 上的二元关系。

定义 3.1 说明了二元关系就是某种性质,而定义 3.2 告诉我们,这种性质就是 $A \times B$ 的一个子集,即满足这种性质的那些序对之集。从形式逻辑角度看,定义 3.1 是使用揭示事物内涵的方法来定义二元关系的,而定义 3.2 是使用揭示二元关系的外延的方法来定义二元关系的,因此,定义 3.2 比定义 3.1 更抽象。在抽象讨论二元关系时,使用定义 3.2 比较方便,在讨论具体问题中的具体二元关系时,使用定义 3.1 比较方便。

按照定义 3.2,$A \times B$ 的任一子集 R 都是从 A 到 B 的二元关系。若 $|A| = m$,$|B| = n$,则 $|A \times B| = m \times n$,$A \times B$ 共有 $2^{m \times n}$ 子集,所以从 A 到 B 的二元关系共有 $2^{m \times n}$ 个。

特别地,$A \times B$ 也是从 A 到 B 的二元关系,而空集 $\varnothing$ 称为从 A 到 B 的空关系,集合 $\{(a,a) \mid a \in A\}$ 称为 A 上的恒等关系或相等关系,记为 I_A。

定义 3.3 设二元关系 $R \subseteq A \times B$,集合 $\{x \mid x \in A \text{ 且 } \exists y \in B \text{ 使 } (x,y) \in R\}$ 称为 R 的定义域,并记为 $\text{dom}(R)$;而集合 $\{y \mid y \in B \text{ 且 } \exists x \in A \text{ 使 } (x,y) \in R\}$ 称为 R 的值域,并记为 $\text{ran}(R)$。

一般地,$\text{dom}(R) \neq A$,$\text{ran}(R) \neq B$。

在日常生活及数学、计算机科学中,常常要考虑 3 个事物、4 个事物等之间的联系,例如,在考虑城市之间的位置关系时,有长春位于哈尔滨和沈阳之间。因此,有必要将关系的概念推广到 n 元关系。

定义 3.4 设 $A_1, A_2, \cdots, A_n$ 是 n 个集合,$A_1 \times A_2 \times \cdots \times A_n$ 的一个子集 R 称为 A_1,$A_2, \cdots, A_n$ 间的一个 n 元关系,每个 A_i 称为 R 的一个域。

在数据库中,把 n 元关系 R 看成一个二维表,表中的每一行是关系 R 的一个 n 元组,表中有 n 列,每一列取一个名字,称为属性,而每个域 A_i 就是对应的属性的取值范围,或者说是 A_i 代表的属性。因此,以 $A_1, A_2, \cdots, A_n$ 为属性的 n 元关系 R 记为 $R(A_1, A_2, \cdots, A_n)$,称为一个关系模式。n 元关系是关系数据模型的核心,而关系数据模型是关系数据库的基础。

例 3.2 设 A_1 为某单位的职工姓名的集合,A_2 为性别的集合,A_3 为年龄的集合,A_4 为学历的集合,A_5 为工资的集合。于是,表 3.1 就是该单位的职工情况表,它是 $A_1, A_2, \cdots, A_5$ 间的一个 5 元关系。

由于在数学和计算机科学中主要使用二元关系,因此本章以后各节主要讨论二元关系的运算及性质。

表 3.1 职工情况表

姓　名	性　别	年　龄	学　历	工　资
冯霆	男	21	高中	1 800
赵悦	女	24	本科	2 300
蒋睿	女	29	本科	2 900
周枫	男	33	硕士研究生	3 600

习　题

1. 用枚举法表示从 A 到 B 的二元关系 R。
(1) $A=\{0,1,2\}, B=\{0,2,4\}, R=\{(x,y) \mid x,y \in A \cap B\}$；
(2) $A=\{1,2,3,4,5\}, B=\{1,2,3\}, R=\{(x,y) \mid x=y^2\}$。

2. 用枚举法表示 $A=\{0,1,2,3,4\}$ 上的二元关系 R。
(1) $R=\{(x,y) \mid x+y=4\}$；
(2) $R=\{(x,y) \mid x=2y\}$。

3. 设 $A=\{1,2,3,4\}$ 上的二元关系 $R=\{(1,2),(2,4),(3,3)\}, S=\{(1,3),(2,4),(4,2)\}$。
(1) 求 $R \cup S, R \cap S, R \backslash S, R^c$；
(2) 求 $\text{dom}(R), \text{ran}(S), \text{dom}(R \cup S), \text{ran}(R \cup S)$。

4. 证明：集合 A 上的任意二元关系 R 和 S，有
$$\text{dom}(R \cup S) = \text{dom}(R) \cup \text{dom}(S)$$
$$\text{ran}(R \cap S) = \text{ran}(R) \cap \text{ran}(S)$$

5. 设 A 是 n 个元素的集合，证明 A 上有 2^{n^2} 个二元关系。

3.2　关系矩阵和关系图

关系的概念对于计算机科学以及其他学科极其重要，因此，如何表示关系，使得其直观、形象、便于计算机处理就显得十分重要。关系图及关系矩阵就是针对上述需要而被提出来的，关系图直观形象、具有启发性，关系矩阵便于计算机存储与处理。本节介绍有穷集合上二元关系的关系矩阵及关系图。

定义 3.5　设有穷集合 $A=\{a_1, a_2, \cdots, a_n\}$ 和 $B=\{b_1, b_2, \cdots, b_m\}$，$R$ 是从 A 到 B 的一个二元关系，R 的关系矩阵定义为一个矩阵 $\boldsymbol{M}=(m_{ij})$，其中

$$m_{ij} = \begin{cases} 1 & (a_i \, R \, b_j) \\ 0 & (a_i \, \cancel{R} \, b_j) \end{cases}$$

例 3.3　集合 $A=\{1,2,3\}$ 和 $B=\{a,b,c,d\}$，从 A 到 B 的一个二元关系 $R=\{(1,b),(1,c),(2,a),(2,c),(3,b)\}$，则 R 的关系矩阵为

$$M = \begin{bmatrix} 0 & 1 & 1 & 0 \\ 1 & 0 & 1 & 0 \\ 0 & 1 & 0 & 0 \end{bmatrix}$$

例3.4 集合 $A=\{a,b,c,d\}$，A 上的一个二元关系 $R=\{(a,a),(a,b),(a,c),(b,b),(b,d),(c,a),(c,c)\}$，则 R 的关系矩阵为

$$M = \begin{bmatrix} 1 & 1 & 1 & 0 \\ 0 & 1 & 0 & 1 \\ 1 & 0 & 1 & 0 \\ 0 & 0 & 0 & 0 \end{bmatrix}$$

显然，从 A 到 B 的一个二元关系 R 的矩阵是以 0 或 1 为项的矩阵，这种矩阵称为布尔矩阵。在建立 R 的矩阵时，首先要确定集合 A 和 B 中元素的顺序，一般情况下，不同的元素顺序得到的矩阵是不相等的，但是都能忠实地反映关系的全部信息。尽管不同的元素顺序得到的关系矩阵不相同，但是可以相互转化，就是在行和列的同样变换下，可以将一种矩阵表示变为另一种矩阵表示。

对于具体的关系 R，如何确定元素的顺序，使得关系矩阵成为某种形式的简单矩阵，要根据关系 R 的具体情况而定。关系矩阵包含了关系的全部信息，从关系矩阵很容易看出关系具有某些性质。

关系除了可以用关系矩阵表示外，还可以用关系图表示。从有穷集合 A 到有穷集合 B 的二元关系 R 用图表示时，首先用点表示 A 和 B 的元素，并在旁边标注元素的名字，然后用从点 x 到点 y 的矢线表示 R 中的序对 (x,y)。若 $(x,x) \in R$，则画一条从点 x 指向自身的线，称为环。这样由点和线组成的有向图称为 R 的关系图。

例3.5 例3.3中的关系 R 的关系图如图 3.1(a) 所示，例3.4中的关系 R 的关系图如图 3.1(b) 所示。

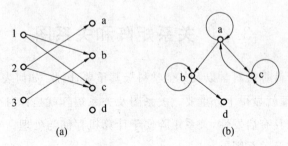

图 3.1 关系图

关系图也包含了关系的全部信息，而且直观形象，从关系图可以很容易地看出关系的一些性质。

习　题

1. 画出下列二元关系的关系图。

(1) $A=\{0,1,2,3,4\}$，$R:A \to A$，$R=\{(x,y) \mid x^2=y\}$；

(2) $A=\{1,2,3,4\}, R:A \to A, R=\{(x,y) \mid x=2y\}$；

(3) $A=\{1,2,3\}, B=\{4,5,6,7,8\}, R:A \to B, R=\{(x,y) \mid x \in A, y \in B, x+y=8\}$；

(4) $A=\{5,6,7,8\}, B=\{1,2,3\}, R:A \to B, R=\{(x,y) \mid x \in A, y \in B, 1 \leqslant x-y<7\}$。

2. 写出下列二元关系的关系矩阵。

(1) $A=\{1,2,3\}, R:A \to A, R=\{(1,2),(2,2),(3,1)\}$；

(2) $A=\{1,2,3,4,5\}, R:A \to A, R=\{(x,y) \mid x<y$ 或 x 是质数$\}$；

(3) $A=\{1,2,3,4,5,6\}, R:A \to A, R=\{(x,y) \mid 2x=y\}$；

(4) $A=\{1,2,3\}, B=\{4,5,6,7,8\}, R:A \to B, R=\{(1,5),(1,7),(2,4),(2,8),(3,6)\}$。

3.3 关系的性质

在实际问题中，我们感兴趣的关系往往具有一些特殊的性质，如：自反性、反自反性、对称性、反对称性、传递性等。本节讨论集合 A 上的二元关系 R 可能具有的一些特殊性质。

定义 3.6 集合 A 上的二元关系 R 称为自反的，如果 $\forall x \in A$，有 xRx。

在这个定义中要求 A 的每个元素 x，都有 xRx，即 $(x,x) \in R$，这并不排斥某个序对 (x,y)，当 $x \neq y$ 时，仍有 $(x,y) \in R$。显然，R 是自反的，当且仅当 $I_A \subseteq R$。

例 3.6 集合 A 上的恒等关系 I_A 是自反的，但 I_A 的任一真子集均不是 A 上的自反关系。

例 3.7 集合 $A=\{1,2,3\}$ 上的二元关系 $R=\{(1,1),(1,2),(2,2),(2,3),(3,2),(3,3)\}$ 是自反的，$S=\{(1,1),(1,2),(2,2),(2,3),(3,2)\}$ 不是自反的，$T=\{(1,3),(2,3)\}$ 也不是自反的。

定义 3.7 集合 A 上的二元关系 R 称为反自反的，如果 $\forall x \in A$，有 $x\bcancel{R}x$。

例 3.8 自然数集上的小于关系是反自反的。

例 3.9 例 3.7 中 R 不是反自反的，S 也不是反自反的，但 T 是反自反的。

显然，非空集合上的一个二元关系是自反的，必不是反自反的，反之亦然。但是，一个二元关系不是自反的，未必是反自反的，反之亦然，即存在既不是自反的，也不是反自反的二元关系。

定义 3.8 集合 A 上的二元关系 R，如果 $\forall x,y \in A$，只要 xRy 就有 yRx，则称 R 是对称的。

例 3.10 人之间的朋友关系是对称的。

例 3.11 集合 $A=\{1,2,3\}$ 上的二元关系 $R=\{(1,2),(1,3),(2,1),(2,2),(3,1)\}$ 是对称的，$S=\{(1,2),(2,1),(2,3)\}$ 不是对称的，$T=\{(1,1),(1,2),(2,3)\}$ 也不是对称的。

定义 3.9 集合 A 上的二元关系 R，对 $\forall x,y \in A$，如果 xRy 且 yRx，则 $x=y$，则称 R 是反对称的。

例 3.12 集合 A 上的恒等关系 I_A 是对称的，也是反对称的。

例 3.13 例 3.11 中 R 不是反对称的，S 也不是反对称的，T 是反对称的。

显然,二元关系的对称性和反对称性不是矛盾的,即存在既是对称的,也是反对称的二元关系。

例 3.14 证明:集合 A 上的二元关系 R 既是对称的,也是反对称的,当且仅当 $R \subseteq I_A$。

证 若 $R \subseteq I_A$,则显然 R 既是对称的,也是反对称的。

若 R 既是对称的,也是反对称的,则对于 xRy,由 R 的对称性有 yRx,再由 R 的反对称性有 $x=y$。这表明 $\forall xRy$ 均有 $x=y$,故 $\forall (x,y) \in R$ 均为 $(x,x) \in R$,从而 $(x,x) \in I_A$,因此 $R \subseteq I_A$。 证毕

定义 3.10 集合 A 上的二元关系 R,对 $\forall x,y,z \in A$,如果 xRy 且 yRz,则 xRz,那么称 R 是传递的。

例 3.15 整数集合上的整除关系是传递的。

例 3.16 集合 $A=\{1,2,3\}$ 上的二元关系 $R=\{(1,2),(1,3),(2,3),(3,3)\}$ 是传递的,$S=\{(1,3),(3,2),(3,3)\}$ 不是传递的,$T=\{(1,2),(2,1)\}$ 也不是传递的。

例 3.17 非空集合 A 上的二元关系 R,若 $R=\varnothing$,则 R 是反自反的、对称的和传递的。但是,若 $R \neq \varnothing$ 且 R 是反自反的、对称的,则 R 不是传递的。

实际上,因为 $R \neq \varnothing$,必 $\exists x,y \in A$ 使 xRy,由 R 的对称性得 yRx。若假设 R 是传递的,则 xRx,这与 R 是反自反的矛盾。因此 R 不是传递的。

在 3.2 节中指出关系矩阵和关系图均包含了关系的全部信息,从中可以看出关系具有某些性质,对于集合 A 上的二元关系 R,R 的关系矩阵为 $\boldsymbol{M}$,R 的关系图为 G,则

(1) R 是自反的,当且仅当 $\boldsymbol{M}$ 的对角线上的全部元素均为 1。

(2) R 是反自反的,当且仅当 $\boldsymbol{M}$ 的对角线上的全部元素均为 0。

(3) R 是对称的,当且仅当 $\boldsymbol{M}$ 是对称矩阵。

(4) R 是反对称的,当且仅当 $i \neq j$ 时,$\boldsymbol{M}$ 中的元素 m_{ij} 与 m_{ji} 不同时为 1。

(5) R 是传递的,当且仅当 $\boldsymbol{M}$ 中的元素 $m_{ij}=1$ 且 $m_{jk}=1$ 时,必有 $m_{ik}=1$。

(6) R 是自反的,当且仅当 G 的每个顶点上均有一个环。

(7) R 是反自反的,当且仅当 G 中没有环。

(8) R 是对称的,当且仅当 G 中任两不同的顶点之间如果有矢线,则必有两条方向相反的矢线。

(9) R 是反对称的,当且仅当 G 中任两顶点之间最多有一条矢线。

(10) R 是传递的,当且仅当 G 中从某顶点 i 沿矢线方向经两条矢线可到达另一顶点 j,则必有从顶点 i 到顶点 j 的矢线。

由于二元关系是序对的集合,故有关集合的运算对二元关系也适用。特别是这些运算的交换律、结合律等运算律是运算本身所决定的,因此,在对二元关系进行集合运算时,各运算律保持不变。而关系的性质,在关系的集合运算下是否能够保持呢?

例 3.18 集合 A 上的两个二元关系 R 和 S,若 R 和 S 均是对称的,则 $R \cap S$ 和 $R \cup S$ 分别是对称的吗?

解 R 和 S 均是对称的,则 $R \cap S$ 和 $R \cup S$ 分别是对称的。下面予以证明。

对于 $\forall x,y \in A$,若$(x,y) \in R \cap S$,则$(x,y) \in R$且$(x,y) \in S$。因为R是对称的,所以$(y,x) \in R$。因为S是对称的,所以$(y,x) \in S$。可得$(y,x) \in R \cap S$,因此$R \cap S$是对称的。

对于 $\forall x,y \in A$,若$(x,y) \in R \cup S$,则$(x,y) \in R$或$(x,y) \in S$。若$(x,y) \in R$,因为R是对称的,所以$(y,x) \in R$,可得$(y,x) \in R \cup S$。若$(x,y) \in S$,因为S是对称的,所以$(y,x) \in S$,可得$(y,x) \in R \cup S$。因此$R \cup S$是对称的。**证毕**

例 3.19 集合A上的两个二元关系R和S,若R和S均是传递的,则$R \cap S$和$R \cup S$分别是传递的吗?

解 若R和S均是传递的,则$R \cap S$是传递的,但$R \cup S$不是传递的。

实际上,对于 $\forall x,y,z \in A$,若$(x,y) \in R \cap S$且$(y,z) \in R \cap S$,则$(x,y) \in R$,$(x,y) \in S$,$(y,z) \in R$,$(y,z) \in S$。因为R是传递的,所以,由$(x,y) \in R$,$(y,z) \in R$,可得$(x,z) \in R$。因为S是传递的,所以,由$(x,y) \in S$,$(y,z) \in S$,可得$(x,z) \in S$。因此$(x,z) \in R \cap S$,于是$R \cap S$是传递的。

然而,对于集合$A=\{1,2,3\}$上的二元关系$R=\{(1,2),(1,3),(2,3)\}$和$S=\{(3,2)\}$,有$R \cup S=\{(1,2),(1,3),(2,3),(3,2)\}$,这时$R$和$S$均是传递的,但$R \cup S$不是传递的。

习　题

1. 确定整数集合 **I** 上的恒等关系、小于等于关系、小于关系、整除关系具有哪些性质,将结果填入表3.2。

表 3.2

	自反性	反自反性	对称性	反对称性	传递性
恒等关系					
小于等于关系					
小于关系					
整除关系					

2. 集合A上的两个二元关系R和S,若R和S均是自反的,则$R \cap S$和$R \cup S$分别是自反的吗?证明你的断言。

3. 设R是集合A上的反自反的和传递的二元关系,证明:R是反对称的。

4. (1) 找一个非空最小集合,在其上定义一个既不是自反的也不是反自反的关系。

(2) 找一个非空最小集合,在其上定义一个既不是对称的也不是反对称的关系。

(3) 若(1),(2)允许用空集合,结果将怎样?

5. 问在基数为n的有限集A上,有多少种不同的自反关系,反自反关系,对称关系和反对称关系?

3.4 复合关系和逆关系

由于关系是映射的推广,所以关系还有两种有用的运算,即复合运算和逆运算。

关系的复合运算,也称为合成运算,是来自日常生活的实践和数学的实践。例如,由母子关系和夫妻关系的存在,产生了婆媳关系。

定义 3.11 设 R 是 A 到 B 的二元关系,S 是 B 到 C 的二元关系,则 R 与 S 的复合关系为一个从 A 到 C 的二元关系,记为 $R \circ S$,并且

$$R \circ S = \{(x,z) \mid x \in A, z \in C, \exists y \in B \text{ 使 } xRy \text{ 且 } yRz\}$$

例 3.20 设集合 $A = \{1,2,3,4,5\}$ 上的二元关系 $R = \{(1,2),(2,2),(3,4)\}$ 和 $S = \{(2,5),(3,1),(4,2)\}$,则

$$R \circ S = \{(1,5),(2,5),(3,2)\}, S \circ R = \{(3,2),(4,2)\}, R \circ R = \{(1,2),(2,2)\}$$

可见,关系的复合运算不满足交换律,也不满足幂等律,但是关系的复合运算满足结合律。

定理 3.1 设 R, S, T 分别是集合 A 到 B、B 到 C 和 C 到 D 的二元关系,则 $(R \circ S) \circ T = R \circ (S \circ T)$。

证 设 $(a,d) \in (R \circ S) \circ T$,则 $\exists c \in C$,使 $(a,c) \in R \circ S$ 且 $(c,d) \in T$。

当 $(a,c) \in R \circ S$ 时,$\exists b \in B$,使 $(a,b) \in R$ 且 $(b,c) \in S$。由 $(b,c) \in S$ 和 $(c,d) \in T$ 得 $(b,d) \in S \circ T$。再由 $(a,b) \in R$ 和 $(b,d) \in S \circ T$ 得 $(a,d) \in R \circ (S \circ T)$。

因此 $(R \circ S) \circ T \subseteq R \circ (S \circ T)$。

反之,设 $(a,d) \in R \circ (S \circ T)$,则 $\exists b \in B$,使 $(a,b) \in R$,$(b,d) \in S \circ T$。

当 $(b,d) \in S \circ T$ 时,$\exists c \in C$,使 $(b,c) \in S$ 且 $(c,d) \in T$。由 $(a,b) \in R$ 和 $(b,c) \in S$ 得 $(a,c) \in R \circ S$。再由 $(a,c) \in R \circ S$ 和 $(c,d) \in T$ 得 $(a,d) \in (R \circ S) \circ T$。

因此 $R \circ (S \circ T) \subseteq (R \circ S) \circ T$。

于是 $(R \circ S) \circ T = R \circ (S \circ T)$ 证毕

设 R 是 A 上的一个二元关系,递归地定义 R 的非负整数次幂为

$$R^0 = I_A, R^1 = R, R^{n+1} = R^n \circ R$$

由于关系的复合运算满足结合律,因此容易证明下述定理。

定理 3.2 设 R 是 A 上的一个二元关系,对任意的非负整数 m, n,有

$$R^m \circ R^n = R^{m+n}, (R^m)^n = R^{mn}$$

定理 3.3 设 A 是一个有限集且 $|A| = n$,R 是 A 上的一个二元关系,则存在非负整数 s, t,使 $0 \leqslant s < t \leqslant 2^{n^2}$ 且 $R^s = R^t$。

证 因为 $|A| = n$,所以 $|A \times A| = n^2$,$|2^{A \times A}| = 2^{n^2}$,故 A 上共有 2^{n^2} 个不同的二元关系。而 $R^0, R^1, R^2, \cdots, R^{2^{n^2}}$ 是 A 上的 $2^{n^2} + 1$ 个二元关系,由抽屉原理得至少有两个关系是相等的。因此,存在非负整数 s, t,使 $0 \leqslant s < t \leqslant 2^{n^2}$ 且 $R^s = R^t$。 证毕

定理 3.4 设 R 是 A 到 B 的二元关系,则

$$I_A \circ R = R \circ I_B = R$$

该定理的证明作为习题。

定理 3.5 设 R_1 是 A 到 B 的二元关系，R_2 和 R_3 是 B 到 C 的二元关系，R_4 是 C 到 D 的二元关系，则

(1) $R_1 \circ (R_2 \cup R_3) = (R_1 \circ R_2) \cup (R_1 \circ R_3)$

(2) $R_1 \circ (R_2 \cap R_3) = (R_1 \circ R_2) \cap (R_1 \circ R_3)$

(3) $(R_2 \cup R_3) \circ R_4 = (R_2 \circ R_4) \cup (R_3 \circ R_4)$

(4) $(R_2 \cap R_3) \circ R_4 = (R_2 \circ R_4) \cap (R_3 \circ R_4)$

证 (1) 设 $(a,c) \in R_1 \circ (R_2 \cup R_3)$，则 $\exists b \in B$，使 $(a,b) \in R_1$ 且 $(b,c) \in R_2 \cup R_3$。由 $(b,c) \in R_2 \cup R_3$ 得 $(b,c) \in R_2$ 或 $(b,c) \in R_3$。若 $(b,c) \in R_2$，有 $(a,c) \in R_1 \circ R_2$；若 $(b,c) \in R_3$，有 $(a,c) \in R_1 \circ R_3$。所以 $(a,c) \in (R_2 \circ R_4) \cup (R_3 \circ R_4)$。

因此 $R_1 \circ (R_2 \cup R_3) \subseteq (R_1 \circ R_2) \cup (R_1 \circ R_3)$。

反之，设 $(a,c) \in (R_2 \circ R_4) \cup (R_3 \circ R_4)$，则 $(a,c) \in R_1 \circ R_2$ 或 $(a,c) \in R_1 \circ R_3$。所以 $\exists b \in B$，使 $(a,b) \in R_1$ 且 $(b,c) \in R_2$，或 $\exists b \in B$，使 $(a,b) \in R_1$ 且 $(b,c) \in R_3$。由 $(b,c) \in R_2$ 或 $(b,c) \in R_3$ 得 $(b,c) \in R_2 \cup R_3$。所以 $(a,c) \in R_1 \circ (R_2 \cup R_3)$。

因此 $(R_1 \circ R_2) \cup (R_1 \circ R_3) \subseteq R_1 \circ (R_2 \cup R_3)$。

于是 $R_1 \circ (R_2 \cup R_3) = (R_1 \circ R_2) \cup (R_1 \circ R_3)$

(2)、(3)、(4) 的证明类似于(1)的证明。 **证毕**

关系的复合运算可以使用矩阵运算实现。由于关系矩阵是布尔矩阵，因此，在集合 $\{0,1\}$ 上定义交运算 ($\wedge$) 如表 3.3(a) 所示，并运算 ($\vee$) 如表 3.3(b) 所示。

表 3.3(a)

$\wedge$	0	1
0	0	0
1	0	1

表 3.3(b)

$\vee$	0	1
0	0	1
1	1	1

设 X 和 Y 是两个布尔矩阵，X 与 Y 的交运算是 X 与 Y 的对应元素的交运算，记为 $X \wedge Y = (x_{ij} \wedge y_{ij})$，而 X 与 Y 的并运算是 X 与 Y 的对应元素的并运算，记为 $X \vee Y = (x_{ij} \vee y_{ij})$。

设 $X = (x_{ij})$ 为 $m \times p$ 布尔矩阵，$Y = (y_{ij})$ 为 $p \times n$ 布尔矩阵，则 X 与 Y 的布尔乘法。定义为：$X \circ Y = (z_{ij})$ 为 $m \times n$ 矩阵，其中 $z_{ij} = \bigvee\limits_{k=1}^{p} (x_{ik} \wedge y_{kj})$。显然布尔乘法运算是可结合的。

设 R 和 S 都是 A 到 B 的二元关系，其关系矩阵分别为 M_R 和 M_S，$R \cup S$ 与 $R \cap S$ 的关系矩阵分别记为 $M_{R \cup S}$ 和 $M_{R \cap S}$，易证：$M_{R \cup S} = M_R \vee M_S$，$M_{R \cap S} = M_R \wedge M_S$。

设 R 是 A 到 B 的二元关系，S 是 B 到 C 的二元关系，其关系矩阵分别为 M_R 和 M_S，$R \circ S$ 的关系矩阵记为 $M_{R \circ S}$，易证：$M_{R \circ S} = M_R \circ M_S$。

例 3.21 设 $M_R = \begin{bmatrix} 1 & 0 & 0 \\ 1 & 0 & 0 \\ 0 & 1 & 1 \end{bmatrix}$，$M_S = \begin{bmatrix} 1 & 1 & 0 \\ 1 & 0 & 0 \\ 0 & 0 & 1 \end{bmatrix}$，则 $M_{R \circ S} = \begin{bmatrix} 1 & 1 & 0 \\ 1 & 1 & 0 \\ 1 & 0 & 1 \end{bmatrix}$。

定义 3.12　设 R 是 A 到 B 的二元关系，则从 B 到 A 的二元关系 $R^{-1} = \{(y,x) \mid (x,y) \in R\}$ 称为 R 的逆关系。

例 3.22　设集合 $A = \{1,2,3\}, B = \{a,b,c\}, R = \{(1,a),(2,c),(3,a),(3,b)\}$，则
$$R^{-1} = \{(a,1),(c,2),(a,3),(b,3)\}$$

定理 3.6　设 R 是 A 到 B 的二元关系，则 $(R^{-1})^{-1} = R$。

证　$\forall (x,y) \in (R^{-1})^{-1}, (y,x) \in R^{-1}$，从而 $(x,y) \in R$，所以 $(R^{-1})^{-1} \subseteq R$。

反之，$\forall (x,y) \in R, (y,x) \in R^{-1}$，从而 $(x,y) \in (R^{-1})^{-1}$，所以 $R \subseteq (R^{-1})^{-1}$。

因此
$$(R^{-1})^{-1} = R \qquad \text{证毕}$$

定理 3.7　设 R 和 S 分别是 A 到 B、B 到 C 的二元关系，则
$$(R \circ S)^{-1} = S^{-1} \circ R^{-1}$$

证　$\forall (z,x) \in (R \circ S)^{-1}, (x,z) \in R \circ S$，从而 $\exists y \in B$ 使 $(x,y) \in R$ 且 $(y,z) \in S$。所以 $(y,x) \in R^{-1}$ 且 $(z,y) \in S^{-1}$。于是 $(z,x) \in S^{-1} \circ R^{-1}$。所以 $(R \circ S)^{-1} \subseteq S^{-1} \circ R^{-1}$。

反之，$\forall (z,x) \in S^{-1} \circ R^{-1}, \exists y \in B$ 使 $(z,y) \in S^{-1}$ 且 $(y,x) \in R^{-1}$。所以 $(y,z) \in S$ 且 $(x,y) \in R$。于是 $(x,z) \in R \circ S$，从而由逆关系的定义得 $(z,x) \in (R \circ S)^{-1}$，所以 $S^{-1} \circ R^{-1} \subseteq (R \circ S)^{-1}$。

因此
$$(R \circ S)^{-1} = S^{-1} \circ R^{-1} \qquad \text{证毕}$$

关系的逆运算也可以使用矩阵运算实现，逆关系 R^{-1} 的关系矩阵 $\boldsymbol{M}_{R^{-1}}$ 是关系 R 的关系矩阵 $\boldsymbol{M}_R$ 的转置矩阵，即 $\boldsymbol{M}_{R^{-1}} = (\boldsymbol{M}_R)^{\mathrm{T}}$。

例 3.23　设 $\boldsymbol{M}_R = \begin{bmatrix} 1 & 0 & 0 \\ 1 & 0 & 0 \\ 0 & 1 & 1 \end{bmatrix}$，则 $\boldsymbol{M}_{R^{-1}} = \begin{bmatrix} 1 & 1 & 0 \\ 0 & 0 & 1 \\ 0 & 0 & 1 \end{bmatrix}$。

习　题

1. 设 R 和 S 都是集合 $A = \{1,2,3,4\}$ 上的二元关系，且 $R = \{(i,j) \mid j = i+1 \text{ 或 } j = i/2\}$，$S = \{(i,j) \mid i = j+2\}$，求：$R \circ S, S \circ R, R^2, S^3$。

2. 设 R 是 A 到 B 的二元关系，证明：$I_A \circ R = R \circ I_B = R$。

3. 设 R 和 S 都是集合 A 上的二元关系，判断下列命题正确与否，并证明之。

(1) 若 R 和 S 都是自反的，则 $R \circ S$ 亦是自反的；

(2) 若 R 和 S 都是反自反的，则 $R \circ S$ 亦是反自反的；

(3) 若 R 和 S 都是对称的，则 $R \circ S$ 亦是对称的；

(4) 若 R 和 S 都是反对称的，则 $R \circ S$ 亦是反对称的；

(5) 若 R 和 S 都是传递的，则 $R \circ S$ 亦是传递的。

4. 设 R 是集合 A 上的二元关系，当 R 分别为自反的、反自反的、对称的、反对称的和传递的时，R^{-1} 是否也必相应地为自反的、反自反的、对称的、反对称的和传递的？并证明之。

5. 设 $A = \{a,b,c\}$，R 和 S 都是 A 上的二元关系，其关系矩阵为

$$M_R = \begin{bmatrix} 1 & 1 & 0 \\ 0 & 1 & 0 \\ 0 & 0 & 1 \end{bmatrix}, M_S = \begin{bmatrix} 1 & 0 & 1 \\ 0 & 1 & 0 \\ 1 & 1 & 0 \end{bmatrix}$$

求：$M_{R \circ S}, M_{R \circ (S^{-1})}, M_{(R \circ S)^{-1}}$。

3.5 关系的闭包

关系的另一种重要的运算是闭包运算,闭包运算是一元运算。通过闭包运算能够利用已知的关系得到另一个复杂的关系。引入闭包运算的一个目的是在已知的关系上进行扩大,使得到的新的关系具有所需要的性质。闭包运算包括传递闭包、自反闭包和对称闭包等,在计算机科学中,传递闭包、自反传递闭包具有极其重要的应用。

定义 3.13 设 R 是 A 上的一个二元关系,A 上一切包含 R 的传递关系的交称为 R 的传递闭包,记为 R^+。即

$$R^+ = \bigcap_{\substack{R \subseteq R' \\ R' \text{传递}}} R'$$

于是 R^+ 是包含 R 的那些传递关系中最小的那个关系。

定理 3.8 二元关系 R 的传递闭包 R^+ 是传递关系。

证 设 R 是 A 上的一个二元关系,$(x,y) \in R^+$ 且 $(y,z) \in R^+$,由传递闭包的定义,对每个包含 R 的传递关系 R',$(x,y) \in R'$ 且 $(y,z) \in R'$,由于 R' 的传递性得 $(x,z) \in R'$,从而 $(x,z) \in R^+$,因此,R^+ 是传递关系。 **证毕**

由定义 3.13,若 R 是传递的,则 $R^+ = R$。

定理 3.9 设 R 是 A 上的一个二元关系,则

$$R^+ = \bigcup_{i=1}^{\infty} R^i = R \cup R^2 \cup R^3 \cup \cdots$$

证 首先证明 $R^+ \subseteq \bigcup_{i=1}^{\infty} R^i$。

由传递闭包的定义,只需证明 $\bigcup_{i=1}^{\infty} R^i$ 是包含 R 的传递关系。而显然有 $R \subseteq \bigcup_{i=1}^{\infty} R^i$,下面证明 $\bigcup_{i=1}^{\infty} R^i$ 是传递关系。设 $(x,y) \in \bigcup_{i=1}^{\infty} R^i$ 且 $(y,z) \in \bigcup_{i=1}^{\infty} R^i$,则存在正整数 m 和 n 使得 $(x,y) \in R^m$ 且 $(y,z) \in R^n$,于是 $(x,z) \in R^m \circ R^n = R^{m+n}$,从而 $(x,z) \in \bigcup_{i=1}^{\infty} R^i$。所以 $\bigcup_{i=1}^{\infty} R^i$ 是传递关系。

其次证明 $\bigcup_{i=1}^{\infty} R^i \subseteq R^+$。

设 $(x,y) \in \bigcup_{i=1}^{\infty} R^i$,则存在正整数 m 使得 $(x,y) \in R^m$。若 $m=1$,则 $(x,y) \in R \subseteq R^+$;若 $m>1$,则 $\exists z_1, z_2, \cdots, z_{m-1} \in A$ 使 $(x,z_1) \in R, (z_1,z_2) \in R, \cdots, (z_{m-1},y) \in R$。因为 $R \subseteq R^+$,所以,$(x,z_1) \in R^+, (z_1,z_2) \in R^+, \cdots, (z_{m-1},y) \in R^+$。由定理 3.8 知 R^+ 是传递关系,

得 $(x,y) \in R^+$。于是 $\bigcup\limits_{i=1}^{\infty} R^i \subseteq R^+$。

因此
$$R^+ = \bigcup_{i=1}^{\infty} R^i$$
证毕

定理 3.10 设 A 是 n 元集，R 是 A 上的一个二元关系，则
$$R^+ = \bigcup_{i=1}^{n} R^i$$

证 只需证明对任意自然数 $k > n$ 有，$R^k \subseteq \bigcup\limits_{i=1}^{n} R^i$。

设 $(x,y) \in R^k$，则 $\exists z_1, z_2, \cdots, z_{k-1} \in A$ 使 $(x,z_1) \in R$, $(z_1,z_2) \in R$, $\cdots$, $(z_{k-1},y) \in R$。因为 $x, y, z_1, z_2, \cdots, z_{k-1}$ 是 A 的 $k+1$ 个元素，而 A 是 n 元集，由 $k > n$ 得 $x, y, z_1, z_2, \cdots, z_{k-1}$ 中必有两个相等的元素。

记 $x = z_0$, $y = z_k$，设 $z_i = z_j (0 \leq i < j \leq k)$，于是，$(x,z_1) \in R, \cdots, (z_{i-1}, z_i) \in R, (z_j, z_{j+1}) \in R \cdots, (z_{k-1}, y) \in R$，故 $(x,y) \in R^{k-(j-i)}$。

令 $p_1 = k - (j-i)$，则 $p_1 < k$。若 $p_1 > n$，则重复上述论述，有 $p_2 < p_1$ 使得 $(x,y) \in R^{p_2}$。如此进行下去，必有 $m \leq n$ 使得 $(x,y) \in R^m$。

于是 $R^k \subseteq \bigcup\limits_{i=1}^{n} R^i$。

因此
$$R^+ = \bigcup_{i=1}^{n} R^i$$
证毕

例 3.24 设 A 是人的集合，R 是 A 上的"父子"关系，则 $(x,y) \in R^+$ 当且仅当存在正整数 n 使 $(x,y) \in R^n$，即 y 是 x 的后代，因此，R^+ 为后代子孙关系。另外，根据传递闭包运算可以由"直接领导"关系得到"间接领导"关系。

传递闭包运算可以使用矩阵运算实现，即 $\boldsymbol{M}_{R^+} = \bigvee\limits_{i=1}^{n} \boldsymbol{M}_{R^i} = \boldsymbol{M}_R \vee \boldsymbol{M}_{R^2} \vee \cdots \vee \boldsymbol{M}_{R^n}$。

例 3.25 设 $\boldsymbol{M}_R = \begin{bmatrix} 0 & 1 & 1 & 0 \\ 0 & 0 & 1 & 1 \\ 0 & 0 & 0 & 0 \\ 0 & 0 & 0 & 0 \end{bmatrix}$，求 $\boldsymbol{M}_{R^+}$。

解 $\boldsymbol{M}_{R^2} = \begin{bmatrix} 0 & 0 & 1 & 1 \\ 0 & 0 & 0 & 0 \\ 0 & 0 & 0 & 0 \\ 0 & 0 & 0 & 0 \end{bmatrix}$, $\boldsymbol{M}_{R^3} = \begin{bmatrix} 0 & 0 & 0 & 0 \\ 0 & 0 & 0 & 0 \\ 0 & 0 & 0 & 0 \\ 0 & 0 & 0 & 0 \end{bmatrix}$, $\boldsymbol{M}_{R^4} = \begin{bmatrix} 0 & 0 & 0 & 0 \\ 0 & 0 & 0 & 0 \\ 0 & 0 & 0 & 0 \\ 0 & 0 & 0 & 0 \end{bmatrix}$

则 $\boldsymbol{M}_{R^+} = \bigvee\limits_{i=1}^{4} \boldsymbol{M}_{R^i} = \boldsymbol{M}_R \vee \boldsymbol{M}_{R^2} \vee \boldsymbol{M}_{R^3} \vee \boldsymbol{M}_{R^4} = \begin{bmatrix} 0 & 1 & 1 & 1 \\ 0 & 0 & 1 & 1 \\ 0 & 0 & 0 & 0 \\ 0 & 0 & 0 & 0 \end{bmatrix}$

定义 3.14 设 R 是 A 上的一个二元关系，A 上包含 R 的所有自反且传递的二元关系的交称为 R 的自反传递闭包，记为 R^*。

由定义 3.14 可知 R^* 是自反且传递的二元关系。

定理 3.11 设 R 是 A 上的一个二元关系，则

$$R^* = R^0 \cup R^+$$

证 显然 $R^0 \cup R^+$ 是 A 上的自反传递关系,由自反传递闭包的定义得 $R^* \subseteq R^0 \cup R^+$。下面证明 $R^0 \cup R^+ \subseteq R^*$。

设 $(x,y) \in R^0 \cup R^+$,则当 $x=y$ 时,$(x,x) \in R^0$;当 $x \neq y$ 时,$(x,y) \in R^+$。故对每个包含 R 的传递关系 R' 有 $(x,y) \in R'$,于是 $(x,y) \in R^0 \cup R'$。又包含 R 的每个自反传递关系 S 必是包含 R 的传递关系,因此 $(x,y) \in S$,$(x,y) \in R^*$,从而 $R^0 \cup R^+ \subseteq R^*$。

因此 $$R^* = R^0 \cup R^+$$ **证毕**

于是 $$R^* = \bigcup_{i=0}^{n} R^i$$

定理 3.11 表明了传递闭包与自反传递闭包的联系比较简单。

例 3.26 设 R 是自然数集合 $\mathbf{N}$ 上的"后继"关系,即 $(x,y) \in R$ 当且仅当 $x+1=y$,易得 R^+ 为"小于"关系,R^* 为"小于等于"关系。

传递闭包和自反传递闭包在计算机科学中应用较多。除了传递闭包和自反传递闭包外,还有其他的闭包,如自反闭包和对称闭包等。它们在计算机科学中不常用,在此仅简单作一介绍。

A 上的二元关系 R 的自反闭包是 A 上包含 R 的所有自反关系的交,记为 $r(R)$,易知
$$r(R) = R^0 \cup R$$
而且 R 是自反的,当且仅当 $r(R) = R$。

A 上的二元关系 R 的对称闭包是 A 上包含 R 的所有对称关系的交,记为 $s(R)$,易知
$$s(R) = R \cup R^{-1}$$
而且 R 是对称的,当且仅当 $s(R) = R$。

习　题

1. 设 $A=\{1,2,3,4,5\}$ 上的二元关系 $R=\{(1,2),(2,3),(3,1),(3,4),(4,5)\}$,求 R^+ 和 R^*。

2. 设 R 是 A 上的二元关系,证明:
(1) $(R^+)^+ = R^+$;
(2) $(R^*)^* = R^*$;
(3) $R \circ R^* = R^* \circ R = R^+$;
(4) $(R^+)^* = (R^*)^+ = R^*$。

3. 是否存在 $A(|A|=n)$ 上的二元关系 R 使 $R, R^2, \cdots, R^n$ 两两不相等。

4. 设 R 是 A 上的二元关系,证明:若 R 是对称的,则 R^+ 也是对称的。

5. 设 R 是 A 上的二元关系,证明:R 的传递闭包可定义为:
(1) 若 $(a,b) \in R$,则 $(a,b) \in R^+$;
(2) 若 $(a,b) \in R^+$ 且 $(b,c) \in R$,则 $(a,c) \in R^+$;
(3) 除了 (1)、(2) 的序对之外,R^+ 再无别的序对了。

3.6 等价关系与集合的划分

本节讨论一种重要的二元关系,就是等价关系,它具有很好的性质,等价关系在数学和

计算机科学中有极其重要的应用。

定义 3.15 设 R 为集合 A 上的二元关系，若 R 是自反的、对称的和传递的，则称 R 为等价关系。

例 3.27 平面上三角形集合中，三角形的相似关系是等价关系。

例 3.28 整数集合 $\mathbf{I}$ 上的模 k 同余关系 $R = \{(x,y) \mid x,y \in \mathbf{I}, x \equiv y(\bmod k)\}$ 是等价关系，其中 $x \equiv y(\bmod k)$ 表示 x 除以 k 所得的余数与 y 除以 k 所得的余数相等。

实际上，对 $\forall x \in \mathbf{I}$ 有 $x \equiv x(\bmod k)$，所以 $(x,x) \in R$，因此 R 是自反的；

对 $\forall x,y \in \mathbf{I}$，若 $(x,y) \in R$，有 $k \mid x-y$，则 $k \mid y-x$，所以 $(y,x) \in R$，因此 R 是对称的；

对 $\forall x,y,z \in \mathbf{I}$，若 $(x,y) \in R$ 且 $(y,z) \in R$，有 $k \mid x-y$ 且 $k \mid y-z$，则 $k \mid x-z$，所以 $(x,z) \in R$，因此 R 是传递的。

故 R 是等价关系。

定义 3.16 设 R 为集合 A 上的等价关系，对任何 $x \in A$，集合 $[x] = \{y \mid y \in A, (x,y) \in R\}$ 称为元素 x 关于 R 的等价类。

x 关于 R 的等价类也可记为
$$E_x = \{y \mid y \in A, (x,y) \in R\}$$

由定义 3.16，$\forall x' \in [x]$，则 $[x'] = [x]$。

例 3.29 整数集合 $\mathbf{I}$ 上的模 3 同余关系 $R = \{(x,y) \mid x,y \in \mathbf{I}, x \equiv y(\bmod 3)\}$ 有 3 个等价类：$\{\cdots,-6,-3,0,3,6,\cdots\}$，$\{\cdots,-5,-2,1,4,7,\cdots\}$，$\{\cdots,-4,-1,2,5,8,\cdots\}$。

定义 3.17 设 A 为集合，若 A 的一些非空子集形成的集族 $X = \{A_1, A_2, \cdots, A_m\}$ 具有性质：

(1) $\forall A_i, A_j \in X$，若 $A_i \neq A_j$，则 $A_i \cap A_j = \varnothing$。

(2) $\bigcup\limits_{A_i \in X} A_i = A$。

则称 X 为 A 的一个划分。

例 3.30 若 $A = \{1,2,3,4,5,6\}$，则 $X = \{\{1,2,3\}, \{4\}, \{5,6\}\}$ 是 A 的一个划分。

例 3.31 $\{\{\cdots,-6,-3,0,3,6,\cdots\}, \{\cdots,-5,-2,1,4,7,\cdots\}, \{\cdots,-4,-1,2,5,8,\cdots\}\}$ 是整数集合 $\mathbf{I}$ 的一个划分。

若 X 为 A 的一个划分，当 $|X| = m$ 时，称 X 为 A 的一个 m-划分。因此
$$\{\{\cdots,-6,-3,0,3,6,\cdots\}, \{\cdots,-5,-2,1,4,7,\cdots\}, \{\cdots,-4,-1,2,5,8,\cdots\}\}$$
是整数集合 $\mathbf{I}$ 的一个 3-划分。

定理 3.12 设 R 是集合 A 上的一个等价关系，则 R 的所有等价类的集合是 A 的一个划分。

证 等价关系 R 的所有等价类的集合为 X，对于 $\forall x \in A$，由 R 是自反的，得 $x \in [x]$，故 R 的每个等价类是 A 的非空子集。

首先，对于 $\forall A_i, A_j \in X$，即 A_i, A_j 是 R 的两个等价类，假设 $A_i \neq A_j$，且 $A_i \cap A_j \neq \varnothing$，则 $\exists x \in A_i \cap A_j$。对于 $\forall y \in A_i$，由等价类的定义，$(x,y) \in R$，所以 $y \in A_j$，故 $A_i \subseteq A_j$。类似地，对于 $\forall z \in A_j$，由等价类的定义，$(x,z) \in R$，所以 $z \in A_i$，故 $A_j \subseteq A_i$。因此 $A_i = A_j$。这与假设 $A_i \neq A_j$ 矛盾，从而 $A_i \cap A_j = \varnothing$。于是 A_i, A_j 或相等或不相交。

其次，对于 $\forall x \in A$，$[x] = \{y \mid y \in A, (x,y) \in R\}$ 是 R 的一个等价类，所以 $[x] \in X$，

因此 $\forall x \in A, x \in \bigcup_{A_i \in X} A_i$。所以 $\bigcup_{A_i \in X} A_i = A$。于是,$X$ 是 A 的一个划分。 **证毕**

定理 3.13 设 X 是集合 A 的一个划分,则 $R = \bigcup_{A_i \in X} A_i \times A_i$ 是 A 上的一个等价关系,且 X 就是 R 的所有等价类的集合。

证 显然,对于 $\forall x, y \in A, (x, y) \in R$ 当且仅当 $\exists A_i \in X$ 使得 $x, y \in A_i$。故 R 是自反的、对称的和传递的,即 R 是 A 上的一个等价关系。

由于 X 是 A 的一个划分,所以 $\forall x \in A$,存在唯一的 $A_i \in X$ 使得 $x \in A_i$。从而,$\forall y \in A_i$,有 $(x, y) \in R$,故 $y \in [x]$,即 $A_i \subseteq [x]$。由等价关系的定义和 X 是 A 的一个划分,得 $A_i = [x]$。所以 A_i 是 R 的一个等价类,$[x] \in X$,因此 $\forall x \in A, x \in \bigcup_{A_i \in X} A_i$。于是 X 就是 R 的所有等价类的集合。 **证毕**

由定理 3.12 和定理 3.13,可得定理 3.14。

定理 3.14 集合 A 上的一个二元关系 R 是等价关系,当且仅当存在 A 的一个划分 X 使得 $(x, y) \in R$ 的充分必要条件是 $\exists A_i \in X$ 使得 $x, y \in A_i$。

综上可得,集合 A 上的等价关系与 A 的划分是一一对应的,互相确定的。所以,有定义 3.18。

定义 3.18 设 R 是集合 A 上的一个等价关系,由 R 所确定的 A 的划分 $X = \{[x] \mid x \in A, [x]$ 是 x 的等价类$\}$,称为 A 关于 R 的商集,记作 A/R。

等价关系、集合的划分和商集是三个重要的概念。集合的划分有时也称为集合的分类。分类的目的在于研究每一类中对象的共性。通常,分类总是根据需要,按照某一原则将集合中的元素分成一类一类的。但是,分类的准则不能完全任意,分类的准则应该满足哪些条件呢?粗略地说,这个条件要求被分类的每个事物必须被分到一类中且仅被分到一类中,当把它抽象为一个数学问题时,就是集合的划分的定义所述的条件。一种分类确定一个等价关系,这个等价关系就是"在同一类中"的关系。而等价关系在直观上反映了"有相同特征"的事物之间的联系。而商集用来产生新的对象,这种新的对象与原来的对象有着截然不同的性质。

习 题

1. 设 R 是集合 A 上的等价关系,将 A 的元素按照 R 的等价类顺序排列,则等价关系的关系矩阵 $\boldsymbol{M}_R$ 有何特征?

2. 设 R 和 S 都是集合 A 上的等价关系,证明:
(1) $R \cap S$ 仍为 A 上的等价关系;
(2) $R \cup S$ 不一定是等价关系。(选取尽可能小的集合 A,举反例证明)

3. 写出整数集合 $\mathbf{I}$ 上的模 10 同余关系的各等价类。

4. 给出集合 $A = \{1, 2, 3, 4\}$ 上的两个等价关系 R 和 S,使得 $R \circ S$ 不是等价关系。

5. 设 R 和 S 都是集合 A 上的等价关系,证明:$(R \cup S)^+$ 是 A 上的等价关系。

6. 设 $\{A_1, A_2, \cdots, A_n\}$ 是集合 A 的一个划分,$A \cap B \neq \varnothing$,证明:$\{A_1 \cap B, A_2 \cap B, \cdots A_n \cap B\}$ 是 $A \cap B$ 的划分。

3.7 偏序关系

本节讨论另一种极其重要的关系,就是序关系,它反映了事物之间的次序。当一个集合引入了某种序关系后,就称该集合有了序结构。最重要的序关系就是偏序关系。

定义 3.19 设 R 为集合 A 上的二元关系,如果 R 是自反的、反对称的和传递的,则称 R 为偏序关系,称二元组 (A,R) 为偏序集。

当抽象地讨论集合 A 上的偏序关系时,常用"$\leqslant$"表示偏序关系。如果 $x \leqslant y$,则读为"x 小于或等于 y"。约定 $x \leqslant y$ 且 $x \neq y$ 简记为 $x < y$。

如果 $\leqslant$ 是集合 A 上的偏序关系,则一般来说,只是 A 中部分元素之间才具有此关系。如果 $x,y \in A, x \leqslant y$ 或 $y \leqslant x$,则称 x 与 y 可以比较。如果 $\exists x,y \in A$,使得 $x \nleqslant y$ 且 $y \nleqslant x$,则称 x 与 y 不可比较。

例 3.32 实数集上通常的"小于或等于"关系 $\leqslant$ 是偏序关系,于是,$\mathbf{R}$ 对 $\leqslant$ 构成偏序集。

例 3.33 正整数集合 $\mathbf{I}_+$ 上的整除关系 $|$ 是偏序关系,于是,$(\mathbf{I}_+,|)$ 是偏序集。在这里有可以比较的元素,也有不可比较的元素,例如,由 $2|4$ 得,2 和 4 可以比较;由 $2 \nmid 3$ 且 $3 \nmid 2$ 得,2 和 3 不可比较。

例 3.34 设 S 是一个集合,S 的子集间的包含关系 $\subseteq$ 是 2^S 上的偏序关系,于是 $(2^S, \subseteq)$ 是偏序集。

设 $\leqslant$ 是集合 A 上的偏序关系,则 $\leqslant$ 的逆 $\leqslant^{-1}$ 也是 A 上的偏序关系,以后,用 $\geqslant$ 表示 $\leqslant$ 的逆关系 $\leqslant^{-1}$,读成"大于或等于"。若 $x \geqslant y$ 且 $x \neq y$,则简记为 $x > y$。

定义 3.20 设 $\leqslant$ 是集合 A 上的偏序关系,若 $\forall x,y \in A, x \leqslant y$ 与 $y \leqslant x$ 至少有一个成立,则称 $\leqslant$ 为 A 上的全序关系或线性序关系,而 $(A, \leqslant)$ 称为全序集。

偏序集与全序集的主要区别在于,全序集中的任意两个元素均可以比较,而偏序集中未必任意两个元素均可以比较。

例 3.35 数间通常的"小于或等于"关系 $\leqslant$ 是全序关系,整除关系不是全序关系,集合的包含关系也不是全序关系。

定义 3.21 设 $(A, \leqslant)$ 是一个偏序集,$x,y \in A$,如果 $x < y$ 且 $\forall z \in A$,如果 $x \leqslant z \leqslant y$,则 $x = z$ 或 $z = y$,称 y 盖住 x,记为 $x \overset{\infty}{\subset} y$,并且 y 被称为 x 的后继,x 被称为 y 的前驱。

于是,盖住关系是集合 A 上的一个二元关系。

对于给定偏序集 $(A, \leqslant)$,它的盖住关系是唯一的,所以可用盖住关系的关系图表示偏序关系,称为哈斯图。其作图规则为:用点表示集合 A 中的元素,对于 $\forall x,y \in A$,有从 x 到 y 的(矢)线当且仅当 y 盖住 x。

若 y 盖住 x,则将表示 y 的点画在表示 x 的点的上方。

例 3.36 集合 $A = \{1,2,3,4,5,6\}$ 及其上的整除关系 $|$ 构成偏序集 $(A,|)$。它的哈斯图如图 3.2 所示。

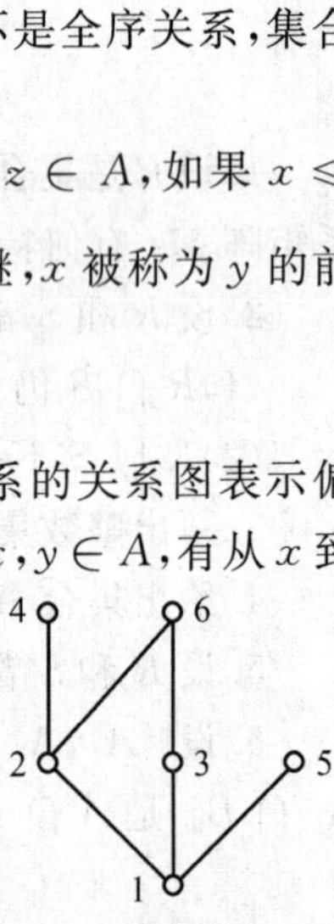

图 3.2

例 3.37 集合 $A = \{1,2,3,4,5,6\}$ 及其上通常的小于或等于关系 $\leqslant$

构成偏序集$(A,\leqslant)$。它的哈斯图如图 3.3 所示。

全序关系的哈斯图像是一条链一样。

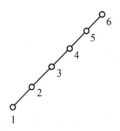

图 3.3

定义 3.22 设$(A,\leqslant)$是一个偏序集,$B\subseteq A$,如果 $\forall x,y\in B$ 有 $x\leqslant y$ 或 $y\leqslant x$,则称 B 为 A 中的链。如果 $\forall x,y\in B$ 有 $x\leqslant y$ 和 $y\leqslant x$ 均不成立,则称 B 为 A 中的一个反链。$|B|$ 称为其长度。

定义 3.23 设$(A,\leqslant)$是一个偏序集,且$B\subseteq A$,如果 $\exists s\in B$ 使得 B 中不存在元素 x,满足 $x\neq s$ 且 $s\leqslant x$,则称 s 为 B 的极大元;同理,如果 $\exists d\in B$ 使得 B 中不存在元素 x,满足 $x\neq d$ 且 $x\leqslant d$,则称 d 为 B 的极小元。

B 中可能有极大元(极小元),也可能没有极大元(极小元)。若 B 中有极大元(极小元),则极大元(极小元)未必唯一,甚至可能有无穷多个。

定义 3.24 设$(A,\leqslant)$是一个偏序集,且$B\subseteq A$,如果 $\exists a\in B$ 使得 $\forall x\in B$ 有 $x\leqslant a$,则称 a 为 B 的最大元;同理,如果 $\exists b\in B$ 使得 $\forall x\in B$ 有 $b\leqslant x$,则称 b 为 B 的最小元。

定理 3.15 设$(A,\leqslant)$是偏序集,且$B\subseteq A$,如果 B 有最大元,则最大元必是唯一的。

证 若$a_1,a_2\in B$均为最大元,由 a_1 是最大元,有 $a_2\leqslant a_1$,由 a_2 是最大元,有 $a_1\leqslant a_2$,因为$(A,\leqslant)$是偏序集,所以 $\leqslant$ 是反对称的,因此 $a_1=a_2$,即最大元是唯一的。 **证毕**

同理,若 B 有最小元,则最小元也必是唯一的。

B 中可能有最大元(最小元),也可能没有最大元(最小元)。B 的最大元(最小元)必为极大元(极小元),但是,B 的极大元(极小元)未必是最大元(最小元)。

定义 3.25 设$(A,\leqslant)$是偏序集,且$B\subseteq A$,如果 $\exists a\in A$ 使得 $\forall x\in B$ 有 $x\leqslant a$,则称 a 为 B 的一个上界;同理,如果 $\exists b\in A$ 使得 $\forall x\in B$ 有 $b\leqslant x$,则称 b 为 B 的一个下界。

子集 B 在 A 中可能有上界(下界),也可能没有上界(下界)。若子集 B 在 A 中有上界(下界),则上界(下界)未必唯一,甚至可能有无穷多个。B 的最大元(最小元)必为 B 的一个上界(下界),但是,B 的上界(下界)未必是 B 的最大元(极小元)。

定义 3.26 设$(A,\leqslant)$是偏序集,且$B\subseteq A$,如果 B 有上界且 B 的上界之集有最小元素,则这个最小元素称为 B 的最小上界(上确界),记为 $\sup B$。类似地,如果 B 有下界且 B 的下界之集有最大元素,则这个最大元素称为 B 的最大下界(下确界),记为 $\inf B$。

子集 B 可能有上确界(下确界),也可能没有上确界(下确界)。若子集 B 有上确界(下确界),则上确界(下确界)必唯一。

例 3.38 在偏序集$(\mathbf{I}_+,|)$中,若令$B=\{1,2,3,4,5,6\}$,则 B 的极小元是 1,B 的极大元有 4,5,6,B 的最小元也是 1,B 中没有最大元。B 的下界是 1,B 的上界有 60,120 等无穷多个。B 的下确界是 1,B 的上确界是 60。

习 题

1. 图 3.4 给出了偏序集(A,R)的哈斯图。

(1) 下列关系式哪些为真?

$$a\mathrm{R}b,d\mathrm{R}a,c\mathrm{R}e,b\mathrm{R}e,a\mathrm{R}a,b\mathrm{R}c,d\mathrm{R}e,e\mathrm{R}a$$

(2) 求下列子集的上界、下界及上确界、下确界:

$$\{b,c,d\},\{c,d,e\},\{a,b,c\}$$

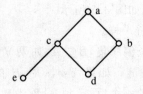

图 3.4

2. 对下述每一条件,分别构造一个有限集和一个无限集的例子。

(1) 非空偏序集,其中某些子集无最大元;

(2) 非空偏序集,其中有一子集存在下确界但无最小元素;

(3) 非空偏序集,其中有一子集存在上界但无上确界。

3. 判断图 3.5 中的关系,哪些是偏序关系?哪些是全序关系?并画出偏序关系的哈斯图。

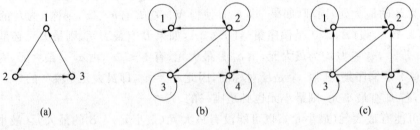

图 3.5

4. 设集合 $A=\{1,2,3\}$,画出偏序集 $(2^A,\subseteq)$ 的哈斯图,并给出一个 A 的例子,使得 $\subseteq$ 是 2^A 上的全序关系。

5. 给出某一集合 A 上的一个二元关系 R,使 R 既是偏序关系又是等价关系。

第 4 章

无穷集合及其基数

前面已对有穷集合的基数及其性质进行了介绍。本章将利用映射为工具,建立可数集、连续统,并研究它们的一些性质,从而得到无穷集合的特征性质。然后,将有穷集合的基数的概念推广到无穷集合。

4.1 可 数 集

我们在第 1 章定义过有限集和无限集,自然数集合 **N** 是最简单的无限集合。这里我们把"有限"与"有穷"视为同义词,把"无限"与"无穷"也视为同义词。下面对二者进行更严格的定义。

定义 4.1 设 X 和 Y 是两个集合,如果存在一一对应 $\varphi : X \to Y$,则称 X 与 Y 对等,记为 $X \sim Y$。

显然,$X \sim X$;若 $X \sim Y$,则 $Y \sim X$;若 $X \sim Y$ 且 $Y \sim Z$,则 $X \sim Z$。因此,$\sim$ 是一个等价关系。

定义 4.2 如果集合 A 与自然数集 **N** 对等,则称集合 A 为无穷可数集合,简称可数集或可列集。如果集合 A 不是可数集且 A 不是有穷集,则称 A 为无穷不可数集合,简称不可数集。

显然,可数集和不可数集都是对无穷集合而言的,有穷集合既不看成可数集也不看成不可数集。

例 4.1 全体偶自然数之集、奇自然数之集、自然数的平方之集都是可数集。

例 4.2 整数集 **I** 是可数集。实际上,**N** 与 **I** 一一对应 φ,即

$$\begin{array}{ccccccc} 0 & 1 & 2 & 3 & 4 & 5 & 6 & \cdots \\ \downarrow & \downarrow & \downarrow & \downarrow & \downarrow & \downarrow & \downarrow & \\ 0 & 1 & -1 & 2 & -2 & 3 & -3 & \cdots \end{array}$$

用表达式表示为

$$\forall n \in \mathbf{N}, \varphi(n) = \begin{cases} -\dfrac{n}{2} & (2 \mid n) \\ \dfrac{n+1}{2} & (2 \nmid n) \end{cases}$$

容易验证 φ 是一一对应,因此 **I** 是可数集。

定理 4.1 集合 A 是可数集当且仅当 A 的全部元素可以排成一个没有重复项的无穷序列：$a_1, a_2, a_3, \cdots, a_n, \cdots$，因此可写成 $A = \{a_1, a_2, a_3, \cdots\}$。

定理 4.1 是定义 4.2 的另一等价直观描述，这种直观描述非常有用。

定理 4.2 无穷集合必包含可数子集。

证 设 A 为无穷集合，从 A 中取一个元素，记为 a_1。因为 A 是无穷集合，所以 $A \setminus \{a_1\}$ 仍是无穷集合，再从 $A \setminus \{a_1\}$ 中取一个元素，记为 a_2。因为 $A \setminus \{a_1\}$ 是无穷集合，所以 $A \setminus \{a_1, a_2\}$ 仍是无穷集合，如此继续下去，便得到一个无穷集合 $M = \{a_1, a_2, a_3, \cdots\}$。显然 M 是可数集且 $M \subseteq A$。因此，无穷集合必包含可数子集。 **证毕**

定理 4.3 可数集的任一无限子集也是可数集。

证 设 A 为可数集，根据定理 4.1，A 的全部元素可以排成一个没有重复项的无穷序列：$a_1, a_2, a_3, \cdots, a_n, \cdots$。

设 B 是 A 的一个无穷子集，依次扫描上述无穷序列，会发现 B 中的元素，按照发现 B 中的元素的先后次序依次对应自然数集 $\mathbf{N}$ 中的元素 $0, 1, 2, 3, \cdots$。由于 $B \subseteq A$，所以 $\forall b \in B$，b 必在上述无穷序列中出现，从而必对应 $\mathbf{N}$ 中的某一元素。再由 B 是一个无穷集，得 B 是可数集。 **证毕**

推论 4.1 从可数集合 A 中除去一个有穷集 M 所得的集合 $A \setminus M$ 仍是可数集。

定理 4.4 设 A 是可数集合，M 是有穷集，则 $A \cup M$ 是可数集。

证 因为 A 是可数集合，所以设 $A = \{a_1, a_2, a_3, \cdots\}$。

令 $B = A \cap M$ 且 $M \setminus B = \{b_1, b_2, \cdots, b_r\}$，则 $A \cap (M \setminus B) = \varnothing$ 且 $A \cup M = A \cup (M \setminus B)$。$A \cup M$ 的元素可排列成：$b_1, b_2, \cdots, b_r, a_1, a_2, a_3, \cdots, a_n, \cdots$。因此 $A \cup M$ 是可数集。 **证毕**

定理 4.5 设 $A_1, A_2, \cdots, A_n (n \geqslant 1)$ 都是可数集，则 $\bigcup\limits_{i=1}^{n} A_i$ 也是可数集。

证 因为 $A_1, A_2, \cdots, A_n$ 都是可数集，不失一般性，其中 $A_1, A_2, \cdots, A_n$ 两两不相交，设 $A_1 = \{a_{11}, a_{12}, \cdots, a_{1n}, \cdots\}, A_2 = \{a_{21}, a_{22}, \cdots, a_{2n}, \cdots\}, \cdots, A_n = \{a_{n1}, a_{n2}, \cdots, a_{nn}, \cdots\}$，则 $\bigcup\limits_{i=1}^{n} A_i$ 的全部元素可排列成：$a_{11}, a_{21}, \cdots, a_{n1}, a_{12}, a_{22}, \cdots, a_{n2}, a_{13}, \cdots$。由定理 4.1 得 $\bigcup\limits_{i=1}^{n} A_i$ 也是可数集。 **证毕**

定理 4.6 设 $A_1, A_2, \cdots, A_n, \cdots$ 是有穷集合的无穷序列，则 $\bigcup\limits_{i=1}^{\infty} A_i$ 或为有穷集合，或为可数集。

此定理的证明作为习题。

定理 4.7 设 $A_1, A_2, \cdots, A_n, \cdots$ 是可数集的无穷序列，则 $\bigcup\limits_{i=1}^{\infty} A_i$ 为可数集。

证 若 $A_1, A_2, \cdots, A_n, \cdots$ 是两两不相交的，由于每个 A_i 是可数集，所以 $A_1, A_2, \cdots, A_n, \cdots$ 的全部元素可排成如下表阵：

按箭头所指的方向排列这些元素就得到了 $\bigcup_{i=1}^{\infty} A_i$ 中的全部元素的一个序列,根据定理 4.1 得 $\bigcup_{i=1}^{\infty} A_i$ 是可数集。

若 $A_1, A_2, \cdots, A_n, \cdots$ 不是两两不相交的,则令 $B_1 = A_1, B_k = A_k \backslash (\bigcup_{i=1}^{k-1} A_i), k = 2, 3, \cdots$,于是,$B_i \cap B_j = \varnothing, i \neq j, i, j = 1, 2, 3, \cdots$。由上面的证明得 $\bigcup_{i=1}^{\infty} B_i$ 是可数集。而 $\bigcup_{i=1}^{\infty} A_i = \bigcup_{i=1}^{\infty} B_i$,因此,$\bigcup_{i=1}^{\infty} A_i$ 是可数集。 证毕

定理 4.8 有理数集合 **Q** 是可数集。

证 $\mathbf{Q} = \{0\} \cup \mathbf{Q}_+ \cup \mathbf{Q}_-$,其中 $\mathbf{Q}_+$ 为全体正有理数之集,$\mathbf{Q}_-$ 为全体负有理数之集。显然,$\mathbf{Q}_+ \sim \mathbf{Q}_-$。实际上,每个正有理数 x 均可写成 $\frac{p}{q}$ 的形式,其中 p 和 q 都是正整数。于是,对于任意正整数 q,令 $A_q = \{\frac{p}{q} \mid p \in \mathbf{I}_+\}$,则 A_q 是可数集,并且 $\mathbf{Q}_+ = \bigcup_{q=1}^{\infty} A_q$。所以由定理 4.7 得 $\mathbf{Q}_+$ 是可数集。因为 $\mathbf{Q}_+ \sim \mathbf{Q}_-$,所以 $\mathbf{Q}_-$ 也是可数集。

因此,根据定理 4.4 及定理 4.5,**Q** 是可数集。 证毕

推论 4.2 区间 $[0,1]$ 之间的所有有理数之集是可数集。

定理 4.9 设 M 是一个无穷集合,A 是有穷集或可数集,则 $M \sim M \cup A$。

证 因为 M 是一个无穷集合,根据定理 4.2,M 必包含可数子集。

令 D 是 M 中的一个可数子集,$P = M \backslash D$,则 $M = P \cup D, M \cup A = P \cup D \cup A$。由 $P \sim P, D \sim D \cup A, P \cap D = \varnothing$ 得 $M \sim M \cup A$。 证毕

定理 4.10 设 M 是一个不可数集,A 是 M 的有穷或可数子集,则 $M \sim M \backslash A$。

证 因为 M 是一个不可数集,A 是 M 的有穷或可数子集,所以 $M \backslash A$ 是无穷集。根据定理 4.9 得 $M \backslash A \sim (M \backslash A) \cup A$,即 $M \backslash A \sim M$。所以 $M \sim M \backslash A$。 证毕

由定理 4.3、推论 4.1 和定理 4.10 得到,每个无穷集合必与它的某个真子集对等,但有穷集合却不是这样。于是无穷集合有定义 4.3。

定义 4.3 凡能与其某个真子集对等的集合称为无穷集合。

定理 4.11 设 $A_1, A_2, \cdots, A_n (n \geqslant 2)$ 都是可数集,则 $A_1 \times A_2 \times \cdots \times A_n$ 也是可数集。

证 使用数学归纳法证明,对 n 施行归纳。

当 $n = 2$ 时,设 $A_1 = \{a_1, a_2, a_3, \cdots\}, A_2 = \{b_1, b_2, b_3, \cdots\}$。对 $k = 1, 2, 3, \cdots$,令 $B_k = \{(a_k, b_j) \mid j = 1, 2, 3, \cdots\}$,则 B_k 是可数集,$A_1 \times A_2 = \bigcup_{k=1}^{\infty} B_k$,根据定理 4.7 得 $A_1 \times A_2$ 是可数集。

假设 $n = k$ 时定理成立。

当 $n=k+1$ 时，令 $D=A_1 \times A_2 \times \cdots \times A_k$，根据归纳假设，$D$ 是可数集。再由 $n=2$ 时的证明得 $D \times A_n$ 是可数集，显然 $A_1 \times A_2 \times \cdots \times A_{k+1} \sim D \times A_{k+1}$，所以 $A_1 \times A_2 \times \cdots \times A_{k+1}$ 是可数集。

因此，对所有 $n \geqslant 2$，$A_1 \times A_2 \times \cdots \times A_n$ 是可数集。 证毕

推论 4.3 整系数代数多项式的全体是一个可数集。

定义 4.4 整系数代数多项式的根称为代数数。非代数数称为超越数。

由于每个多项式仅有有限个根，而且整系数代数多项式的全体是可数集，所以有定理 4.12。

定理 4.12 代数数的全体是可数集。

习　题

1. 设 $A_1, A_2, \cdots, A_n, \cdots$ 是有穷集的无穷序列，证明：$\bigcup_{i=1}^{\infty} A_i$ 或为有穷集，或为可数集。

2. 证明：任一可数集 A 的所有有限子集构成的集族是可数集族。

3. 若 A 和 B 都是无穷集合，C 是有穷集合，判断下列集合是否是无穷集合？对肯定的回答说明理由，对否定的回答举出反例。

(1) $A \cap B$；

(2) $A \backslash B$；

(3) $A \cup C$。

4. 若 $A \sim B, C \sim D$，证明：$A \times C \sim B \times D$。

5. 设 $f: A \to B$ 是单射且 A 是无穷集，证明：B 是无穷集。

4.2　连续统集

4.1 节中讨论了无穷集合中最小的集合——可数集及其性质，是否存在不可数的无穷集合呢？

定理 4.13 区间 $[0,1]$ 中所有实数之集是不可数无穷集合。

证 反证法。区间 $[0,1]$ 中每个实数 A 均可表示成十进制无限位小数 $0.a_1 a_2 a_3 \cdots$，其中每位 $a_i \in \{0,1,2,\cdots,9\}$。约定每个有限位小数后面均补以无限个 0，则 $[0,1]$ 中每个实数可唯一表示成十进制无限位小数形式。

假设定理 4.13 不成立，即区间 $[0,1]$ 中所有实数之集是可数集，则区间 $[0,1]$ 中所有实数可排成一个无重复元素的无穷序列 $A_1, A_2, A_3, \cdots, A_n, \cdots$。

每个 A_i 可写成十进制无限位小数形式 $A_i = 0.a_{i1} a_{i2} a_{i3} \cdots$，如下所示：

$A_1 = 0.a_{11} a_{12} a_{13} \cdots$

$A_2 = 0.a_{21} a_{22} a_{23} \cdots$

$A_3 = 0.a_{31} a_{32} a_{33} \cdots$

　　⋮

$$A_n = 0.a_{n1}a_{n2}a_{n3}\cdots$$
$$\vdots$$

其中 $a_{ij} \in \{0,1,2,\cdots,9\}$。

今构造一个新的实数 B,$B = 0.b_1b_2b_3\cdots$,定义 b_i 为
$$b_i = \begin{cases} 2 & (a_{ii} = 1) \\ 1 & (a_{ii} \neq 1) \end{cases}$$

显然 $B \in [0,1]$,但对于 $\forall i \in \mathbf{I}_+$,$B \neq A_i$。由假设得 B 必与某个 A_i 相等,这就出现了矛盾。因此假设不成立,区间 $[0,1]$ 中所有实数之集是不可数无穷集合。 证毕

定理 4.13 的证明中,构造与 $A_1,A_2,A_3,\cdots,A_n,\cdots$ 均不相等的实数 B 的方法称为"康托对角线方法"。其基本思想是 $b_1,b_2,b_3\cdots$ 与表中对角线上的元素 $a_{11},a_{22},a_{33}\cdots$ 分别不相等,从而保证了 $\forall i \in \mathbf{I}_+$,$B \neq A_i$。康托对角线方法是一个强有力的证明方法,在函数论和计算机科学中有许多应用。例如在计算复杂性理论和不可判定问题中,康托对角线方法是为数不多的几个重要方法之一。

定义 4.5 凡与集 $[0,1]$ 对等的集称为具有连续统的势的集,简称连续统。

例 4.3 设 a 与 b 为实数且 $a < b$,则 $[a,b]$ 是一个连续统。

实际上,令 $\varphi:[0,1] \to [a,b]$,$\forall x \in [0,1]$ 有
$$\varphi(x) = a + (b-a)x$$

则容易证明 φ 是一一对应,从而 $[0,1] \sim [a,b]$。因此 $[a,b]$ 是一个连续统。

根据定理 4.10 有
$$(a,b) \sim [0,1], [0,1] \sim (a,b), [0,1] \sim [a,b]$$

定理 4.14 若 $A_1,A_2,A_3,\cdots,A_n$ 是 n 个两两不相交的连续统,则 $\bigcup\limits_{i=1}^{n} A_i$ 是连续统。

证 设 $0 = p_0 < p_1 < p_2 < \cdots < p_{n-1} < p_n = 1$,由例 4.3 得:$A_1 \sim [p_0,p_1)$,$A_2 \sim [p_1,p_2)$,$A_3 \sim [p_2,p_3)$,$\cdots$,$A_n \sim [p_{n-1},p_n]$。由于 $A_1,A_2,A_3,\cdots,A_n$ 两两不相交,而且 $[0,1] = \bigcup\limits_{i=1}^{n-1} [p_{i-1},p_i) \cup [p_{n-1},p_n]$,所以,$\bigcup\limits_{i=1}^{n} A_i \sim [0,1]$。

因此 $\bigcup\limits_{i=1}^{n} A_i$ 是连续统。 证毕

定理 4.15 若 $A_1,A_2,A_3,\cdots,A_n,\cdots$ 是两两互不相交的连续统的无穷序列,则 $\bigcup\limits_{i=1}^{\infty} A_i$ 是连续统。

证 设 $0 = p_0 < p_1 < p_2 < \cdots < p_{n-1} < p_n < \cdots < \lim\limits_{n \to \infty} p_n = 1$,则 $\forall i \in \mathbf{I}_+$,$A_i \sim [p_{i-1},p_i)$,所以 $\bigcup\limits_{i=1}^{\infty} A_i \sim [0,1]$。因此 $\bigcup\limits_{i=1}^{\infty} A_i$ 是连续统。 证毕

推论 4.4 实数集是一个连续统。

推论 4.5 无理数之集是一个连续统。

推论 4.6 超越数之集是一个连续统。

定理 4.16 0、1 的无穷序列的全体是连续统。

证 0、1 的无穷序列之集记为 B，设 S 是从某项起其后全为 1 的无穷序列所构成的集合，则 S 是可数集。

$\forall a \in B \backslash S$，令 $a = a_1 a_2 a_3 \cdots$ 其中 $i = 1, 2, 3, \cdots, a_i \in \{0, 1\}$，则 $\varphi(a) = 0.a_1 a_2 a_3 \cdots$，其中 $0.a_1 a_2 a_3 \cdots$ 是二进制小数。容易验证 φ 是从 $B \backslash S$ 到 $[0,1]$ 的一一对应，从而 $B \backslash S \sim [0,1]$，因此 $B \sim [0,1]$，即 B 是连续统。 **证毕**

定理 4.17 设 $S = \{f \mid f : \mathbf{I}_+ \to \{0,1\}\}$，则 S 是连续统。

证 实际上，S 就是 0、1 的无穷序列之集，由定理 4.16 得，S 是连续统。 **证毕**

定理 4.18 正整数的无穷序列之集是连续统。

此定理的证明作为习题。

定理 4.19 若 A_1, A_2 均为连续统，则 $A_1 \times A_2$ 为连续统。

证 因为 A_1, A_2 均为连续统，所以 $A_1 \sim [0,1]$，$A_2 \sim [0,1]$。

对于 $\forall (x, y) \in A_1 \times A_2$，$x$ 写成二进制小数为 $x = 0.x_1 x_2 x_3 \cdots$，y 写成二进制小数为 $y = 0.y_1 y_2 y_3 \cdots$，令 $\varphi(x, y) = 0.x_1 y_1 x_2 y_2 x_3 y_3 \cdots$。易见 φ 是从 $A_1 \times A_2$ 到 $[0,1]$ 的一一对应，因此 $A_1 \times A_2 \sim [0,1]$，即 $A_1 \times A_2$ 为连续统。 **证毕**

推论 4.7 平面上所有点的集合是一个连续统。

用数学归纳法可以证明定理 4.20。

定理 4.20 若 $A_1, A_2, A_3, \cdots, A_n, \cdots$ 均为连续统，则 $A_1 \times A_2 \times A_3 \times \cdots \times A_n \times \cdots$ 为连续统。

习 题

1. 证明：正整数的无穷序列之集是连续统。
2. 证明：设 $\mathbf{I} \sim [0,1]$，并且 $\forall l \in \mathbf{I}, A_l \sim [0,1]$，则 $\bigcup_{l \in \mathbf{I}} A_l \sim [0,1]$。
3. 利用康托对角线法证明：2^A 是不可数集，其中 A 是可数集。
4. 给出一个函数，使得它是从 $(0,1)$ 到 $[0,1]$ 的一一对应。

4.3 基数及其比较

本节将有穷集合元素的个数的概念推广得到无穷集合的基数的概念，并确定比较两个基数大小的原则。

既然无穷集合的基数是有穷集合元素的个数的概念推广，那么我们首先分析有穷集合元素的个数的概念，以便得出它的本质，从而加以推广。有穷集合元素的个数，是用来对集合中的元素进行计数的。计数是通过数数进行的，而数数就是建立一一对应的过程。用数数的方法计数某集合元素的个数，例如，数到 3 就数完全部元素时，就说该集合有 3 个元素。可见，有穷集合元素的个数是一个具体的数，数是一个抽象的概念，写出来的数只不过是对这一抽象概念的一种符号表示。例如"3"这个数，世界上没有"3"这个东西，而只有具体的 3 个事物，如 3 个人，3 本书，3 个苹果等，也就是说，所有 3 个具体事物所具有的同一特性就是"3"这一概念,数"3"是从所有包含3个东西的实际集合中抽象出来的,它不依赖这些对象的任何性质,而"3"只不过是对这一概念的表示符号。因此,数可用来表示各种集合中的对象的个数,它和对象所特有的性质无关。

定义 4.6 集合 A 的基数是一个符号,凡与 A 对等的集合都赋以同一记号,集合 A 的基数记为 $|A|$。

集合的基数,也称为势、浓度。

定义 4.7 集合 A 的基数与集合 B 的基数称为是相等的,当且仅当 $A \sim B$。

上面在定义集合的基数的同时,也定义了基数相等的概念。下面建立比较两个基数大小的方法。这个方法不但适合于比较两个无穷集合的基数,而且也适合于比较两个有穷集合的基数。于是,我们又追溯到有穷集合基数的比较。例如,教室里的学生多呢还是椅子多呢?这里可以使用两种方法进行比较。一种方法是:首先数一下学生数,例如得到 10 人。然后数一下椅子数,例如得到 12 把。因为 $10 < 12$,所以教室里的椅子多。另一种方法是:扫描一下教室,发现每个学生只坐一把椅子,而且没有两个学生同坐一把椅子,教室里还有空椅子没有人坐,于是,得出结论是教室里的椅子多。实际上,后一种方法更具有启发性,如果设教室里学生的集合和椅子的集合分别为 A 和 B,则这种方法就是我们立刻可以看出 A 与 B 的一个真子集对等,但是 A 与 B 不对等。于是有定义 4.8。

定义 4.8 设集合 A 和 B 的基数分为 α 和 β,如果 A 与 B 的一个真子集对等,但是 A 与 B 不对等,则称基数 α 小于基数 β,记为 $\alpha < \beta$。

约定:$\alpha \leqslant \beta$ 当且仅当 $\alpha < \beta$ 或 $\alpha = \beta$;$\beta > \alpha$ 当且仅当 $\alpha < \beta$;$\beta \geqslant \alpha$ 当且仅当 $\beta > \alpha$ 或 $\beta = \alpha$。

显然,$\alpha < \beta$ 当且仅当存在 A 到 B 的单射且不存在 A 到 B 的双射。$\alpha \leqslant \beta$ 当且仅当存在单射 $f: A \to B$。

如果可数集的基数记为 a,连续统的基数记为 c,则 $|\mathbf{N}| = a$,$|[0,1]| = c$,显然 $a < c$。无穷集合的基数也称为超穷数,超穷数也可以比较大小。于是,像"有理数和自然数一样多"这样的句子是有意义的。

我们已经有两个基数 a 和 c,那么是否存在一个基数 b 使得 $a < b < c$?即是否存在一个集合 S,S 不是可数无穷集,但 S 有一个可数真子集,S 不与 $[0,1]$ 对等却与 $[0,1]$ 的一个不可数真子集对等?

集合论的创始人康托认为没有这样的无穷集合,这就是著名的康托的"连续统假设"。数学家们做了多年的努力,企图证明连续统假设成立,或证明它不成立。目前这个问题已解决到如下程度:1938 年,哥德尔(Kurt Göder)证明了连续统假设与集合论公理系统是无矛盾的。因此承认连续统假设不会推出矛盾,亦即从集合论公理出发根本不能证明连续统假设是错的。但这并不等于证明了连续统假设是正确的。1963 年美国数学家柯亨(P. J. Cohen)证明了连续统假设与集合论中的常用公理是彼此独立的,即从集合论的常用公理出发根本不可能证明连续假设是正确的。于是,a 和 c 之间是否有基数存在的问题,我们的回答是:不知道。不过,大多数数学家承认连续统假设。那么,无穷基数有多少?有没有最大的无穷基数呢?

定理 4.21(康托定理)　对任意集合 A, $|A| < |2^A|$。

证　若 $A = \emptyset$, 有 $|A| = 0$, $|2^A| = 1$, 则 $|A| < |2^A|$。若 $A \neq \emptyset$:

下面证 A 与 2^A 的一个真子集对等。

令 $S = \{\{x\} \mid x \in A\}$, 显然 $S \subset 2^A$, 且 $A \sim S$, 即 A 与 2^A 的一个真子集对等。

下面证 A 与 2^A 不对等。

假设 $A \sim 2^A$, 则存在一个一一对应 $\varphi: A \to 2^A$, 从而对 A 的每个元素 a 有 $\varphi(a) \subseteq A$, 或者 $a \in \varphi(a)$, 或者 $a \notin \varphi(a)$。

令 $T = \{x \mid x \notin \varphi(x), x \in A\}$, 显然 $T \subseteq A$, 从而 $T \in 2^A$。于是, 由 φ 是满射得, 存在 $b \in A$ 使得 $\varphi(b) = T$。这里只有两种可能:或者 $b \in T$ 或者 $b \notin T$。

若 $b \in T$, 则由 $T = \{x \mid x \notin \varphi(x), x \in A\}$ 得 $b \notin \varphi(b)$, 即 $b \notin T$, 所以出现了矛盾;

若 $b \notin T$, 即 $b \notin \varphi(b)$, 则由 $T = \{x \mid x \notin \varphi(x), x \in A\}$ 得 $b \in T$, 所以又出现了矛盾。

因此,假设 $A \sim 2^A$ 不成立,即 A 与 2^A 不对等。

根据定义 4.8,有 $|A| < |2^A|$。　　　　　　　　　　　　　　　　　　　　**证毕**

由康托定理,如果集合 A 是无穷集,则 $|A| < |2^A|$,同理, $|2^A| < |2^{2^A}|$,如此进行下去便知,无穷基数有无穷多个,并且不存在最大的无穷基数。无穷基数也称为无限数。

习　　题

1. 证明:如果 $A \subseteq B$,那么 $|A| \leqslant |B|$。

2. 证明:如果存在一个从 A 到 B 的满射,则 $|B| \leqslant |A|$。

3. 证明:如果 A 是有穷集,B 是无穷集,那么 $|A| < |B|$。

4. 判断下列命题是否为真,说明理由。

(1) 若 $|A| = |B|$, 则 $|2^A| = |2^B|$;

(2) 若 $|A| \leqslant |B|$ 且 $|C| \leqslant |D|$, 则 $|A^C| \leqslant |B^D|$;

(3) 若 $|A| \leqslant |B|$ 且 $|C| \leqslant |D|$, 则 $|A \cup C| \leqslant |B \cup D|$;

(4) 若 $|A| \leqslant |B|$ 且 $|C| = |D|$, 则 $|A \times C| \leqslant |B \times D|$。

5. 设 A 是非空集合,$|B| > 1$,证明: $|A| < |B^A|$。

4.4　康托-伯恩斯坦定理

我们已定义了集合的基数,也建立了基数比较法则。显然,集合的基数之间的大小关系 $\leqslant$ 是自反的、传递的,但是否是反对称的呢?也就是说基数的"小于或等于"关系是否是偏序关系呢?更进一步地,这个关系是否是线性序关系呢?

自然数作为有穷集的基数,其间的"$\leqslant$"关系是偏序关系,而且还是线性序关系,即在有限数大小的比较中,对任意两个有限数 m 和 n,则 $m = n$, $m < n$ 和 $m > n$ 三个式子有且仅有一个成立。那么对任意两个无限数 α 和 β,则 $\alpha = \beta$, $\alpha < \beta$ 和 $\alpha > \beta$ 三个式子是否有且仅有一个成立呢？答案是肯定的。

定理 4.22（康托-伯恩斯坦定理） 设 A 和 B 是两个集合，如果存在单射 $f:A \to B$ 与单射 $g:B \to A$，则 A 与 B 对等。

这个定理有几种不同的证法。下面的证法基本思想比较简单、直接，但需要技巧，就是通过单射 $f:A \to B$ 和单射 $g:B \to A$ 建立一个一一对应 $h:A \to B$，从而证明 A 与 B 对等。

证 令 $\varphi:2^A \to 2^A$，$\forall S \in 2^A$，有 $\varphi(S) = A \backslash g(B \backslash f(S))$。

易见，如果 $S \subseteq T \subseteq A$，则 $\varphi(S) \subseteq \varphi(T)$。

令 $C = \{S \mid S \subseteq A \text{ 且 } S \subseteq \varphi(S)\}$，则 $\varnothing \in C$。

令 $D = \bigcup\limits_{S \in C} S$，则 $\forall S \in C$，由 $S \subseteq D$ 得 $S \subseteq \varphi(S) \subseteq \varphi(D)$，从而 $D \subseteq \varphi(D)$。

于是 $\varphi(D) \subseteq \varphi(\varphi(D))$，所以 $\varphi(D) \in C$，从而 $\varphi(D) \subseteq D$。

因此 $$D = \varphi(D) = A \backslash g(B \backslash f(D))$$

设 $h:A \to B$，$\forall x \in A$，有
$$h(x) = \begin{cases} f(x), & x \in D, \\ g^{-1}(x), & x \in A \backslash D \end{cases}$$

易见 h 是一一对应，所以 A 与 B 对等。 **证毕**

推论 4.8 设 $f:A \to B$ 和 $g:B \to A$ 都是单射，令 $\varphi:2^A \to 2^A$，$\forall S \in 2^A$ 有 $\varphi(S) = A \backslash g(B \backslash f(S))$，则 φ 在 2^A 中有一个不动点，即存在 $D \in 2^A$ 使得 $\varphi(D) = D$。

推论 4.9 设 α 和 β 是任意两个基数，则下列三个式子
$$\alpha = \beta, \alpha < \beta, \alpha > \beta$$
任两个式子不能同时成立。

推论 4.10 若 $A_1 \subseteq A_2 \subseteq A$，且 $A_1 \sim A$，则 $A_2 \sim A$。

证 由 $A_1 \subseteq A_2 \subseteq A$ 得 $|A_1| \leqslant |A_2| \leqslant |A|$，再由 $A_1 \sim A$ 得 $|A_1| = |A|$，所以 $|A_2| \leqslant |A_1|$。因此 $|A_2| = |A_1| = |A|$，得 $A_2 \sim A$。 **证毕**

康托-伯恩斯坦定理并没有说明我们想了解的有关基数比较的全部知识。推论 4.9 只是断言基数 α 和 β 间的如下三个式子：$\alpha = \beta, \alpha < \beta, \alpha > \beta$，任两个式子不能同时成立，但并未肯定必有一个式子成立。实际上，确实可证明这三个式子中必有一个式子成立。由于这个证明需要更深入的知识，所以下面仅给出定理，略去证明。

定理 4.23 （E. Zermelo）设 α 和 β 是任意两个基数，则下列三个式子
$$\alpha = \beta, \alpha < \beta, \alpha > \beta$$
恰有一个式子成立。

习　　题

1. 设 $A \sim [0,1]$，则 A 的所有有限子集构成的集 A_0 是否与 $[0,1]$ 对等？

2. 非负整数作为有限集合的基数，有算术运算加法、乘法和幂运算。无穷基数之间是否也有类似的运算？

第二部分 图 论

  图论是近年来发展迅速而又应用广泛的一门新兴学科。要准确地追溯图论的起源很困难,但是按现有的记载,大家认为图论的创始人是瑞士数学家欧拉(L. Euler)。1736 年,欧拉发表了第一篇图论论文,解决了当时著名的哥尼斯堡七桥问题。在其后的 100 年多年里,图论的发展是缓慢的,主要是解决一些游戏中的问题。例如,迷宫问题、博弈问题、棋盘上马的行走路线问题等。

  一些古老的难题吸引了许多学者,其中最著名的难题是四色猜想。经过半个多世纪,许多数学家做了大量的工作,大大地推动了图论及有关学科的发展,但始终未证明这个猜想。直至 1976 年美国数学家阿普尔(K. Appel)和黑肯(W. Haken)在考齐(J. Koch)协助下,使用高速计算机证明了这个问题,他们用 100 亿个逻辑判断,花了 1 200 h。另一个著名的难题是哈密顿(W. R. Hamilton)图问题,对于任意图是否是哈密顿图的充要条件至今尚未得到解决。

  最早应用图论解决工程问题的是德国物理学家克希霍夫(G. Kirchhoff)。1847 年,克希霍夫为了解一类线性方程组而发展了树的理论。这个线性方程组描述了一个电网络的每一条支路中和环绕每一个回路的电流,克希霍夫把电网络中的电阻、电容、电感等抽象化了,于是他就把一个具体的电网络用图来代替,用一个简单而有力的构造法解决了他的问题,这个方法现已成为一个标准方法。10 年后,即 1857 年,英国数学家凯莱(Cayley)在有机化学领域中研究同分异构体的结构时,又引入了树的概念。而系统地研究树,把树当作一种纯数学对象的是约当(C. Jordan),约当的研究成果就是凯莱所要研究的。

  进入 20 世纪,随着科学技术的飞速发展,特别是由于计算机的广泛应用,图论得到了飞速发展。用图论来解决运筹学、网络理论、信息论、概率论、控制论、数值分析及计算机科学的问题,已显示出越来越大的作用。图论在物理学、化学、工程领域、社会科学和经济问题中有着广泛的应用。图论作为数学的一个分支,受到全世界数学界和工程技术界的广泛重视。

图论以图为研究对象,图论中的图是由若干给定的顶点及连接两顶点的边所构成的图形,这种图形通常用来描述某些事物之间的某种特定关系,用顶点代表事物,用连接两顶点的边表示相应两个事物间具有这种关系。图论就是研究顶点和边组成的图形的数学理论和方法。

本部分主要内容包括图的基本概念、树、平面图与图的着色、有向图。

第 5 章

图的基本概念

图论中所说的图与一般所说的几何图形或代数函数的图形是完全不同的。图论中的图,是指一些点的集合和若干点对的集合所组成的系统。现实世界中许多现象都能用这种系统来表示。例如,一个企业的各管理部门和生产车间,可以用点来表示,如果两部门之间有直属的领导关系,就用线将表示这两个部门的点连接起来,这就形成了一个图。对于这种图,点的位置以及线的曲直是无关紧要的,我们只关心点的多少和这些线连接了哪些点。对于它们进行数学抽象就得到了作为数学概念的图。

本章主要介绍无向图的一些基本概念:无向图、路、圈、子图、同构、偶图、补图、连通图、欧拉图、哈密顿图、图的矩阵表示和带权图等。

5.1 图的基本定义

历史上一些著名问题的解决都归结为由点和线组成的图的某种问题。这种由点和线组成的图被广泛地使用着。然而,图论的研究对象 —— 图也没有统一的定义,但这并不妨碍我们的研究和应用。我们采用下面的定义。

定义 5.1 设 V 是一个非空有限集,集合 $E \subseteq \mathscr{P}_2(V) = \{\{u,v\} \mid u,v \in V, u \neq v\}$,二元组 (V,E) 称为一个无向图。V 中的元素称为顶点,或结点,V 为顶点集;E 中的元素称为边,E 为边集。

无向图 (V,E) 常用字母 G 代替,即 $G = (V,E)$。如果 $|V| = n$,$|E| = m$,则称 G 为一个具有 n 个顶点 m 条边的图,记为 (n,m) 图。

如果 $x = \{u,v\}$ 是无向图 G 的一条边,则 x 是联结顶点 u 和 v 的边,u 和 v 是边 x 的端点,且记为 $x = uv$ 或 $x = vu$,此时,称顶点 u 与 v 邻接,顶点 u(同样地,顶点 v)与边 x 互相关联。如果无向图 G 中的两条边 x 和 y 仅有一个公共端点,则称边 x 与 y 邻接。

例 5.1 无向图 $G = (V,E)$ 是一个 $(4,5)$ 图,其中顶点集 $V = \{v_1, v_2, v_3, v_4\}$,边集 $E = \{\{v_1,v_2\}, \{v_1,v_4\}, \{v_2,v_3\}, \{v_2,v_4\}, \{v_3,v_4\}\}$,顶点 v_1 与 v_2、v_4 邻接,顶点 v_1 与 v_3 不邻接,边 $\{v_1,v_2\}$ 与 $\{v_1,v_4\}$ 邻接,边 $\{v_1,v_2\}$ 与 $\{v_3,v_4\}$ 不邻接。

当把无向图 G 的边集 E 看作顶点集 V 上的二元关系时,首先,由于每条边的两个端点必须互不相同,所以 E 是反自反的;其次,由于每条边的两个端点构成的二元子集中的元素是没有次序的,所以 E 是对称的。因此,一个无向图 G 就是非空有限集 V 以及 V 上的一个反自反且对称的二元关系 E 组成的有限关系系统。研究无向图,就是研究这个有限关系系统。

有限关系可以用图示方法表示,正是有了这种图示方法,使得图有直观的外形,富于启发,而被广泛采用。一般地,无向图 G 的每个顶点在平面上用一个点或一个圆圈表示,在旁边写上顶点的名称,如果 $x=\{u,v\}$ 是 G 的一条边,则在代表顶点 u 和 v 的两点间连一条线,这样得到的图形就是 G 的图解。以后,图和它的图解不作区分,图解也说成图。

例 5.2 无向图 $G=(V,E)$ 的顶点集 $V=\{v_1,v_2,v_3,v_4\}$,边集 $E=\{\{v_1,v_2\},\{v_1,v_3\},\{v_1,v_4\},\{v_2,v_3\},\{v_2,v_4\},\{v_3,v_4\}\}$,则 G 可用图 5.1(a) 或(b)表示,由此可见图的图解表示不唯一。

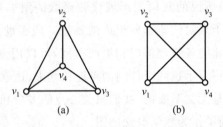

图 5.1

在无向图中不与任何顶点相邻接的顶点称为孤立顶点,仅由孤立顶点构成的图称为零图。仅由一个孤立顶点构成的图称为平凡图。

在无向图中,如果连接两顶点的边不止一条,则称这几条边为平行边,平行边的数目称为平行边的重数,有平行边的图称为多重图。两个端点相同的边称为环,有环的图称为带环图。

图 5.2(a) 所示的为带环图,(b) 所示的为多重图。

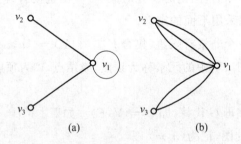

图 5.2

允许有平行边和环存在的图称为伪图;不含有平行边和环的图称为简单图。定义 5.1 所定义的图就是简单图。图论的许多重要结果是针对简单图而证明的,它易于抽象的数学处理。但在许多应用中有时出现伪图或多重图。研究了简单图后,其结论在大多数情况下很容易推广到伪图或多重图,并不妨碍应用。今后如果不加说明我们只讨论简单图。

定义 5.2 设 V 是一个非空有限集,$A \subseteq V \times V \setminus \{(u,u) \mid u \in V\}$,二元组 $D=(V,A)$ 称为一个有向图。V 中的元素称为顶点,或结点,A 中的元素 (u,v) 称为从 u 到 v 的弧或有向边。如果 $x=(u,v)$ 和 $y=(v,u)$ 均为 A 的弧,则称 x 和 y 为一对对称弧。不含对称弧的有向图称为定向图。

图 5.3 是一个含有三个顶点三条弧的有向图的图解。

类似于无向图,可以定义有向图的环、多重弧、带环有向图、多重有向图、简单有向图。

本书第 8 章将专门研究有向图,所以,如无特殊说明,第 5 章至第 7 章的图均指无向图。

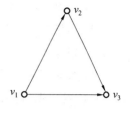

图 5.3

定义 5.3 设图 $G=(V,E)$,$v_i \in V$,与顶点 v_i 相关联的边的数目称为顶点 v_i 的度数,简称为度,记为 $\deg(v_i)$。

显然,对 (n,m) 图 G 的每个顶点 v,有 $0 \leqslant \deg(v) \leqslant n-1$。引入记号

$$\delta(G) = \min_{v \in V}\{\deg(v)\}, \quad \Delta(G) = \max_{v \in V}\{\deg(v)\}.$$

度数为 1 的顶点称为悬挂点,与悬挂点相关联的边为悬挂边。

定理 5.1 设 G 是一个 (n,m) 图,则 G 中顶点度数之和等于边数的 2 倍,即

$$\sum_{i=1}^{n} \deg(v_i) = 2m$$

证 因为 G 中每条边必关联两个顶点,一条边为顶点度数之和的贡献是 2,所以,m 条边为顶点度数之和的贡献是 $2m$,因此,在 G 中,顶点度数的和等于边数的 2 倍,即

$$\sum_{i=1}^{n} \deg(v_i) = 2m \qquad \text{证毕}$$

此定理是图论中的基本定理,常称为握手定理,它有一个重要的推论。

推论 5.1 在任何图中,奇度数顶点的个数为偶数。

证 设 G 是一个 (n,m) 图,由定理 5.1 可知,奇度数顶点的度数之和＋偶度数顶点的度数之和＝全图顶点度数之总和＝$2m$。因为全图顶点度数之和为偶数,偶度数顶点的度数之和也为偶数,所以奇度数顶点的度数之和必为偶数,因此奇度数顶点的个数必为偶数。**证毕**

例 5.3 证明:在 $n(n \geqslant 2)$ 个人的团体里,至少有两个人,他们在此团体中有相同数目的朋友。

证 如果用顶点表示人,两个人是朋友就在相应的两个顶点间连接一条边,这样就得到了具有 n 个顶点的图 G,每个人的朋友数就是相应顶点的度,于是,问题就变成了证明在 $n(n \geqslant 2)$ 个顶点的图 G 中,至少有两个顶点度数相同。

假设 G 中 n 个顶点的度数皆不相同。因为一个顶点的最大度数为 $n-1$,最小度数为 0,所以,G 中各顶点的度只能为 $0,1,\cdots,n-1$。

又因为 0 度顶点不与其他任何顶点相邻,而 $n-1$ 度顶点与其他任何顶点都相邻,出现了矛盾,因此,在 G 中至少有两个顶点度数相同。**证毕**

定义 5.4 如果图 G 中每个顶点的度数均为 d,则称 G 为 d 度正则图。

一个具有 n 个顶点的 $n-1$ 度正则图称为 n 个顶点的完全图,记为 K_n。显然,在 K_n 中每个顶点与其余顶点均邻接,因此,K_n 中共有 $\frac{1}{2}n(n-1)$ 条边。

在进一步研究图的性质和图的局部结构时,子图是一个相当重要的概念。

定义 5.5 设 $G=(V,E)$ 和 $G'=(V',E')$ 是两个图。

(1) 如果 $V' \subseteq V$ 且 $E' \subseteq E$,则称 G' 是 G 的子图;

(2) 如果 $V' \subset V$ 或 $E' \subset E$,则称 G' 是 G 的真子图;

(3) 如果 $V' = V$ 且 $E' \subseteq E$,则称 G' 是 G 的生成子图;

(4) 如果 $E' \subseteq E$,则以 E' 为边集,以 E' 中边的所有端点为顶点集,构成的子图称为由 E' 导出的 G 的子图,记为 $G(E')$;

(5) 如果 $V' \subseteq V$,则以 V' 为顶点集,以端点均在 V' 中的 G 的所有边为边集,构成的子图称为由 V' 导出的 G 的子图,记为 $G(V')$。

例 5.4 在图 5.4 中,(b),(c),(d) 均是 (a) 的子图且都为真子图,(b) 是 (a) 的生成子图,(c) 是顶点子集 $\{v_1, v_2, v_4\}$ 导出的 (a) 的子图,(d) 是边子集 $\{\{v_1, v_2\}, \{v_2, v_3\}\}$ 导出的 (a) 的子图。

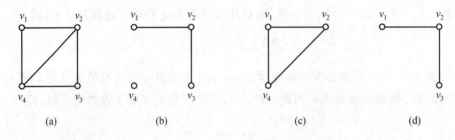

图 5.4

显然,每个图都是自身的生成子图,仅由图的所有顶点构成的图也是图的生成子图,这两种子图都称为平凡子图。

定义 5.6 设 $G = (V, E)$ 和 $G' = (V', E')$ 是两个图,如果存在从 V 到 V' 的双射 f,使得对 $\forall v_i, v_j \in V, \{v_i, v_j\} \in E$ 当且仅当 $\{f(v_i), f(v_j)\} \in E'$,则称 G' 同构于 G,称 f 为同构映射。

上述定义说明,如果在两个图的各顶点之间存在着一一对应关系,而且这种对应关系又保持了顶点间的邻接关系,那么这两个图就是同构的。

例 5.5 在图 5.5 中,(a) 和 (b) 是同构的,其映射为 $f(i) = v_i (i = 1, 2, \cdots, 6)$。

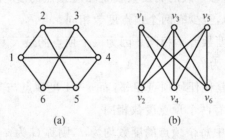

图 5.5

两图同构的必要条件是:顶点数相等;边数相等;度数相同的顶点数相等。但是,上述三个条件并不是两图同构的充分条件。例如,图 5.6 中的 (a),(b) 两图,虽然满足上述三个条件,但它们不同构。因为 (a) 中的 4 个度为 3 的顶点 v_2, v_3, v_7, v_6 是顺次相邻的,而 (b) 中的 4 个度为 3 的顶点 v_2, v_6, v_8, v_4 却不是顺次相邻的。

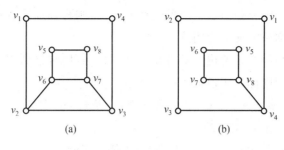

图 5.6

到目前为止,还没有一种简单有效的方法判断图的同构,故同构图的判定是图论中一个重要而未解决的问题。

习　题

1. 画出具有 4 个顶点的所有无向图(同构的只算一个)。
2. 画出具有 3 个顶点的所有有向图(同构的只算一个)。
3. 设 G 是 (n,m) 图,v 是 G 中度为 d 的顶点,e 为 G 中一条边。
   (1) 在 G 中去掉 v 后,还有多少顶点和多少条边?
   (2) 在 G 中去掉 e 后,还有多少顶点和多少条边?
4. 在某次宴会上,许多人互相握手,证明:握过奇数次手的人数为偶数。
5. 证明:图 5.7 中的两个图同构,它称为彼德森(Petersen)图。

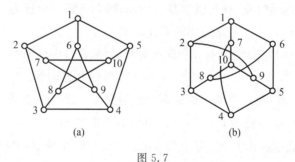

图 5.7

5.2　路、圈与连通图

路与圈是图论中两个重要而又基本的概念,而图的最基本性质是它是否连通,本节介绍路、圈和连通图的概念。

定义 5.7　设图 $G=(V,E)$ 的一个点边交替序列 $P=v_0e_1v_1e_2v_2\cdots e_mv_m$,满足 v_{i-1} 和 v_i 是边 e_i 的端点,则称 P 为 v_0-v_m 通道,简记为 $v_0v_1v_2\cdots v_m$。m 为通道的长度。当 $v_0=v_m$ 时,称 P 为闭通道。

由上述定义可知,在通道中,顶点和边均可重复出现。在计算通道的长度时,重复的边按重复的次数计算。

定义 5.8 如果图中一条通道上的各边互不相同,则称该通道为迹。如果一条闭通道上的各边互不相同则称该闭通道为闭迹。

定义 5.9 如果图中一条通道上的各顶点互不相同,则称该通道为路。如果一条闭通道上的各顶点互不相同则称该闭通道为圈或回路。

在图 5.8 中,$P_1 = v_1 v_2 v_3 v_5 v_2 v_4$ 是一条通道,它是迹,但不是路;$P_2 = v_1 v_2 v_3 v_1$ 既是闭迹,又是圈。

定理 5.2 设 G 是含有 n 个顶点的图,则 G 中任何路的长度小于等于 $n-1$;G 中任何圈的长度小于等于 n。

证 在任何路中,包含的所有顶点都是互不相同的。在长度为 k 的任何路中,不同顶点数为 $k+1$。由于 G 中仅有 n 个不同顶点,所以 $k+1 \leqslant n$,得 $k \leqslant n-1$,即任何的路的长度小于等于 $n-1$。而对长度为 k 的圈来说,不同的顶点数为 k,所以 $k \leqslant n$,即任何圈的长度小于等于 n。

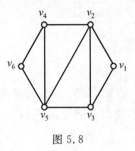

图 5.8

证毕

定义 5.10 设 G 是一个图,如果 G 中任意两个不同的顶点间至少有一条路,则称 G 是一个连通图。

直观上,在一个连通图的图解上,对任意两个不同的顶点,从一个顶点沿着某些边走,一定能走到另一个顶点。于是,一个不连通图的图解被分成若干个互不相连的几个部分,每个部分是联通的,称为一个连通分支。

连通图只有一个连通分支,就是图本身。例如,图 5.8 是一个连通图。而图 5.9 是一个具有 3 个连通分支的不连通图。

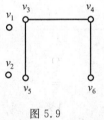

图 5.9

定理 5.3 设 $G=(V,E)$ 是具有 n 个顶点的图,如果在 G 中任两个不邻接的顶点 u 和 v,有 $\deg(u)+\deg(v) \geqslant n-1$,则 G 是连通的。

证 假设 G 不连通,则 G 有两个或更多个连通分支。设一个连通分支为 $G_1=(V_1,E_1)$,而其他所有连通分支构成的子图为 $G_2=(V_2,E_2)$,设 G_1 中有 n_1 个顶点,其中一个顶点为 u,G_2 中 $n-n_1$ 个顶点,其中一个顶点为 v。

因为 $\deg(u) \leqslant n_1-1$,$\deg(v) \leqslant n-n_1-1$,故 $\deg(u)+\deg(v) \leqslant n-2 < n-1$,这与给定的前提矛盾,因此 G 必连通。

证毕

定理 5.4 设 $G=(V,E)$ 是一个至少有一个顶点不是孤立顶点的图,如果 $\forall v \in V$,$\deg(v)$ 是偶数,则 G 中有圈。

证 考虑 G 中一条最长的路 $P=v_1 v_2 \cdots v_n$,由于 $\forall v \in V$,$\deg(v)$ 是偶数,所以 $\deg(v_1) \geqslant 2$,故至少还有一个顶点 $u \neq v_2$ 与 v_1 邻接。由于 P 是最长的路,所以 u 必是 $v_3,\cdots,v_n$ 中的某个 v_i,于是,$v_1 v_2 \cdots v_i v_1$ 是 G 中的一个圈。

证毕

定理 5.5 如果图 G 中的两个不同顶点 u 与 v 之间有两条不同的路,则 G 中有圈。

证 设 P_1 和 P_2 是 G 中两个不同顶点 u 与 v 之间的两条不同的路。由于 $P_1 \neq P_2$,所以必有一条边 x 在 P_2 上而不在 P_1 上,不妨设该边为 $x=u'v'$。由 P_1 和 P_2 上的顶点和边构成的子图记为 $P_1 \bigcup P_2$,于是,$P_1 \bigcup P_2$ 是 G 的一个连通子图,并且 $P_1 \bigcup P_2 - x$ 是 G 的一

个连通子图,从而在 $P_1 \cup P_2 - x$ 中有 u' 和 v' 间的路,记为 $P = u'\cdots v'$,因此,$P + x = u'\cdots v'u'$ 就是 G 中的一个圈。

证毕

习　题

1. 设 u 和 v 是图 G 的两个不同顶点,如果 u 和 v 间有两条不同的通道(迹),问 G 中是否有圈?

2. 证明:一个连通的 (n,m) 图中 $m \geqslant n-1$。

3. 证明:如果 G 是一个 (n,m) 图,且 $m > \frac{1}{2}(n-1)(n-2)$,则 G 是连通图。

4. 证明:在一个连通图中,两条最长的路有一个公共顶点。

5. 证明:一个图 $G = (V,E)$ 是连通的,当且仅当将 V 划分成两个非空子集 V_1 和 V_2 时,G 总有一条联结 V_1 的一个顶点与 V_2 的一个顶点的边。

5.3　补图与偶图

给定一个图,除可以得到它的子图之外,还可以定义它的补图。在解决一些实际问题的时候,有时从一个图的补图着手能够更有效地解决问题。

定义 5.11　设 $G = (V,E)$ 是一个图,则 $\bar{G} = (V, \mathscr{P}_2(V) \setminus E)$ 称为 G 的补图,$\bar{G}$ 也记为 G^c。如果 G 与 $\bar{G}$ 同构,则称 G 为自补图。

显然,$\bar{G}$ 是由 G 的所有顶点和为了使 G 成为完全图所需要添加的那些边所组成的图。两个顶点 u 与 v 在 $\bar{G}$ 中邻接当且仅当 u 与 v 在 G 中不邻接。

例 5.6　在图 5.10 中,(a) 是 (b) 的补图,(b) 也是 (a) 的补图。

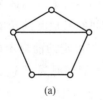 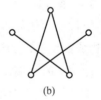

(a)　　　　　　　　(b)

图 5.10

显然,如果 $\bar{G}$ 是 G 的补图,则 G 也是 $\bar{G}$ 的补图。

例 5.7　图 5.11(a) 是 4 个顶点的自补图,(b) 和 (c) 是 5 个顶点的自补图。

实际上,如果 n 个顶点的图 G 是自补图,因为 G 的边数与 $\bar{G}$ 的边数相同,所以 K_n 的边数为偶数。显然不存在 3 或 6 个顶点的自补图。

下面研究偶图的性质,偶图也称为二分图、二部图、双图等。

定义 5.12　如果图 $G = (V,E)$ 的顶点集 V 有一个二划分 $\{V_1,V_2\}$,使得 G 中任何一条边的两个顶点,一个属于 V_1,另一个属于 V_2,则称 G 为偶图,并记为 $G = (V_1, V_2, E)$。

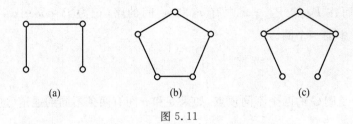

图 5.11

定义 5.13 在偶图 $G=(V_1,V_2,E)$ 中,如果 V_1 的每个顶点都与 V_2 的每个顶点邻接,则称 G 为完全偶图。如果 $|V_1|=n$,$|V_2|=m$,则完全偶图 G 可记为 $K_{n,m}$。

在图 5.12 中,给出了 $K_{2,3}$ 和 $K_{3,3}$ 的图示,$K_{3,3}$ 是重要的偶图,它与 K_5 一起在平面图的判定中起着重要的作用。

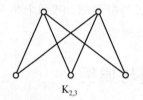 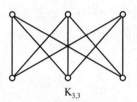

$K_{2,3}$ $K_{3,3}$

图 5.12

定理 5.6 图 G 是偶图,当且仅当 G 中所有圈的长度均为偶数。

证 设 $G=(V,E)$ 是偶图,则 V 有一个二划分 $\{V_1,V_2\}$,使得对任一 $\{u,v\}\in E$,有 $u\in V_1$,$v\in V_2$。设 $C=v_0v_1v_2\cdots v_kv_0$ 是 G 的一个长为 $k+1$ 的圈,不妨设 $v_0\in V_1$,则 v_0,v_2,v_4,$\cdots\in V_1$,$v_1,v_3,v_5,\cdots\in V_2$。因为 $\{v_k,v_0\}\in E$ 且 $v_0\in V_1$,所以必有 $v_k\in V_2$,故 k 必为奇数,C 的长度为偶数。

设 $G=(V,E)$ 中所有圈的长度均为偶数。不妨设 G 是连通图,否则考虑 G 的每个连通分支。定义 V 的一个二划分 $\{V_1,V_2\}$ 为:$V_1=\{v_i\mid v_i$ 与固定顶点 v_0 间的最短路的长度为偶数$\}$,$V_2=V\setminus V_1$。假设存在一条边 $\{v_i,v_j\}\in E$ 且 $v_i,v_j\in V_1$,因为 G 是连通的,由 V_1 的定义知,v_i 与 v_0 间的最短路的长度为偶数,v_j 与 v_0 间的最短路的长度也为偶数,于是,由 v_0 到 v_i,边 $\{v_i,v_j\}$ 及 v_j 到 v_0 构成的圈长度为奇数,这与给定的前提矛盾,所以 v_i,v_j 不能同时属于 V_1。类似地可证明边 $\{v_i,v_j\}$ 的两端点 v_i,v_j 不能同时属于 V_2。因此,边 $\{v_i,v_j\}$ 的两端点,必有一个属于 V_1,另一个属于 V_2,因此 G 是一个偶图。 **证毕**

习 题

1. 图 G 和图 H 如图 5.13 的(a)、(b) 所示,画出 G 和 H 的补图。
2. 图 5.14 所示的图是否是偶图?如果是,求出它的顶点集的二划分。
3. 证明:一个自补图一定有 $4k$ 或 $4k+1$ 个顶点(k 为正整数)。
4. 证明:如果图 G 不是连通图,则 $\overline{G}$ 是连通图。
5. 证明:对于 (n,m) 偶图,必有 $m\leqslant \dfrac{n^2}{4}$。

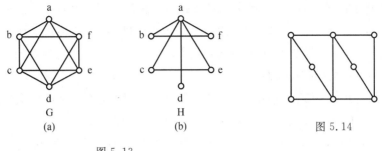

图 5.13

图 5.14

5.4 欧拉图和哈密顿图

1727 年，数学家欧拉的朋友向欧拉提出一个问题：位于立陶宛的哥尼斯堡城，有一条横贯全城的普雷格尔河，河上有七座桥把河中的两座岛屿以及河岸连接起来，如图 5.15(a) 所示。当时那里的居民热衷于一个问题：游人从四块陆地中的任何一块出发，经过每座桥一次且仅一次，最后回到出发地，这是否可能？1736 年欧拉用图论的方法解决了这个问题，写了第一篇图论的论文，成为图论的创始人。后来称此问题为哥尼斯堡七桥问题。如果用顶点代表陆地，用边代表桥，便得到了图 5.15(b) 所示的图。不难看出，哥尼斯堡七桥问题等价于在图 5.15(b) 中能否找到一个经过所有顶点和所有边的闭迹。

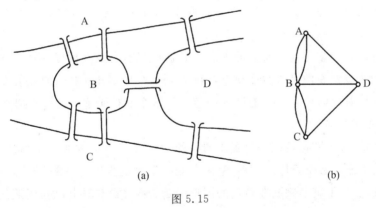

图 5.15

定义 5.14 包含图的所有顶点和所有边的迹称为欧拉迹；包含图的所有顶点和所有边的闭迹称为欧拉闭迹。存在欧拉闭迹的图称为欧拉图。

定理 5.7 图 G 是欧拉图当且仅当 G 是连通的且每个顶点的度数都是偶数。

证 如果 G 是欧拉图，则 G 中有包含所有顶点和所有边的闭迹，所以 G 是连通的。当沿着这条闭迹走时，每经过一个顶点，均涉及两条以前未走过的边，其一是沿着这条边进入这个顶点，而另一条边是顺着它离开这个顶点。由于这条迹是闭迹，所以每个顶点的度数都是偶数。

如果图 G 连通且每个顶点的度数都是偶数，可按如下方法构造一条欧拉闭迹。由定理 5.4 知 G 中有一个圈 Z_1。如果 Z_1 包含了 G 中的所有边，从而也就包含了 G 中的所有顶点，因此 Z_1 是欧拉闭迹，故 G 是欧拉图。否则 Z_1 不包含 G 中的所有边，这时从 G 中删去 Z_1 的所有边，得到图 G_1，显然 G_1 中所有顶点的度数仍为偶数。并且因为 G 是连通图，所以 Z_1 与子图 G_1 至少有一个公共点，故 G_1 中至少有一个顶点的度不为 0。再由定理 5.4 知 G_1 中有一个圈 Z_2。这时从 G_1 中删去 Z_2 的所有边，得到图 G_2，显然 G_2 中所有顶点的度数仍为偶数。如果 G_2 中还有边，则同样由定理 5.4 知 G_2 中有一个圈 Z_3，如此等等。最后必得到一个图 G_k，G_k 中无边。于是，得到了 G 中的 k 个圈 $Z_1, Z_2, \cdots, Z_k$，他们是两两无共同边的。因此 G 中的每条边在且仅在一个圈上。于是 G 的边集被划分为 k 个圈。

由于 G 是连通的，所以每个圈 Z_i 至少与其他的某个圈有公共顶点，从而这些圈构成一个欧拉闭迹。这可由数学归纳法得证：

当 $k=1$，显然成立。

假设当 $k=p \geq 1$ 时成立。下面证对 $k=p+1$ 时也成立。

由归纳假设 $Z_1, Z_2, \cdots, Z_p$ 能构成一个闭迹，而 Z_{p+1} 必与其他的某个圈，例如与 Z_1 有公共顶点 v，则从 v 开始先走 $Z_1, Z_2, \cdots, Z_p$ 构成的闭迹后回到 v，再从 v 走过 Z_{p+1} 后回到 v，即得到由 $Z_1, Z_2, \cdots, Z_{p+1}$ 构成的闭迹。

这就证明了 G 是欧拉图。 证毕

由上述定理知，哥尼斯堡七桥问题的答案是否定的，因为从图 5.15(b) 可以看到，4 个顶点的度全为奇数，所以不存在欧拉闭迹。

推论 5.2 图 G 有欧拉迹当且仅当 G 连通且恰有两个奇数度顶点。

证 设 G 有欧拉迹，则由定理 5.7 的证明可知，除了这条迹的起点和终点外的每个顶点的度数都是偶数。

假设 G 连通且至多有两个奇数度顶点。如果 G 没有奇数度顶点，则由定理 5.7 得 G 有欧拉闭迹。今设 G 恰有两个奇数度顶点 u 和 v，则在 G 中 u 和 v 之间加一条边得到图 G'（G' 可能是多重图），由定理 5.7 得 G' 有欧拉闭迹。从这个欧拉闭迹中去掉所加于 u 和 v 之间的边，便得到 G 的欧拉迹。 证毕

对于一个图、多重图是否能一笔画出的问题，欧拉给出了完全彻底的解决。完全彻底是指他给出了一个充分必要条件，因而一笔画和非一笔画的界限彻底划清了。一个连通图是否能一笔画成，实质上就是判断在给定的图形中是否存在欧拉迹和欧拉闭迹的问题。

例 5.8 图 5.16(a) 和(b) 均可一笔画成，因为它们都存在欧拉迹。

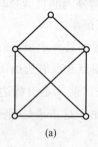 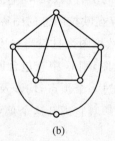

(a) (b)

图 5.16

如果一个连通图的奇数度顶点的个数不是 0 或 2，那么这个图就不能一笔画成。于是，便产生了一个问题，即这时最少要多少笔才能画成呢？实际上，这个问题也与顶点的度数的

奇偶性有关。

与欧拉闭迹类似的问题是哈密顿圈的问题。1859年,爱尔兰数学家哈密顿在给朋友的一封信中,首先谈到在正十二面体中的一个数学游戏。这种游戏要求游戏者沿着顶点标有城市名称的正十二面体的棱行走,找一条经过每个顶点一次且仅一次的圈,如图5.17(a)所示。他把这个问题称为周游世界问题。从图5.17(b)中粗线,可以看出这样一条圈是存在的。

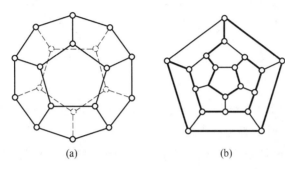

图 5.17

定义 5.15 包含图的所有顶点的路称为哈密顿路;包含图的所有顶点的圈称为哈密顿圈。存在哈密顿圈的图称为哈密顿图。

从上述定义可以看出,图5.17(b)是哈密顿图。

显然,具有哈密顿路的图是连通的,每个哈密顿图是连通的,并且每个顶点的度都大于或等于2。

对于完全图 $K_n(n \geqslant 3)$,由于 K_n 中任意两个顶点之间均有边,所以从 K_n 的某一个顶点开始,总可以遍历其余顶点后,再回到该顶点,因此 K_n 是哈密顿图。

确定哈密顿路存在问题是一个很有实用价值的问题。在运筹学里,一条哈密顿路的确定是解决许多安排问题的钥匙。然而迄今为止并未找到确定哈密顿圈存在的简单充分必要条件,只找到了几个简单的必要条件和一些充分条件。实际上,哈密顿圈问题仍是图论中尚未解决的主要问题之一。

定理 5.8 如果 $G=(V,E)$ 是一个哈密顿图,则对于顶点集 V 的每个非空真子集 S,均有 $W(G-S) \leqslant |S|$,其中 $W(G-S)$ 是 $G-S$ 中连通分支的个数。

证 设 C 是图 G 的一个哈密顿圈。用数学归纳法首先证明,对于顶点集 V 的每个非空真子集 S,均有 $W(C-S) \leqslant |S|$。

当 $|S|=1$ 时,从 C 中删去一顶点 v,则 C 变为哈密顿路,但仍连通,故 $W(C-S)=|S|=1$。

假设 $|S|=k$ 时,$W(C-S) \leqslant |S|$。

当 $|S|=k+1$ 时,先从 C 中删去 k 个顶点 $v_1,v_2,\cdots,v_k$,即令 $S_k=\{v_1,v_2,\cdots,v_k\}$。

由归纳假设 $W(C-S_k) \leqslant |S_k|$。再从 $C-S_k$ 的任一连通分支中,删去一个顶点 v_{k+1},这时最多可使连通分支的个数增加1,故 $W(C-S_{k+1}) \leqslant k+1 = |S_{k+1}|$。

由于 $C-S$ 是 $G-S$ 的生成子图,故 $W(G-S) \leqslant W(C-S) \leqslant |S|$。   证毕

上述定理给出的条件是哈密顿图的必要条件，不是充分条件。例如，在彼德森图中，满足这个条件，但它不是哈密顿图。利用该定理可以判别某些图不是哈密顿图。例如，图 5.18(a) 所示的图 G，取 $S=\{v_6\}$，$G-S$ 如图 5.18(b) 所示，由于 $W(G-S)=2>|S|=1$，所以 G 不是哈密顿图。

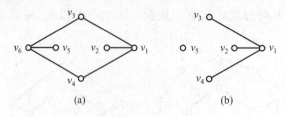

图 5.18

定理 5.9 设 G 是具有 $n(n\geqslant 3)$ 个顶点的图，如果 G 中每一对不邻接的顶点 u 和 v，有 $\deg(u)+\deg(v)\geqslant n$，则 G 是哈密顿图。

证 用反证法。假设定理不成立，则存在一个满足定理条件且边数最多的非哈密顿图 G，即 G 是一个非哈密顿图，且对 G 的任何一对不邻接的顶点 v_1 和 v_2 有 $G+\{v_1,v_2\}$ 是哈密顿图。因为 $n\geqslant 3$，所以 G 不是完全图。

设 u 和 v 是 G 中两个不邻接的顶点，因此 $G+\{u,v\}$ 是哈密顿图，G 中存在一条包含 $\{u,v\}$ 的哈密顿圈，且存在一条包含 G 中所有顶点的 $u-v$ 路 $v_1 v_2 \cdots v_{n-1} v_n (v_1=u, v_n=v)$。如果 v_1 与 $v_i (2\leqslant i\leqslant n)$ 邻接，则 v_{i-1} 与 v_n 不邻接；否则 $v_1 v_i v_{i+1}\cdots v_n v_{i-1} v_{i-2}\cdots v_1$ 是 G 的一个哈密顿圈。因此，对 $\{v_2,v_3,\cdots,v_{n-1}\}$ 中每个与 v_1 邻接的顶点，存在一个 $\{v_1,v_2,v_3,\cdots,v_{n-1}\}$ 中与 v_n 不邻接的顶点，故 $\deg(u)+\deg(v)\leqslant \deg(u)+(n-1-\deg(u))=n-1$，矛盾。

证毕

上述定理的条件是充分的但非必要。例如，图 5.19 所示的图 G，显然任何一对不邻接的顶点的度数之和为 $4<6-1=5$，但 G 中有一条哈密顿路。

定理 5.10 设 G 是具有 n 个顶点的图，如果 G 中每一对不邻接的顶点 u 和 v，有 $\deg(u)+\deg(v)\geqslant n-1$，则 G 有哈密顿路。

图 5.19

证 因为 G 中每一对不邻接的顶点 u 和 v，有 $\deg(u)+\deg(v)\geqslant n-1$，所以 G 是连通图。下面只需证明 G 中最长路的长度为 $n-1$ 即可。

假设 G 中的最长路为 $v_1 v_2 \cdots v_k$，$k<n$，我们证明 $v_1,v_2,\cdots,v_k$ 必在 G 的同一个圈上。

假如 v_1 与 v_k 邻接，则 $v_1 v_2\cdots v_k v_1$ 是 G 的一个圈；假如 v_1 与 v_k 不邻接，则 $\deg(v_1)+\deg(v_k)\geqslant n-1$。设 $v_{i_1},v_{i_2},\cdots,v_{i_r}(2=i_1<i_2<\cdots<i_r<k)$ 与 v_1 邻接，则 v_k 必与某个 $v_{i_s-1}(2\leqslant s\leqslant r)$ 邻接。否则，v_k 至多与最长路上其余的顶点邻接，所以 $\deg(v_1)+\deg(v_k)\leqslant r+((k-1)-r)=k-1\leqslant(n-1)-1=n-2$，这是不可能的。于是 $v_1 v_2\cdots v_{i_s-1} v_k v_{k-1}\cdots v_{i_s} v_1$ 是 G 的一个圈。总之 $v_1,v_2,\cdots,v_k$ 必在 G 的同一个圈 C 上。

由于 G 是连通的，$k<n$，所以 G 必有某个顶点 v 不在 C 上，但与 C 上某个顶点 v_i 邻接。于是，得到 G 的一个更长的路，这就出现了矛盾。

证毕

习 题

1. 证明：设 G 是连通图，G 恰有 $2k(k \geq 1)$ 个奇数度顶点，则 G 的全部边可以排成 k 条开迹，而且至少有 k 条开迹。

2. 判别图 5.20 所示的图形能否一笔画成，如果不能一笔画成，那么能几笔画成。

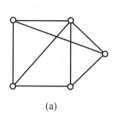 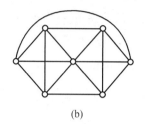

图 5.20

3. 完全偶图 $K_{n,m}$ 是哈密顿图的充分必要条件是什么？

4. 某工厂生产由 6 种不同颜色的纱织成的双色布，双色布中，每一种颜色至少可以和其他 3 种颜色搭配。证明：可以挑出 3 种不同的双色布，它们含有所有 6 种颜色。

5. 今有 n 个人，已知他们中的任何 2 人合起来认识其余 $n-2$ 个人。证明：

(1) 当 $n \geq 3$ 时，这 n 个人能排成一列，使得中间任何人都认识两旁的人。

(2) 当 $n \geq 4$ 时，这 n 个人能排成一个圆圈，使得每个人都认识两旁人。

5.5 图的矩阵表示

在前面曾经讨论过图的几何图形表示法，这对于分析给定图的某些特征是十分有用的。图还可以用矩阵表示，图的矩阵表示使得图的相关信息能在计算机中储存起来并加以处理，因此图的矩阵表示是研究图的性质的最有效的工具之一。

定义 5.16 设图 $G=(V,E)$ 的顶点集 $V=\{v_1,v_2,\cdots,v_n\}$，并且假定已排好了从顶点 v_1 到 v_n 的次序，$n \times n$ 矩阵 $\boldsymbol{A}=(a_{ij})$ 称为 G 的邻接矩阵，其中

$$a_{ij} = \begin{cases} 1 & (\{v_i,v_j\} \in E) \\ 0 & (\{v_i,v_j\} \notin E) \end{cases}$$

由邻接矩阵的定义可以看出，图 G 的邻接矩阵被 V 中各元素的次序所决定，对于 V 中各元素间不同的次序关系，得到 G 的邻接矩阵不唯一。但对于同一个图的这些不同的邻接矩阵来说，只要适当地交换行和列的次序就能从其中一个邻接矩阵得到另一个邻接矩阵，也就是说，这些邻接矩阵所确定的图必是同构的。因此，就可以忽略 V 中各元素间的次序关系给图的邻接矩阵带来的不唯一性，并选取图的任何一个邻接矩阵，作为该图的邻接矩阵。

图 G 的邻接矩阵 $\boldsymbol{A}$ 包含了 G 的全部信息：G 的顶点数 n 就是 $\boldsymbol{A}$ 的阶；G 的边数 m 就是 $\boldsymbol{A}$ 中 1 的个数的一半；G 的顶点 v_i 的度 $\deg(v_i)$ 等于 $\boldsymbol{A}$ 的第 i 行上 1 的个数；$\boldsymbol{A}$ 是对称的且对角线上的元素均为 0。

例 5.9 图 5.21 所示图 G 的邻接矩阵为

$$A = \begin{bmatrix} 0 & 1 & 0 & 1 \\ 1 & 0 & 1 & 1 \\ 0 & 1 & 0 & 1 \\ 1 & 1 & 1 & 0 \end{bmatrix}$$

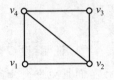

图 5.21

定理 5.11 设 G 是一个 (n,m) 图,A 是 G 的邻接矩阵,则 G 中顶点 v_i 与顶点 v_j 间长度为 l 的通道的数目等于 A^l 的元素 $a_{ij}^{(l)}$ 的值。

证 用数学归纳法,施归纳于 l。

当 $l=1$ 时,显然定理成立。

当 $l=2$ 时,A^2 的元素为 $a_{ij}^{(2)} = \sum_{h=1}^{n} a_{ih} \cdot a_{hj}$,$a_{ih} \cdot a_{hj} = 1$,当且仅当 $a_{ih} = 1$ 且 $a_{hj} = 1$,这意味着在图中同时存在边 $\{v_i, v_h\}$ 和 $\{v_h, v_j\}$,就存在一条 v_i 与 v_j 间长度为 2 的通道。因此 v_i 与 v_j 间长度为 2 的通道的数目等于 $a_{ij}^{(2)}$ 的值。

假设当 $l = k \geqslant 2$ 时,定理成立。

现面证当 $l = k+1$ 时,定理成立。

因为 $A^{k+1} = A^k \cdot A$,所以,$a_{ij}^{(k+1)} = \sum_{h=1}^{n} a_{ih}^{(k)} \cdot a_{hj}$。由归纳假设 $a_{ih}^{(k)}$ 为 v_i 与 v_h 间长度为 k 的通道的数目,当 $a_{hj} = 1$ 时,$\{v_h, v_j\}$ 是 G 的边,所以 $a_{ih}^{(k)} \cdot a_{hj}$ 为 v_i 与 v_j 间并通过 v_h 后一步就到 v_j 的长度为 $k+1$ 通道的数目,而当 $a_{hj} = 0$ 时,$\{v_h, v_j\}$ 不是 G 的边,所以 G 中没有 v_i 与 v_j 间并通过 v_h 后一步就到 v_j 的长度为 $k+1$ 的通道。反之,G 中任一 v_i 与 v_j 间长度为 $k+1$ 的通道,在到达 v_j 之前必通过某个顶点 v_h,因此 $a_{ij}^{(k+1)}$ 就是 v_i 与 v_j 间长度为 $k+1$ 的通道的数目。

根据数学归纳法原理,定理的结论成立。   **证毕**

特别地,当 $i = j$ 时,元素 $a_{ii}^{(k)}$ 的值就表示经过点 v_i 的长度为 k 的圈的数目。而当 $i \neq j$ 时,在 A 到 A^{n-1} 的各矩阵中,使元素 $a_{ij}^{(x)}$ 非零的最小正整数 x,就是 v_i 与 v_j 的距离 $d(v_i, v_j)$。例如,对图 5.21,能求得

$$A = \begin{bmatrix} 0 & 1 & 0 & 1 \\ 1 & 0 & 1 & 1 \\ 0 & 1 & 0 & 1 \\ 1 & 1 & 1 & 0 \end{bmatrix} \quad A^2 = \begin{bmatrix} 2 & 1 & 2 & 1 \\ 1 & 3 & 1 & 2 \\ 2 & 1 & 2 & 1 \\ 1 & 2 & 1 & 3 \end{bmatrix} \quad A^3 = \begin{bmatrix} 2 & 5 & 2 & 5 \\ 5 & 4 & 5 & 5 \\ 2 & 5 & 2 & 5 \\ 5 & 5 & 5 & 4 \end{bmatrix}$$

$a_{34}^{(3)} = 5$ 说明 v_3 与 v_4 间长度为 3 的不同通道有 5 条;$a_{44}^{(2)} = 3$ 说明经过顶点 v_4 长度为 2 的圈有 3 条。$a_{13} = 0, a_{13}^{(2)} = 2 \neq 0$ 说明 v_1 到 v_3 的距离 $d(v_1, v_3) = 2$。

定理 5.12 设 G 是一个有 n 个顶点的图,A 是 G 的邻接矩阵,则 G 是连通的,当且仅当 $(A+I)^{n-1} > 0$。

证 设 G 是连通的,则对 G 的任两个不同的顶点 v_i 与 v_j,v_i 与 v_j 间至少有一条路。因此,对某 $l, 1 \leqslant l \leqslant p-1, a_{ij}^{(l)} > 0$,则 $\sum_{l=0}^{n-1} a_{ij}^{(l)} > 0$。

因此 $(A+I)^{n-1} = I + C_{n-1}^1 A + C_{n-1}^2 A^2 + \cdots + A^{n-1} \geq \sum_{l=0}^{n-1} A^l > 0$

设 $(A+I)^{n-1} > 0$,由于 $(A+I)^{n-1} = I + C_{n-1}^1 A + C_{n-1}^2 A^2 + \cdots + A^{n-1} > 0$,所以对任意 $i, j, 1 \leq i, j \leq n$,如果 $i \neq j$,则存在一个 $l, 1 \leq l \leq p-1$,使得 $a_{ij}^{(l)} > 0$,因此 v_i 与 v_j 间有长度为 l 的通道,从而必有路,所以 G 是连通的。 证毕

邻接矩阵虽然能够完全刻画图,但是当图的顶点较多而边相对较少时,其邻接矩阵中零元素较多,这不但浪费了存储空间,而且在处理边数与顶点数成比例的某些图论算法时,往往得不到效率高的好算法。因此,从算法设计的角度看,用邻接矩阵表示图未必是一种好方法。图的另一种可能的表示方法是用邻接表表示,我们将在数据结构课程里学习。

习 题

1. 在图 5.22 中,求邻接矩阵 A,以及长度为 4 的 $v_1 - v_4$ 通道的数目。

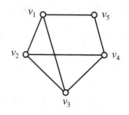

图 5.22

2. 偶图的邻接矩阵有什么特点?完全图的邻接矩阵有什么特点?

3. 怎样从 G 的邻接矩阵求 $\bar{G}$ 的邻接矩阵?

5.6 带权图与最短路问题

当用一个抽象的图模拟某个实际问题时,我们希望将一些附加的信息赋给图的顶点或边,以供使用。例如,可以把城市的人口数赋给图中表示城市的顶点,还可以把两个城市之间公路的长度赋给图中表示公路的边,等等。抽象地,可以定义带权图。

定义 5.17 在图 $G = (V, E)$ 中,如果对 G 中每个顶点 v 都定义了一个实数 $f(e)$ 与之对应,则称 G 为顶点带权图,实数 $f(e)$ 称为顶点 v 的权。如果对 G 中每条边 e 都定义了一个实数 $w(e)$ 与之对应,则称 G 为边带权图,实数 $w(e)$ 称为边 e 的权。

一个图 G 的顶点和边可以同时带权,这时称 G 为顶点边带权图。权在不同的问题中可以有不同的意义。在许多应用问题中,带权图频繁出现,下面讨论一个著名的应用问题,就是最短路问题。很多实际问题都可以转化成最短路问题加以解决。

设 $G = (V, E)$ 是一个边带权图,每条边 $\{v_i, v_j\}$ 的权记为 $w(v_i, v_j)$;如果顶点 v_i 与 v_j 之间无边时,令 $w(v_i, v_j) = +\infty$。

定义 5.18 设 $G = (V, E)$ 是一个边带权图,路 P 中所有边对应的权之和称为路 P 的长

度,记作 $w(P)$。顶点 v_i 与 v_j 间长度最短的路称为 v_i 与 v_j 的最短路,该路的长度称为顶点 v_i 与 v_j 的距离,记作 $d(v_i, v_j)$,即

$$d(v_i, v_j) = \begin{cases} 0 & (v_i = v_j) \\ \min\{w(P) \mid P \text{ 为 } v_i \text{ 与 } v_j \text{ 间的路}\} & (v_i \text{ 与 } v_j \text{ 间有路}) \\ +\infty & (v_i \text{ 与 } v_j \text{ 间没有路}) \end{cases}$$

所谓最短路问题就是在一个边带权图中,找一条从顶点 a(称为源点)到另一个顶点 b 的最短路。

1959 年,迪杰斯特拉(E. W. Dijkstra)提出了求边带权图的最短路算法,这个算法至今仍是求解这个问题的最好算法,它可以求出从给顶点定到其他每个顶点的最短路及其距离。算法步骤为:

设边带权图 $G = (V, E)$ 有 n 个顶点,权 $w(v_i, v_j) \geqslant 0$,源点为 a。

(1) 把 V 分成两个子集 S 和 T。初始时,$S = \{a\}$,$T = V \backslash S$。设 v 是 T 中一个顶点,用 $D(v)$ 表示从 a 到 v 但不包含 T 中其他顶点的最短路的长度。$D(v)$ 不一定是从 a 到 v 的距离,因为从 a 到 v 可能存在包含 T 中其他顶点的更短路。

(2) 对 T 中每一点 v 计算 $D(v)$,根据 $D(v)$ 值找出 T 中距 a 最短的节点 x,写出 a 到 x 的最短路的长度 $D(x)$。

(3) 置 S 为 $S \cup \{x\}$,置 T 为 $T \backslash \{x\}$,如果 $T = \varnothing$,则停止,否则重复(2)。

可以证明,如果 x 是 T 中满足 $D(x) = \min\limits_{v \in T}\{D(v)\}$ 的顶点,则 $D(v)$ 是从 a 到 x 的距离。

例 5.10 求图 5.23 中 v_1 到其他顶点的最短路及其距离。

解 初始置 $S = \{v_1\}$,$T = \{v_2, v_3, v_4, v_5, v_6\}$,$D(v_1) = 0$,$D(v_2) = 1$,$D(v_3) = 4$,$D(v_4) = D(v_5) = D(v_6) = +\infty$。

因为 $D(v_2) = 1$ 是 T 中的最小 D 值,所以置 $S = \{v_1, v_2\}$,$T = \{v_3, v_4, v_5, v_6\}$。

然后计算:$D(v_3) = \min\{4, 1+2\} = 3$

$D(v_4) = \min\{+\infty, 1+7\} = 8$

$D(v_5) = \min\{+\infty, 1+5\} = 6$

$D(v_6) = \min\{+\infty, +\infty\} = +\infty$

重复上述过程,直到 $T = \varnothing$ 为止,整个过程概括于表 5.1 中,v_1 到各点的最短路在图 5.23 中用粗线画出。

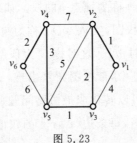

图 5.23

表 5.1

重复次数	S	v	$D(v)$	$D(v_2)$	$D(v_3)$	$D(v_4)$	$D(v_5)$	$D(v_6)$
初始	$\{v_1\}$	—	—	1	4	$+\infty$	$+\infty$	$+\infty$
1	$\{v_1,v_2\}$	v_2	1		3	8	6	$+\infty$
2	$\{v_1,v_2,v_3\}$	v_3	3			8	4	$+\infty$
3	$\{v_1,v_2,v_3,v_5\}$	v_5	4			7		10
4	$\{v_1,v_2,v_3,v_4,v_5\}$	v_4	7					9
5	$\{v_1,v_2,v_3,v_4,v_5,v_6\}$	v_6	9					

习 题

1. 求图 5.24 中顶点 s 到顶点 t 的最短路及距离。

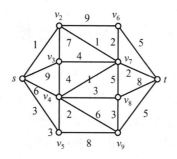

图 5.24

2. 一个图中最短圈的长度称为该图的围长，求图 5.25 中各图的围长。

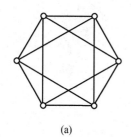
(a)

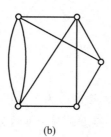
(b)

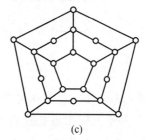
(c)

图 5.25

第6章

树

树是一种非常简单的图,树对图论本身是很重要的,树在不同的领域,特别是在计算机科学中具有更重要的应用。

本章首先研究树的数学性质,生成树及其应用,然后讨论割点和桥等概念。

6.1 树及其性质

定义 6.1 连通且无圈的无向图称为无向树,简称树。每个连通分支都是树的无向图称为森林。树中度数为 1 的顶点称为树叶,度数大于 1 的顶点称为分枝点。

仅有一个顶点的树称为平凡树。在图论中没有空图,所以也没有空树。

图 6.1(a) 所示是一棵树,(b) 所示是由三棵树组成的森林。

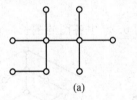

图 6.1

定理 6.1 任一非平凡树至少有两个度数为 1 的顶点。

证 非平凡树中最长路的两个端点就是两个度数为 1 的顶点。   证毕

定理 6.2 设 T 是一个 (n,m) 图,则以下命题是等价的。

(1) T 是无圈的连通图;

(2) T 是无圈图且 $m = n-1$;

(3) T 是连通图且 $m = n-1$;

(4) T 是无圈图,且在 T 的任意两个不邻接的顶点之间添加一条边恰得到一个圈;

(5) T 是连通图,但删去任何一条边后,便不连通;

(6) T 的每一对顶点之间有一条且仅有一条路。

证 (1) $\Rightarrow$ (2)。用数学归纳法证明,施归纳于 n。

当 $n = 2$ 时,显然结论成立。

假设当 $n = k$ 时,结论成立。

当 $n = k+1$ 时,由于 T 为无圈连通图,因此 T 中至少有一个度数为 1 的顶点 v。在 T 中

删去 v 及其关联边,便得到 k 个顶点的无圈连通图,由归纳假设知它有 $k-1$ 条边。再将顶点 v 及其关联边加回得到 T,T 中就有 k 条边,即 $m=n-1$。

(2)$\Rightarrow$(3)。用反证法。假设 T 不连通且有 k 个连通分支 $T_1,T_2,\cdots,T_k(k\geqslant 2)$,其顶点数分别为 $n_1,n_2,\cdots,n_k$,显然 $n=n_1+n_2+\cdots+n_k$。由于每个连通分支是无圈连通图,则每个连通分支 T_i 中就有 n_i-1 条边,所以 $m=(n_1-1)+(n_2-1)+\cdots+(n_k-1)=n-k<n-1$,矛盾。所以 T 是连通图。

(3)$\Rightarrow$(4)。首先证明 T 是无圈的。用数学归纳法证明,施归纳于 n。

当 $n=2$ 时,因为 T 是连通无向图,所以 $m=1$,显然 T 是无圈的。

假设当 $n=k-1$ 时,结论成立。

当 $n=k$ 时,因为 T 是连通的,所以每个顶点的度数 $\geqslant 1$。可以证明,T 中至少存在一个顶点 v,满足 $\deg(v)=1$。否则,所有顶点的度数 $\geqslant 2$,总度数 $=2m\geqslant 2k$,此时 T 中至少有 k 条边,与前提条件 $m=n-1$ 矛盾。删去 v 及其关联边,得到 $k-1$ 个顶点的连通图,由归纳假设知,它是无圈的。再将顶点 v 用其关联边加回到 T,T 也是无圈的。

其次,如果在连通图 T 的任意两个不邻接的顶点之间添加一条边,记为 $\{v_i,v_j\}$,则该边与 T 中 v_i 与 v_j 间的路构成一个圈,该圈必是唯一的,否则,删去该边 $\{v_i,v_j\}$ 后,T 中仍有圈,从而导致矛盾。

(4)$\Rightarrow$(5)。假设 T 不连通,则存在顶点 v_i 和 v_j,使 v_i 与 v_j 间没有路。显然,如果在 T 中加一边 $\{v_i,v_j\}$,也不会产生圈,与题设矛盾,因此 T 是连通的。又因 T 中无圈,故删去任一边,便不连通。

(5)$\Rightarrow$(6)。因 T 是连通的,每一对顶点之间必有一条路。假设某两个顶点之间有多于一条路,则 T 中必含有圈,删去该圈上任何一条边,T 仍连通,矛盾,因此 T 的每一对顶点之间有一条且仅有一条路。

(6)$\Rightarrow$(1)。显然 T 连通。假设 T 中有圈,则圈上任何两点之间有两条路,矛盾,因此 T 中无圈。

证毕

定义 6.2 设 $G=(V,E)$ 是连通图,$v\in V$,$e(v)=\max\limits_{u\in V}\{d(v,u)\}$ 称为 v 在 G 中的偏心率。$r(G)=\min\limits_{v\in V}\{e(v)\}$ 称为 G 的半径。满足 $r(G)=e(v)$ 的顶点 v 称为 G 的中心点。G 的所有中心点组成的集合称为 G 的中心,记为 $C(G)$。

定理 6.3 每棵树的中心或含有一个顶点,或含有两个邻接的顶点。

证 显然,对有一个顶点的树 T_1 和有两个顶点的树 T_2,定理成立。

设 T 是一棵树,T' 是从 T 中去掉度为 1 的顶点所得到的树。易见,顶点 u 到 T 的其他各顶点 v 的距离中仅当 v 的度为 1 时才可能达到最大值。所以 T' 中每个顶点的偏心率比该点在 T 中的偏心率少 1,因此,T 与 T' 有相同的中心。重复地去掉度为 1 的顶点,得到一些与 T 有相同中心的树。由于 T 仅有有限个顶点,所以最后必得到 T_1 或 T_2。因此,任何树的中心或由一个顶点组成,或由两个邻接的顶点组成。

证毕

习 题

1. 分别画出具有 4、5、6 个顶点的树(同构的只算一个)。

2. (1) 一棵无向树有 n_i 个顶点的度数为 $i(i=1,2,\cdots,k)$,其中 $n_2,n_3,\cdots,n_k$ 已知,问 n_1 应为多少?

(2) 在(1)中,如果 $n_r(3\leqslant r\leqslant k)$ 未知,$n_j(j\neq r)$ 均为已知,问 n_r 应为多少?

3. 证明:每棵非平凡树是偶图。

4. 设 $d_1,d_2,d_3,\cdots,d_n$ 是 n 个正整数,且 $\sum_{i=1}^{n}d_i=2n-2$,证明:存在一棵顶点度数为 d_1, $d_2,d_3,\cdots,d_n$ 的树。

5. 如果 G 是 n 个顶点,k 个连通分图的森林,证明:G 有 $n-k$ 条边。

6. 设 T 为树,且 $\Delta(T)\geqslant k$,证明:T 中至少有 k 个度数为 1 的顶点。

6.2 生成树

定义 6.3 如果图 G 的生成子图 T 是树,称 T 为 G 的生成树。T 中的边称为树枝,G 的不在 T 中的边称为 T 的弦。

一个图的生成树未必唯一。例如,在图 6.2 中,(b) 和 (c) 都是 (a) 的生成树。

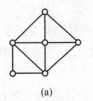
(a)
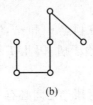
(b)
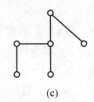
(c)

图 6.2

显然,如果图 G 有生成树,则 G 是连通的,而不连通图没有生成树。那么,连通图必有生成树吗?答案是肯定的。

定理 6.4 G 是连通图当且仅当 G 有生成树。

证 如果 G 有生成树,因为生成树是连通图,所以 G 是连通图。

设 G 是连通图,如果 G 无圈,则 G 本身就是生成树;如果 G 中有圈,则去掉圈上的任意一条边,得到 G 的一个生成子图 G_1。如果 G_1 无圈,则 G_1 就是 G 的生成树;如果 G_1 中有圈,则重复上述过程,去掉 G_1 中圈上的任意一条边,得到 G 的一个生成子图 G_2。如此进行,由于 G 仅有有限个圈,所以经过有限步后,必得到一个没有圈的生成子图 G_k,G_k 就是 G 的生成树。

证毕

定理 6.4 的证明给出了一种求连通图的生成树的方法,称为"破圈法"。但是,这种方法只能求出一棵生成树。一个连通图可能有不止一棵生成树。于是,怎样求出连通图的所有生成树是一个复杂的问题。

推论 6.1 设连通图 G 是一个 (n,m) 图,则 $m\geqslant n-1$。

显然,如果 G 是一个 (n,m) 连通图,T 是 G 的生成树,则 T 有 $n-1$ 条树枝,$m-n+1$ 条弦。如果 e 是 T 的一条弦,则 $T+e$ 中有唯一的一个圈,这个圈称为 G 的相对于生成树 T 的基本圈。G 相对于生成树 T 有 $m-n+1$ 个基本圈,这些基本圈构成生成树 T 的基本圈系统。

定理 6.5 设 $G=(V,E)$ 是连通图，$T_1=(V,E_1)$ 和 $T_2=(V,E_2)$ 是 G 的两棵不同的生成树，如果 $e_1 \in E_1 \setminus E_2$，则 $\exists e_2 \in E_2 \setminus E_1$，使得 $(T_1-e_1)+e_2$ 是 G 的生成树。

证 在 T_1-e_1 中，恰有两个连通分支，设这两个连通分支为 $G_1=(V_1,F_1)$ 和 $G_2=(V_2,F_2)$。对于 $\forall \{u,v\} \in E_2$，或 $u,v \in V_1$ 或 $u,v \in V_2$，或 $u \in V_1$ 且 $v \in V_2$。由于 $T_1 \neq T_2$，所以 $\exists e_2 = \{s,t\} \in E_2 \setminus E_1$，使得 $s \in V_1$ 且 $t \in V_2$。所以 $(T_1-e_1)+e_2$ 是 G 的生成树。

证毕

定义 6.4 如果图 G 的生成子图 F 是一个森林，则 F 称为 G 的一个生成森林。

显然任意图必有生成森林。

在生成树的应用中，往往提出如下问题：给定任一边带权连通图 G，求 G 的最小生成树。

定义 6.5 设 G 是一个边带权图，且每边 e 的权 $w(e)$ 都为非负实数。如果 T 是 G 的一棵生成树，T 中所有边的权之和称为生成树 T 的权，记为 $w(T)=\sum_{e \in T} w(e)$。具有最小权的生成树 T_0 称为 G 的最小生成树。

求图的最小生成树的实际意义可从下面的实际问题得知：在 n 个城市之间修建公路网，由于资金问题，目前只要求这个公路网是连通的。如果已知城市 c_i 与 c_j 之间修建公路的费用为 d_{ij}，则这个问题就是求图的最小生成树。在许多问题中，具有实际意义的，恰恰是最小生成树。因此，研究边带权图的最小生成树的有效算法，就显得十分重要。求边带权图的最小生成树的 Kruskal 算法如下：

输入：带权连通图 $G=(V,E)$，$V=\{1,2,\cdots,n\}$，$E=\{e'_1,e'_2,e'_3,\cdots\}$

输出：$G=(V,E)$ 的最小生成树 $T=(VT,ET)$

方法：

(1) $VT=V$；

(2) $ET=\varnothing$；

(3) 将 E 中的边按权由小到大排成一个序列：$e_1,e_2,e_3,\cdots$；

(4) $k=1$；

(5) 如果 $ET \cup \{e_k\}$ 导出的子图不包含圈，则 $ET \leftarrow ET \cup \{e_k\}$；

(6) 如果 $|ET| < n-1$，则 $k \leftarrow k+1$，转(5)，否则算法终止。

求边带权图的最小生成树的 Prim 算法如下：

输入：带权连通图 $G=(V,E)$，$V=\{1,2,\cdots,n\}$，$E=\{e'_1,e'_2,e'_3,\cdots\}$

输出：$G=(V,E)$ 的最小生成树 $T=(VT,ET)$

方法：

(1) $VT=\{1\}$；

(2) $ET=\varnothing$；

(3) 在 E 中取 $\{u,v\}$，使 $\{u,v\}$ 是 $u \in VT$ 而 $v \in V \setminus VT$ 的权最小的边；

(4) $VT \leftarrow VT \cup \{v\}$;

(5) $ET \leftarrow ET \cup \{e_k\}$;

(6) 如果 $VT \neq V$,则(3),否则算法终止。

在图 6.3 中,(b) 是按照上述算法求出的(a) 的最小生成树。

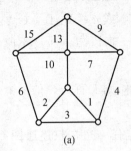
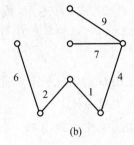

图 6.3

我们仅给出了 Kruskal 算法和 Prim 算法的概要,具体的细节涉及图的计算机表示、集合的表示,以及集合的操作等细节,对于两个算法是评价,即算法的时间复杂性和空间复杂性,这些都是数据结构与算法领域中着重讨论的问题。

习　　题

1. 设 G 是连通图,证明: G 的子图 G_1 是 G 的某棵生成树的子图,当且仅当 G_1 没有圈。

2. 证明:连通图的任一条边必是它的某个生成树的边。

3. 设带权连通图 G 的每条边均在 G 的某个圈上,证明:如果 G 的边 e 的权大于 G 的任意其他边的权,则 e 不在 G 的任一最小生成树上。

4. 在图 6.4 所示的两图中各求一棵最小生成树,并计算它们的权。

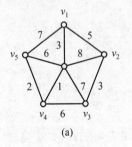
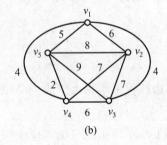

图 6.4

6.3　割点和桥

对于树 T,如果去掉任一度数大于 1 的顶点,便得到由几棵树组成的森林,而去掉任一条边也破坏了树的连通性。对于一个一般的图,有时也可以找到具有类似性质的顶点和边。

定义 6.6　设 G 是一个图,v 是 G 的一个顶点,如果 $G-v$ 的连通分支数大于 G 的连通分支数,则称 v 是 G 的一个割点。

定义 6.7　设 G 是一个图,x 是 G 的一条边,如果 $G-x$ 的连通分支数大于 G 的连通分支数,则称 x 是 G 的一个桥,或割边。

图 6.5 中,顶点 u 和 v 都是割点,其他顶点都不是割点,边 uv 是桥,其他边都不是桥。

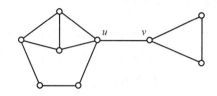

图 6.5

对于铁路和公路等交通图,割点和桥在军事、经济上有重要的意义。

显然有割点的图不是哈密顿图。而如果 uv 是桥且 $\deg(u) \geqslant 2$,则 u 是一个割点。割点和桥的概念和性质都很直观,下面介绍他们的一些特征性质。

定理 6.6　设 v 是连通图 $G=(V,E)$ 的一个顶点,则下列命题等价:

(1) v 是 G 的一个割点;

(2) 存在与 v 不同的两个顶点 u 和 w,使得 v 在 u 与 w 间的每条路上;

(3) 存在 $V \setminus \{v\}$ 的一个 2-划分 $\{U,W\}$,使得 $\forall u \in U, \forall w \in W$,$v$ 在 u 与 w 间的每条路上。

证　(1)$\Rightarrow$(3):设 v 是 G 的一个割点,则 $G-v$ 的连通分支数大于 G 的连通分支数,于是 $G-v$ 至少有两个连通分支。令 U 是 $G-v$ 的一个连通分支的顶点集,W 是其他各连通分支构成的 $G-v$ 的子图的顶点集。显然 $\{U,W\}$ 是 $V \setminus \{v\}$ 的一个 2-划分。对 $\forall u \in U, \forall w \in W$,$u$ 与 w 不在 $G-v$ 的同一个连通分支中,所以在 $G-v$ 中 u 与 w 没有路。而因为 G 是连通图,所以在 G 中 u 与 w 间有路。因此,在 G 中,v 必在 u 与 w 间的每条路上。

(3)$\Rightarrow$(2):(2) 是 (3) 的特例,所以 (3) 成立时 (2) 必成立。

(2)$\Rightarrow$(1):假设 (2) 成立,欲证 (1) 成立,只需证 $G-v$ 是不连通图。用反证法。假设 $G-v$ 连通,则在 $G-v$ 中至少有一条 u 与 w 间的路。于是 G 中有一条不过 v 的 u 与 w 间的路,这与 (2) 矛盾。所以 $G-v$ 是不连通图,从而 v 是 G 的一个割点。　　　证毕

定理 6.7　每个非平凡的连通图中至少有两个顶点不是割点。

证　每个非平凡的连通图必有生成树,非平凡的树至少有两个度数为 1 的顶点,它们就不是非平凡的连通图的割点。　　　证毕

定理 6.8　设 x 为连通图 $G=(V,E)$ 的边,则下列命题等价:

(1) x 是 G 的桥;

(2) x 不在 G 的任一圈上;

(3) 存在两个不同的顶点 u 和 w,使得 x 在 u 与 w 间的每条路上;

(4) 存在 V 的一个 2-划分 $\{U,W\}$,使得 $\forall u \in U, \forall w \in W$,$x$ 在 u 与 w 间的每条路上。

由桥的定义可证明这个定理，把它作为习题。

习　　题

1. 给出定理 6.8 的证明。

2. n 个顶点的图中，最多有多少个割点？

3. 证明：如果 v 是图 G 的一个割点，则 v 不是 G 的补图 $\overline{G}$ 的割点。

4. 有割点的连通图是否一定不是欧拉图？是否一定不是哈密尔顿图？有桥的连通图是否一定不是欧拉图？是否一定不是哈密尔顿图？

6.4　顶点连通度和边连通度

一个图是否连通是图的一个重要性质。本节引入图的顶点连通度和边连通度，由此刻画图的连通程度的大小。

树的每个度数大于 1 的顶点都是割点。一个具有割点的连通图，当去掉这个割点时，就产生了一个不连通图。对于一个没有割点的连通图，必须至少去掉两个顶点才有可能得到一个不连通图。于是，具有割点的连通图较没有割点的连通图的"连通程度"低。

类似地，树的每条边都是桥。一个具有桥的连通图，当去掉桥时，就产生了一个不连通图。对于一个没有桥的连通图，至少去掉两条边才有可能得到一个不连通图。从去掉边来获得不连通图的角度，有桥的连通图较没有桥的连通图的"连通程度"低。特别是，一棵非平凡树是一个有最少边的连通图。

在不同的应用中，图的顶点和边有不同的意义。在通讯网络中，通讯站是顶点，通讯线路是边，它们的失灵必危机系统的通讯，所以网络图的连通程度越高，网络越可靠。这种直观的想法，启发我们建立以下严格的概念。

定义 6.8　为了得到一个不连通图或平凡图所需从 G 中去掉的最少顶点的数目称为 G 的顶点连通度，简称 G 的连通度，记为 $\kappa(G)$。

我们希望每个图都有顶点连通度，但是，对于完全图 K_n，无论去掉那些顶点，都不会得到不连通图，当去掉 $n-1$ 个顶点时得到 K_1，K_1 是平凡图，为了使这样的图也有顶点连通度，在定义中加入了"为了得到平凡图所需从 G 中去掉的最少顶点的数目"这一条件。

定义 6.9　为了得到一个不连通图或平凡图所需从 G 中去掉的最少边的数目称为 G 的边连通度，记为 $\lambda(G)$。

显然，如果 G 不连通，则 $\kappa(G)=0,\lambda(G)=0$；如果 G 连通，则 $\kappa(G)\geqslant 1,\lambda(G)\geqslant 1$。如果 G 连通且有割点，则 $\kappa(G)=1$；如果 G 连通且有桥，则 $\lambda(G)=1$，如果 G 是非平凡树，则 $\lambda(G)=1$。$\kappa(K_1)=0,\lambda(K_1)=0,\kappa(K_n)=n-1,\lambda(K_n)=n-1$。

图的连通度、边连通度和最小度之间的关系为：

定理 6.9　对任一图 G，有 $\kappa(G)\leqslant \lambda(G)\leqslant \delta(G)$。

证　先证 $\lambda(G)\leqslant \delta(G)$。如果 $\delta(G)=0$，则 G 不连通，从而 $\lambda(G)=0,\lambda(G)=\delta(G)$；如

果 $\delta(G) > 0$，不妨设 $\deg(v) = \delta(G)$，从 G 中去掉与 v 关联的 $\delta(G)$ 条边，得到一个不连通图，其中 v 为孤立顶点，故 $\lambda(G) \leqslant \delta(G)$。因此，对任一图 G，有 $\lambda(G) \leqslant \delta(G)$。

其次证明 $\kappa(G) \leqslant \lambda(G)$。如果 G 是不连通的或平凡图，则 $\kappa(G) = \lambda(G) = 0$；设 G 是非平凡的连通图，如果 G 有桥 x，从 G 中去掉 x 的某个端点后便去掉边 x，得到不连通图或平凡图，则 $\kappa(G) = \lambda(G) = 1$；如果 G 没有桥，则 $\lambda(G) \geqslant 2$，必有 $\lambda(G)$ 条边存在，从 G 中去掉某些 $\lambda(G)$ 条边得到一个不连通图，然而去掉这 $\lambda(G)$ 条边的每一条边的某个端点后，至少去掉了这 $\lambda(G)$ 条边得到一个不连通图或平凡图，从而 $\kappa(G) \leqslant \lambda(G)$。因此，对任一图 G，有 $\kappa(G) \leqslant \lambda(G)$。

证毕

定义 6.10 设 G 是一个图，如果 $\kappa(G) \geqslant n$，则称 G 是 n-顶点连通的，简称 n-连通的；如果 $\lambda(G) \geqslant n$，则称 G 是 n-边连通的。

如果图 G 是 n-顶点连通的，则 $\kappa(G) = n$ 未必成立，但 $\kappa(G) \geqslant n$ 必成立。同理，如果图 G 是 n-边连通的，则 $\lambda(G) = n$ 未必成立，但 $\lambda(G) \geqslant n$ 必成立。显然，图 G 是 1-连通的，当且仅当 G 是连通的。

习 题

1. 构造一个图 G，使得 $\kappa(G) = 3, \lambda(G) = 4, \delta(G) = 5$。

2. 构造一个 (n, m) 图 G，使得 $\delta(G) = \left[\dfrac{n}{2} - 1\right], \lambda(G) < \delta(G)$。

3. G 是一个三次正则图，证明：$\kappa(G) = \lambda(G)$。

4. G 是一个 $r(r \geqslant 2)$ 正则图，且 $\kappa(G) = 1$。证明：$\lambda(G) \leqslant \left[\dfrac{r}{2}\right]$。

第 7 章

平面图与图的着色

在图论的理论研究和实际应用中,需要考虑一个图能否画在一个平面上,使得它的边仅在端点处有交点的问题。一个图能画在一个平面上使得它的边仅可能在端点处有交点,则这个图称为平面图。许多实际问题中,重要的是判断一个图是否是平面图。例如,在印刷电路的布线中,我们需要知道一个特定的电网络是否可以嵌入平面。由于当把地图上的国家用点表示,两个国家相邻就在相应点间连一条线,这样就得到了一个平面图。地图上每个国家涂一种颜色,相邻国家染色不同,这就引出图的顶点着色问题。

本章讨论平面图的欧拉公式,以及由它推出的平面图的一些性质,并讨论图的顶点着色及几个简单性质。

7.1 平面图及其欧拉公式

一个图可以用它的图解来表示,我们可以把一个图的图解看成是这个图本身。但对一个给定的图,其图解的画法并不唯一,即从几何图形上看可以不一样。本章将讨论这样一类图,其图解画在一个平面上时,有一种画法能使它的边仅可能在端点处相交,这就是平面图。

在图论的许多实际应用中,顶点和边往往具有某些具体的意义,由于实际问题的需要,要求边不能在内部相交。例如图 7.1(a) 中的 $K_{3,3}$ 表示了一个著名的公共事业问题,顶点 x, y, z 表示三座房子,顶点 a, b, c 表示三个公用事业设备,边表示连接每座房子与每个公用事业设备的地下管道。为了安全起见,要求这些管道不能直接交叉接触。图 7.2(a) 显然不是一个好的设计方案。实际上能够达到工程设计要求吗?这就提出了这个图是否是平面图的问题。

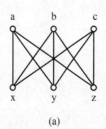
(a)
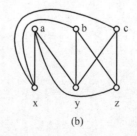
(b)

图 7.1

定义 7.1 设 G 是一个图，如果 G 的图解在平面上，使得任何两条边除了端点外没有其他的交点，则称 G 是一个平面图，称 G 在平面上的图解为 G 的一个平面嵌入。

由图 7.1(b) 可见，$K_{3,3}$ 不是平面图，这说明实际上工程设计要求是达不到的。有些图的某种图解表示可能有相交的边，但此时不能肯定它不是平面图。例如图 7.2(a)，有几条边除了端点外还有其他的交点，但如果将它表示成 (b) 或 (c)，则可以看出它是一个平面图，从而可以看出一个平面图的平面嵌入不唯一。

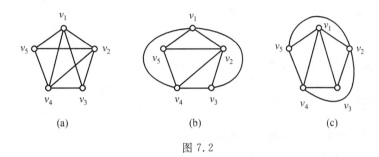

图 7.2

定义 7.2 在平面图 G 的一个平面嵌入中，所有边将所在平面划分成了若干个区域，每个区域称为 G 的一个面，其中无界的面称为外部面，其余的面称为内部面。包围每个面的边所构成的回路称为该面的边界。

显然，平面图 G 的每个内部面都是 G 的某个圈围成的单连通区域。一个平面图可以没有内部面，但必有外部面，例如，树作为平面图就没有内部面，只有外部面。例如，图 7.2(b) 中共有 6 个面，其中有 5 个内部面、1 个外部面。

平面图这个论题是欧拉在研究多面体时发现的。欧拉发现，一个具有 V 个顶点 E 条棱 F 个面的球形多面体有关系式 $V+E-F=2$。这就是欧拉凸多面体公式。想象一个用橡皮做的凸多面体，撕开一个面，经拉伸后铺在一个平面上形成一个连通平面图。下面给出连通平面图的欧拉公式。

定理 7.1（欧拉公式） 设在连通平面图 G 中有 n 个顶点 m 条边和 f 个面，则 $n-m+f=2$。

证 用数学归纳法证明，施归纳于 m。

当 $m=0$ 时，G 只有一个孤立顶点，此时 $n=1, f=1$，欧拉公式成立。

当 $m=1$ 时，G 为连通平面图，此时 $n=2, f=1$，欧拉公式成立。

假设当 $m=k-1(k \geqslant 2)$ 时，欧拉公式成立。

当 $m=k$ 时，如果 G 中有一个 1 度顶点，则删去该点及其关联边，便得到一个连通平面图 G'，G' 中的边数 $m'=k-1$，根据归纳假设 G' 满足欧拉公式，将删去的顶点和边加到 G' 后得到 G 时，只有顶点数和边数增加 1，而面数不变，所以 G 仍满足欧拉公式；如果 G 中没有度数为 1 的顶点，则图中每条边都必在两个面的边界上，删去任意一条边，会使两个面合为一个面，便得到一个连通平面图 G'，G' 中的边数 $m'=k-1$，根据归纳假设 G' 满足欧拉公式，再将删去的边加到 G' 后得到 G 时，只有边数和面数增加 1，而顶点数不变，所以 G 仍满足欧拉公式。

证毕

推论 7.1 在 n 个顶点 m 条边的连通平面图 G 中,有 $m \leq 3n-6$。

证 因为 G 是连通平面图,所以 G 中每个面由至少 3 条边围成,k 个面的边界边数之和大于 $3k$(这里边界边数包括重复计算的在内)。又因为每条边都是两个面的公共边,所以 k 个面的边界边数之和等于 $2m$,所以 $2m \geq 3k$,得 $\frac{2m}{3} \geq k$。

根据欧拉公式 $n-m+k=2$ 得 $n-m+\frac{2m}{3} \geq 2$,因此 $m \leq 3n-6$。 证毕

推论 7.2 在 n 个顶点 m 条边的连通平面图 G 中,如果每个面由至少 4 条边围成,则 $m \leq 2n-4$。

证 类似推论 7.1 证得不等式 $2m \geq 4k$,即 $\frac{m}{2} \geq k$。

由欧拉公式得 $n-m+\frac{m}{2} \geq 2$,因此 $m \leq 2n-4$。 证毕

推论 7.3 K_5 和 $K_{3,3}$ 都不是平面图。

证 在 K_5 中,有 5 个顶点 10 条边,每个面由 3 条边围成,$m=10 > 3n-6=9$,由推论 7.1 知,K_5 不是平面图。

在 $K_{3,3}$ 中,有 6 个顶点 9 条边,每个面由 4 条边围成,$m=9 > 2n-4=8$,由推论 7.2 知,$K_{3,3}$ 不是平面图。 证毕

推论 7.4 设 $G=(V,E)$ 是一个连通平面图,则 G 中至少存在一个顶点 v,使 $\deg(v) \leq 5$。

证 用反证法。假设 $\forall v \in V, \deg(v) \geq 6$。由推论 7.1 知 $m \leq 3n-6$。所以 $6n-12 \geq 2m = \sum_{v \in V} \deg(v) \geq 6n$,矛盾。因此,$G$ 中至少存在一个顶点 v,使 $\deg(v) \leq 5$。 证毕

习　题

1. 证明:在 n 个顶点 m 条边的连通平面图 G 中,如果每个面至少由 $k(k \geq 3)$ 条边围成,则 $m \leq \frac{k(n-2)}{k-2}$。

2. 设 G 是顶点数 $n \geq 11$ 的图,证明:G 或 $\bar{G}$ 不是平面图。

3. 设平面图 G 中顶点数 $n=7$,边数 $m=15$,证明:G 是连通的。

4. 证明:在 6 个顶点 12 条边的连通简单平面图 G 中,每个面由 3 条边围成。

5. 设 G 是顶点数 $n \geq 4$ 的平面图,证明:G 中有 4 个度数不超过 5 的顶点。

7.2　库拉托夫斯基定理

平面性是图的一个重要性质,所以判断一个图是不是平面图就尤为重要。对于一个图是平面图的充分必要条件的研究曾经持续了几十年,1930 年,库拉托夫斯基(K. Kuratowski)给出了平面图的一个非常简单的特征。

我们已经证明 K_5 和 $K_{3,3}$ 不是平面图,而 K_5 和 $K_{3,3}$ 的每个真子图都是平面图。显然,

平面图的每个子图都是平面图。因此，平面图中不含有 K_5 和 $K_{3,3}$。

在给定图 G 的边上，插入一个新的 2 度顶点，使一条边分成两条边，或者对于关联于 2 度顶点的两条边，去掉这个 2 度顶点，使两条边化成一条边，这都不会影响图的平面性。例如，图 7.3(a) 所示为 2 度点的消去，(b) 所示为 2 度点的插入。

定义 7.3 设 G_1 和 G_2 是两个图，如果它们是同构的，或者通过反复插入和（或）消去 2 度顶点后同构，则称 G_1 与 G_2 同胚。

例如，两个圈是同胚的，图 7.4 与 K_4 同胚。

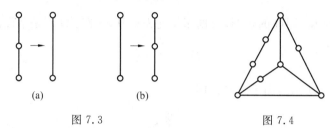

图 7.3   图 7.4

例 7.1 设 G_1 是一个 (n_1,m_1) 图，G_2 是一个 (n_2,m_2) 图，证明：如果 G_1 与 G_2 同胚，则 $m_1 - n_1 = m_2 - n_2$。

证 因为在图中插入一个 2 度点，则顶点数增加 1，边数也增加 1，而消去一个 2 度点，则顶点数减少 1，边数也减少 1。所以，对于 2 度点的操作，顶点数的变化等于边数的变化，记为 $\Delta m = \Delta n$。

根据同胚的定义，如果 G_1 与 G_2 同构，则 $n_1 = n_2, m_1 = m_2$，因此 $m_1 - n_1 = m_2 - n_2$。

如果 G_1 通过 2 度点操作后得到 G'_1 与 G_2 同构，则 $n'_1 = n_1 + \Delta n, m'_1 = m_1 + \Delta m, n'_1 = n_2, m'_1 = m_2$，且 $m'_1 - n'_1 = m_2 - n_2$，所以 $(m_1 + \Delta m) - (n_1 + \Delta n) = m_1 + \Delta m - n_1 - \Delta n$。因为 $\Delta m = \Delta n$，所以 $m_1 - n_1 = m_2 - n_2$。   证毕

定理 7.2（库拉托夫斯基定理） 一个图是平面图当且仅当它不含与 K_5 或 $K_{3,3}$ 同胚的子图。

由于这个定理的充分性的证明比较复杂，在此略去证明。

K_5 和 $K_{3,3}$ 常称作库拉托夫斯基图。显然，库拉托夫斯基定理给出了判断图的平面性的充分必要条件。

例 7.2 证明：如图 7.5 所示的图 G 不是平面图。

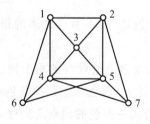

图 7.5

证 在 G 中去掉边 $\{4,6\}$ 和 $\{5,7\}$ 得到图 7.6(a) 所示的图 G_1。在 G_1 中去掉 2 度点 6 和 7，得到图 7.6(b) 所示的图 G_2，显然 G_2 是一个 K_5。

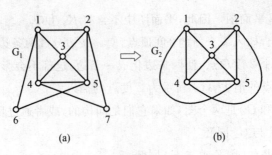

图 7.6

因此 G 含有与 K_5 同胚的子图，根据库拉托夫斯基定理得 G 不是平面图。   证毕

习　　题

1. 证明：图 7.7 所示的图不是平面图。

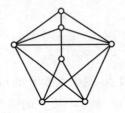

图 7.7

2. 证明：图 7.8 所示的四个图都是平面图。

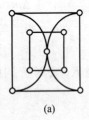 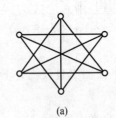 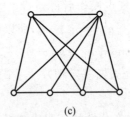 

(a)　　　　　　(a)　　　　　　(c)　　　　　　(d)

图 7.8

7.3　图的着色

图的着色有顶点着色和边着色之分，本节讨论图的顶点着色，其中色数是最重要的概念。

定义 7.4　图 G 的一种(顶点)着色是对 G 的每个顶点指定一种颜色，使得没有两个邻接的顶点有同一颜色。图 G 的一个 k-着色是用 k 种颜色对 G 的着色。

如果图 G 的顶点已着色，则着同一颜色的顶点之集称为 G 的一个色组，同一色组中的各顶点互不邻接，这样的顶点之集称为 G 的一个顶点独立集。一种着色法把 G 的顶点分成了若干个色组，这些色组形成了顶点集的一个划分。

定义 7.5　使 G 为 k-着色的最小正整数 k 称为图 G 的色数，记为 $\chi(G)$。如果 $\chi(G) \leqslant$

k,则称 G 是 k-可着色的。如果 $\chi(G)=k$,则称 G 是 k 色的。

显然,如果 G 是一个 (n,m) 图,则 $\chi(G) \leqslant n$。某些图的色数已经知道,例如,$\chi(K_n)=n$,$\chi(\overline{K_n})=1$,$\chi(K_{m,n})=2$。如果 G 是偶数个顶点的圈 C_{2n},则 $\chi(C_{2n})=2$,如果 G 是奇数个顶点的圈 C_{2n+1},则 $\chi(C_{2n+1})=3$。对任意非平凡树 T,$\chi(T)=2$。图 G 是 1 色的当且仅当 G 中没有边。

定理 7.3　一个图是可双色的当且仅当它没有奇数长的圈。

当 $k \geqslant 3$ 时,k-可着色图的特征还未找到。除了穷举法外,还不知道有什么求图的色数的有效方法。人们已经证明了判断一个图是否是 k-可着色图的问题是 NP 完全问题,它与许多问题之间可在多项式时间互相转化,每个问题的解都能在多项式时间加以验证。这是一个公开的未解决问题。

定理 7.4　设 G 是一个 (n,m) 图,则 G 是 $\Delta(G)+1$-可着色的。

证　用数学归纳法证明,施归纳于 n。

显然对 $n=1,2$,结论成立。

假设对 $n-1$ 个顶点的图结论成立。

下面证对 n 个顶点的图结论也成立。

设图 G 有 n 个顶点,v 是 G 的一个顶点,则 $G-v$ 有 $n-1$ 个顶点,它是 $\Delta(G-v)+1$-可着色的。由 $\Delta(G-v) \leqslant \Delta(G)$ 得,$\deg(v) \leqslant \Delta(G-v) \leqslant \Delta(G)$,所以在 G 中用不同于在 $G-v$ 中与 v 邻接的顶点的色对 v 着色,G 中其他顶点的着色同在 $G-v$ 中它们的着色,这就得到了 G 的 $\Delta(G)+1$ 着色。

因此,G 是 $\Delta(G)+1$-可着色的。　　　　　　　　　　　　　　　　　　　　　　证毕

定理 7.5(五色定理)　每个平面图是 5-可着色的。

证　设 G 是有 n 个顶点的平面图,用数学归纳法证明,施归纳于 n。

当 $n \leqslant 5$ 时,结论显然成立。

假设对一切 $n-1$ 个顶点的图都是 5-可着色的。

下面证对一切 n 个顶点的图也都是 5-可着色的。

当图 G 具有 n 个顶点时,由推论 7.4 知,G 中至少存在一个顶点 v_0 使 $\deg(v_0) \leqslant 5$。由归纳假设得 $G-v_0$ 是 5-可着色的,在给定 $G-v_0$ 的一种着色之后,将 v_0 及其关联边加回至原图中,得到图 G。有两种情况:$\deg(v_0) < 5$ 或 $\deg(v_0)=5$。

如果 $\deg(v_0) < 5$,则与 v_0 邻接的所有顶点的着色数小于 5。此时,只要选 5 种颜色中未被邻接顶点使用的颜色给 v_0 着色,就可使 G 是 5-可着色的。

如果 $\deg(v_0)=5$,则将与 v_0 邻接的 5 点依次记为 v_1,v_2,v_3,v_4,v_5,并且设顶点 v_i 着第 i 色,如图 7.9 所示。

称图 $G-v_0$ 中所有 1,3 色顶点为 1,3 集。所有 2,5 色顶点为 2,5 集。于是又有两种情况:

①v_1 和 v_3 之间不存在仅由 1,3 色顶点交替构成的通路,即 v_1 和 v_3 属于 1,3 集导出子图的两个不同分图中,如图 7.10 所示。

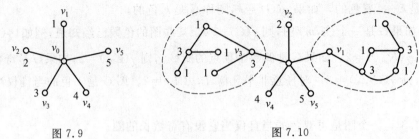

图 7.9 　　　　　　　　　图 7.10

此时，将 v_1 所在分图中的 1，3 色对调，$G-v_0$ 仍然是 5-可着色的。然后将 v_0 着上 1 色，就可使 G 是 5-可着色的。

② v_1 和 v_3 之间存在仅由 1，3 色点交替构成的通路 P，即 v_1 和 v_3 属于 1，3 集导出子图的同一分图中，这条通路加上 v_0，可构成一条回路 $C=v_0v_1Pv_3v_0$，如图 7.11 所示。

由于 C 可将 2，5 集分为两个子集，一个在 C 内，另一个在 C 外。于是 2，5 集的导出子图至少有两个分图。问题就可转化为 ① 的类型，对 2，5 集按 ① 的方法处理，就可使 G 是 5-可着色的。

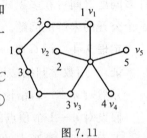

图 7.11

证毕

五色定理是 1890 年希伍德（Heawood）证明的，其方法是 1879 年肯普（Kemple）给出的四色猜想的错误证明中使用的方法——颜色互换技巧。虽然这种方法在证明四色猜想中失败了，但是它在图论的着色问题中被反复使用。

在图论中，最著名的问题是四色猜想，即在一个平面或球面上的任何地图能够只用四种颜色来着色，使得没有两个相邻的国家有同一种颜色。在这里，每个国家必须是一个单连通区域，两个国家相邻是指它们有一段公共边界线，不是只有一个公共点。

四色猜想　　每个平面图是 4-可着色的。

用通常数学方法证明四色猜想，至今仍未解决。1975 年，美国伊利诺伊大学教授阿普尔（K. Appel）、黑肯（W. Haken）和考齐（J. Koch）使用计算机证明了四色猜想是正确的。因此，现在也可以将它称为四色定理。

定理 7.6　　每个平面图是 4-可着色的。

习　　题

1. 给图 7.12 所示两个图进行顶点着色，问每个图的色数？
2. 证明：任何连通简单平面图 G 都是 6-可着色的。
3. 设 G 是不含 K_3 的连通平面图，证明：G 中存在顶点 v，使得 $\deg(v)\leqslant 3$。（提示：应用欧拉公式证明）
4. 设 G 是不含 K_3 的连通平面图，证明：G 是 4-可着色的。（提示：应用数学归纳法证明。事实上，可以证明 G 是 3-可着色的）

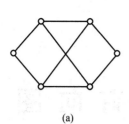 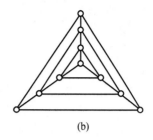

图 7.12

第 8 章 有向图

在第 5、6、7 章中讨论了无向图,无向图为包含一个对称二元关系的有穷系统提供了数学模型。但是在现实生活中,特别是一些工程科学中,往往出现一些包含非对称二元关系的有穷系统,这种有穷系统在工程中经常出现,从而引出了有向图的概念。

本章将讨论有向图的基本概念,主要强调那些与无向图不同的概念和性质。因此,本章重点讨论有向图的连通性、有序树,特别是在计算机科学中有广泛应用的二元树和判定树。

8.1 有向图的概念

定义 8.1 设 V 是一个非空有限集,$A \subseteq V \times V \setminus \{(u,u) \mid u \in V\}$,二元组 $D=(V,A)$ 称为一个有向图。V 称为顶点集,V 中的元素称为顶点,或结点,A 称为弧集或有向边集,A 中的元素称为弧或有向边。如果 $x=(u,v) \in A$,则称 x 为从 u 到 v 的弧,u 称为 x 的起点,v 称为 x 的终点,(u,v) 可记为 uv。

若 $x=(u,v)$ 和 $y=(v,u)$ 均为 A 的弧,则称 x 和 y 为一对对称弧。不含对称弧的有向图称为定向图。

与无向图类似,有向图可以用图解来表示,也可以用矩阵表示。有向图的图解的画法与无向图的图解的画法类似,即把有向图 D 的每个顶点在平面上用一个点或一个圆圈表示,在旁边写上顶点的名称,若 (u,v) 是 D 的一条弧,则在代表顶点 u 和 v 的两点间画一条由 u 指向 v 的矢线。

含有三个顶点三条弧的无标号的有向图的图解如图 8.1 所示,其中(a)和(b)是定向图,(c)和(d)不是定向图。

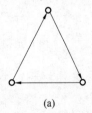 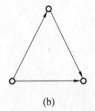 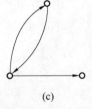 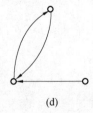

(a)　　　　　　　(b)　　　　　　　(c)　　　　　　　(d)

图 8.1

有向图中一个顶点到自身的弧称为环。两个顶点间多于一条方向相同的弧称为多重弧。因此有带环有向图、多重有向图和简单有向图,为叙述简单,以后所说的有向图都是指定义 8.1 所定义的简单有向图，在实际中遇到带环有向图或多重有向图时，只要将相应的概念和理论略加修改应用于带环有向图或多重有向图即可。

一个有向图 $D=(V,A)$ 实际上是非空有限集 V 以及 V 上的一个反自反的二元关系 A 组成的有限关系系统。这个二元关系 A 未必是对称的，所以必须区分边的方向。

定义 8.2 设 $D=(V,A)$ 是一个有向图，$D^T=(V,A^T)$ 称为 D 的反向图，其中
$$A^T=\{(v,u) \mid (u,v) \in A\}$$

当把 A 视为 V 上的二元关系时，A^T 就是 A 的逆关系 A^{-1}。图 8.2 给出了一个有向图 D 及其反向图 D^T 的图解。

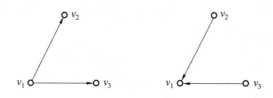

图 8.2

定义 8.3 设 $D=(V,A)$ 是一个有向图，$v \in V$，以 v 为终点的弧的数目称为 v 的入度，记为 $\mathrm{id}(v)$ 或 $\deg^-(v)$，以 v 为起点的弧的数目称为 v 的出度，记为 $\mathrm{od}(v)$ 或 $\deg^+(v)$。

显然，$\deg(v)=\mathrm{id}(v)+\mathrm{od}(v)$。

由于每条弧有一个起点和一个终点，所以所有顶点的入度之和等于所有顶点的出度之和，它们都等于有向图中弧的条数 m。于是可得到下述定理。

定理 8.1 设 $D=(V,A)$ 是一个有向图，$|A|=m$，则
$$\sum_{v\in V}\mathrm{id}(v)=\sum_{v\in V}\mathrm{od}(v)=m$$

从而
$$\sum_{v\in V}(\mathrm{id}(v)+\mathrm{od}(v))=2m$$

定义 8.4 有向图 $D=(V,A)$ 称为完全有向图，如果 $A=V\times V\setminus\{(u,u)\mid u\in V\}$。

于是，在完全有向图中，任两个不同顶点间均有一对对称弧。

图 8.3 所示为四个顶点的完全有向图。

定义 8.5 有向图 $D=(V,A)$ 的补图 D^c 是有向图 $D^c=(V,A^c)$，其中：$A^c=V\times V\setminus\{(u,u)\mid u\in V\}\setminus A$。

有向图 $D=(V,A)$ 的补图 D^c 的图解是以 V 为顶点集的完全有向图的图解去掉 D 中所有弧所得到的图解。

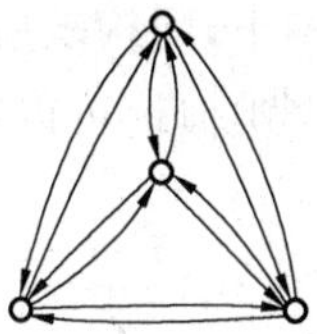

图 8.3

定义 8.6 设有向图 $D=(V,A)$ 的顶点集 $V=\{v_1,v_2,\cdots,v_n\}$，并且假定已排好了从顶点 v_1 到 v_n 的次序，$n\times n$ 矩阵 $\boldsymbol{B}=(b_{ij})$ 称为 D 的邻接矩阵，其中
$$b_{ij}=\begin{cases}1 & ((v_i,v_j)\in E)\\ 0 & ((v_i,v_j)\notin E)\end{cases}$$

图 8.4 所示有向图的邻接矩阵为

$$B = \begin{bmatrix} 0 & 1 & 0 & 0 \\ 0 & 0 & 1 & 1 \\ 0 & 1 & 0 & 1 \\ 1 & 0 & 0 & 0 \end{bmatrix}$$

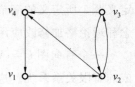

图 8.4

有向图 D 的邻接矩阵 B 包含了 D 的全部信息：D 的顶点数 n 就是 B 的阶；D 的边数 m 就是 B 中 1 的个数；D 的顶点 v_i 的出度 $\mathrm{od}(v_i)$ 等于 B 的第 i 行上 1 的个数；D 的顶点 v_i 的入度 $\mathrm{id}(v_i)$ 等于 B 的第 i 列上 1 的个数；B 对角线上的元素均为 0。D 的反向图 D^T 的邻接矩阵为 B^T。

定义 8.7 设有向图 $D = (V, A)$，其中 $V = \{v_1, v_2, \cdots, v_n\}$，$E = \{e_1, e_2, \cdots, e_m\}$，$n \times m$ 矩阵 $M = (m_{ij})$ 称为 D 的关联矩阵，其中

$$m_{ij} = \begin{cases} 1 & (v_i \text{ 是 } e_j \text{ 的起点}) \\ -1 & (v_i \text{ 是 } e_j \text{ 的终点}) \\ 0 & (v_i \text{ 与 } e_j \text{ 不关联}) \end{cases}$$

图 8.5 所示有向图的关联矩阵为

$$M = \begin{bmatrix} 1 & -1 & 0 & 0 & 0 \\ -1 & 0 & 1 & -1 & 1 \\ 0 & 0 & 0 & 0 & -1 \\ 0 & 1 & -1 & 1 & 0 \end{bmatrix}$$

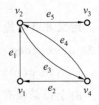

图 8.5

有向图的关联矩阵与邻接矩阵一样，也是有向图的一种矩阵表示。由于有向图中的每条弧关联两个顶点，一个是起点，另一个是终点，所以有向图的关联矩阵的每一列中仅有两个非 0 元素，一个是 1，另一个是 -1。有向图的顶点 v_i 的出度 $\mathrm{od}(v_i)$ 等于关联矩阵中第 i 行上 1 的个数，顶点 v_i 的入度 $\mathrm{id}(v_i)$ 等于关联矩阵中第 i 列上 -1 的个数。

定义 8.8 设 $D = (V, A)$ 和 $D' = (V', A')$ 是两个有向图，若存在从 V 到 V' 的双射 f，使得对 $\forall v_i, v_j \in V, (v_i, v_j) \in A$，当且仅当 $(f(v_i), f(v_j)) \in A'$，则称 D 与 D' 同构。在有向图中，同构映射不但应该保持顶点间的邻接关系，而且还应该保持边的方向。

类似地可以定义有向图的子图、生成子图、导出子图和带权有向图等概念。

习 题

1. 给出有向图的子图、生成子图和导出子图的定义。
2. 具有 n 个顶点的完全有向图中有多少条弧？
3. 试画出具有三个顶点的所有可能的有向图及它们的补图。
4. 判断图 8.6 中哪两个有向图是同构的。

8.2 有向路与有向圈

有向图与无向图的主要区别在于有向图的弧有方向，而无向图的边没有方向，这种区别

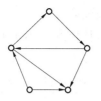 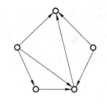 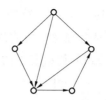

图 8.6

导致了有向图的某些概念与无向图的类似概念的差别,路、圈、连通图是无向图的重要的概念和性质,在有向图中也有类似的概念。

定义 8.9 设 $D=(V,A)$ 是一个有向图,一个点弧交替序列 $P=v_0x_1v_1x_2v_2\cdots x_mv_m$,满足 $x_i=(v_{i-1},v_i)$,则称 P 为从 v_0 到 v_m 的有向通道,简记为 $v_0v_1v_2\cdots v_m$,v_0 称为 P 的起点,v_m 称为 P 的终点。m 为通道的长度。当 $v_0=v_m$ 时,称 P 为有向闭通道。包含 D 的所有顶点的通道(闭通道)称为 D 的生成通道(闭通道)。

按定义,通道和闭通道上,顶点可以重复出现,弧也可以重复出现,其长度是按弧出现的次数计数弧的条数。

定义 8.10 若有向图中一条有向通道上的各弧互不相同,则称该通道为有向迹。若一条有向闭通道上的各弧互不相同则称该闭通道为有向闭迹。

定义 8.11 若有向图中一条有向通道上的各顶点互不相同,则称该通道为有向路。若一条有向闭通道上的各顶点互不相同则称该闭通道为有向圈或有向回路。

在图 8.7 中,$P_1=v_1v_5v_1v_5v_2v_3$ 是有向通道,但是它不是有向迹,也不是有向路;$P_2=v_1v_5v_2v_3v_4v_3$ 是有向迹,但不是有向路;$P_3=v_1v_5v_2v_3v_4$ 既是有向迹,又是有向路。$P_4=v_1v_5v_2v_1v_5v_1$,$P_5=v_1v_2v_1v_5v_1$,$P_6=v_1v_2v_3v_4v_5v_1$ 都是有向闭通道,但 P_4 既不是有向闭迹,又不是有向圈,P_5 是有向闭迹,但不是有向圈,P_6 既是有向闭迹,又是有向圈。

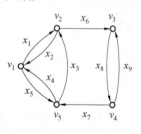

图 8.7

有向图 D 的两个顶点 u 与 v 间有一条有向通道,则这条有向通道就把这两个顶点连接起来,这种连接是有方向的。直观上,还有一种连接 u 与 v 的可能情况,即不考虑弧的方向时,u 与 v 间有一条无向通道,称之为弱通道。如果弱通道的起点和终点相同,则称该弱通道为闭弱通道。如果弱通道上的各顶点互不相同,则称该弱通道为弱路。如果闭弱通道上的各顶点互不相同,则称该闭弱通道为弱圈。

包含有向图 D 的所有顶点的有向圈称为 D 的生成有向圈。有生成有向圈的有向图称为哈密顿有向图,生成有向圈也叫有向哈密顿圈。类似地有生成有向路、有向哈密顿路等概念。

定理 8.2 设 $D=(V,A)$ 是一个有向图,B 是 D 的邻接矩阵,则 D 中从顶点 v_i 与顶点 v_j 的长度为 l 的有向通道的数目等于 B^l 的元素 $b_{ij}^{(l)}$ 的值。

证 类似于定理 5.11 的证明。

定义 8.12 设 $D=(V,A)$ 是一个有向图,$v_i,v_j\in V$,如果在 D 中存在从 v_i 到 v_j 的有

向路,则称从 v_i 到 v_j 可达。特别地,任何顶点 v_i 到自身是可达的。

有向图的可达性概念非常直观,从有向图的图解上看,从顶点 v_i 到 v_j 可达,就是从顶点 v_i 开始,必有一条路使得沿着弧的方向走便可走到 v_j。

定义 8.13 设有向图 $D=(V,A)$ 的顶点集 $V=\{v_1,v_2,\cdots,v_n\}$,$n \times n$ 矩阵 $P=(p_{ij})$ 称为 D 的可达矩阵,其中

$$p_{ij} = \begin{cases} 1 & (\text{从 } v_i \text{ 到 } v_j \text{ 可达}) \\ 0 & (\text{从 } v_i \text{ 到 } v_j \text{ 不可达}) \end{cases}$$

实际上,有向图 D 的邻接矩阵为 B,则 D 的可达矩阵为 $P = I \vee B \vee B^2 \vee \cdots \vee B^{n-1}$。

图 8.4 所示的有向图的邻接矩阵为

$$B = \begin{bmatrix} 0 & 1 & 0 & 0 \\ 0 & 0 & 1 & 1 \\ 0 & 1 & 0 & 1 \\ 1 & 0 & 0 & 0 \end{bmatrix}$$

则

$$B^2 = \begin{bmatrix} 0 & 0 & 1 & 1 \\ 1 & 1 & 0 & 1 \\ 1 & 0 & 1 & 1 \\ 0 & 1 & 0 & 0 \end{bmatrix} \quad B^3 = \begin{bmatrix} 1 & 1 & 0 & 1 \\ 1 & 1 & 1 & 1 \\ 1 & 1 & 0 & 1 \\ 0 & 0 & 1 & 1 \end{bmatrix}$$

可达矩阵为

$$P = I \vee B \vee B^2 \vee B^3 = \begin{bmatrix} 1 & 1 & 1 & 1 \\ 1 & 1 & 1 & 1 \\ 1 & 1 & 1 & 1 \\ 1 & 1 & 1 & 1 \end{bmatrix}$$

定义 8.14 在有向图 D 中,如果任意两个不同的顶点都是相互可达的,则称 D 是强连通的;如果任意两个不同的顶点,至少从一个顶点到另一个顶点是可达的,则称 D 是单向连通的;如果两个不同的顶点间有一条弱路,则称 D 是弱连通的,简称为连通的。

显然,强连通必是单向连通,单向连通必是弱连通,反之不成立。

在图 8.8 中,图(a)是弱连通的,但不是单向连通的,称为严格弱连通的;图(b)是单向连通的,但不是强连通的,称为严格单向连通的;图(c)是强连通的。

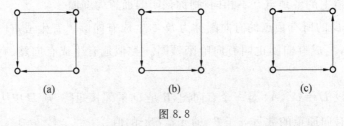

图 8.8

定义 8.15 设 D 是一个有向图,D 的极大强连通子图,称为 D 的强分图;D 的极大单向连通子图,称为 D 的单向分图;D 的极大弱连通子图,称为 D 的弱分图。

在图 8.9 中,强分图有 $\{v_1,v_2,v_3\}$,$\{v_4\}$,$\{v_5\}$ 和 $\{v_6\}$ 4 个,单向分图有 $\{v_1,v_2,v_3,v_4,v_5\}$ 和 $\{v_5,v_6\}$ 2 个,弱分图为图自身。

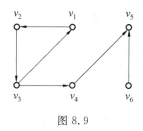

图 8.9

定理 8.3 有向图的每个顶点都恰处在一个强分图(弱分图)之中。

证 设 $D=(V,A)$ 是有向图,$\forall v \in V$,设 S 是 D 中所有与顶点 v 相互可达的顶点集合,当然 $v \in S$,显然 S 是 D 的一个强分图,因此 D 的每个顶点都处在一个强分图之中。

假设 v 处在两个不同的强分图 S_1 与 S_2 之中,因为 S_1 中每个顶点与 v 相互可达,而 v 还与 S_2 中每个顶点相互可达,所以 S_1 中每个顶点与 S_2 中每个顶点都可通过 v 相互可达,这与 S_1 为强分图矛盾。因此 D 的每个顶点仅处在一个强分图之中。 证毕

对于弱分图的情况可类似证明。

在有向图的许多实际应用中,一个有向图是否有向圈起决定性作用。

定理 8.4 一个没有有向圈的有向图中至少有一个出度为 0 的顶点。

证 设 D 是一个没有有向圈的有向图,考虑 D 中任一条最长的有向路 P 的最后顶点 v,则 $\mathrm{od}(v)=0$。因为如果 $\mathrm{od}(v) \neq 0$,则必有一个顶点 u,使得 $(v,u) \in A$。于是,如果 u 不在 P 上,则 $P+(v,u)$ 是比 P 更长的有向路,P 便不是最长的有向路,这与假设矛盾。如果 u 在 P 上,则 D 中有有向圈,这与定理的假设矛盾。因此 $\mathrm{od}(v)=0$。 证毕

定理 8.5 有向图中没有有向圈当且仅当它的每一条有向通道都是有向路。

证 设有向图 D 中没有有向圈,P 是 D 中的一条有向通道。如果 P 上有两个相同的顶点,则显然 D 中有有向圈,这与假设矛盾。因此 P 是一条有向路。

设 D 的每一条有向通道都是有向路,显然 D 中没有有向圈。 证毕

定理 8.6 有向图 $D=(V,A)$ 中有有向圈的充分必要条件是 D 有一个子图 $D_1=(V_1,A_1)$,使得 $\forall v \in V_1$,有 $\mathrm{id}(v)>0$ 且 $\mathrm{od}(v)>0$。

证 设有向图 $D=(V,A)$ 中有有向圈,显然 D 有一个子图 $D_1=(V_1,A_1)$,使得 $\forall v \in V_1$,有 $\mathrm{id}(v)>0$ 且 $\mathrm{od}(v)>0$。

设 $D_1=(V_1,A_1)$ 是 D 的一个子图,且 $\forall v \in V_1$,有 $\mathrm{id}(v)>0$ 且 $\mathrm{od}(v)>0$。设 P 是 D_1 中一条最长的有向路,不妨设 $P=v_1v_2\cdots v_k$。由于 $\forall v \in V_1$,有 $\mathrm{id}(v)>0$ 且 $\mathrm{od}(v)>0$,所以 P 上必有顶点 v_i,$i \neq k$,使得 $(v_k,v_i) \in A_1$,从而 $v_iv_{i+1}\cdots v_kv_i$ 是 D 中的一个有向圈。因此 D 中有有向圈。 证毕

定理 8.7 设 $D=(V,A)$ 是一个连通有向图,如果 $\forall v \in V$,有 $\mathrm{od}(v)=1$,则 D 中恰有一个有向圈。

证 由定理 8.6 的证明可知 D 中至少有一个有向圈。如果 D 中有两个不同的有向圈

C_1 与 C_2,则 C_1 与 C_2 必有公共的顶点。因为假如 C_1 与 C_2 没有公共顶点,则根据 D 是连通的,C_1 上的任一顶点与 C_2 上的任一顶点间必有一条弱路,于是 C_1 上或 C_2 上必有一顶点的出度至少为 2,或其他某顶点的出度至少为 2,这就出现了矛盾。其次,因为每个顶点的出度均为 1,所以 C_1 与 C_2 不能有唯一的公共顶点 v,否则 $od(v)>1$。于是 C_1 与 C_2 至少有两个公共顶点。当沿 C_1 的弧的方向前进时,最后一个公共顶点的出度至少为 2,这又出现了矛盾。因此 D 中有唯一的有向圈。 证毕

习　题

1. 求图 8.10 所示有向图的所有强分图、单向分图和弱分图。

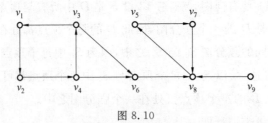

图 8.10

2. 求图 8.11 所示有向图的可达性矩阵和它的所有强分图。

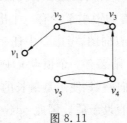

图 8.11

3. 设 D 是一个有 n 个顶点 m 条弧的有向图,证明:如果 D 是连通的,则 $n-1 \leqslant m \leqslant n(n-1)$。

4. 证明:有向图 D 是单向连通的当且仅当 D 有一条生成通道。

5. 设 D 是一个有 n 个顶点 m 条弧的强连通有向图,问 m 至少是多大?

6. 有向图 D 的邻接矩阵为 $\boldsymbol{B}$,证明:D 的可达矩阵为 $\boldsymbol{P} = \boldsymbol{I} \vee \boldsymbol{B} \vee \boldsymbol{B}^2 \vee \cdots \vee \boldsymbol{B}^{n-1}$。

8.3　有向树与有序树

定义 8.16　一个没有弱圈的弱连通的有向图称为有向树。如果一个有向图的每个连通分支是有向树,则称该有向图为有向森林。

一个有向树是这样的有向图,当去掉它的弧的方向时,得到的无向图是一棵无向树。因此,在有向树中,顶点数 n 和弧的条数 m 之间依然满足 $m=n-1$ 的关系。在计算机科学中广泛应用的是有根树、有序树。

定义 8.17　如果一棵有向树恰有一个顶点的入度为 0,其余所有顶点的入度均为 1,则称该有向树为有根树。其中入度为 0 的顶点称为树根,出度为 0 的顶点称为树叶,出度非零

的顶点称为分枝点或内顶点。

有根树的图解的画法，常常将根顶点画在上面，弧的方向朝下。

在图 8.12 中(a)和(b)为两棵有根树，(c)不是有向树，(d)是有向森林。

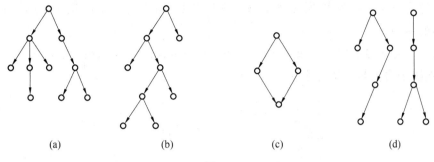

图 8.12

从有根树的定义可知，从树根到每个顶点都恰有一条有向路。

定义 8.18 有根树的反向树称为入树。

于是，入树是这样的没有弱圈的弱连通的有向图，它恰有一个顶点的出度为 0，其余所有顶点的出度均为 1，出度为 0 的顶点称为汇。例如，图 8.13 为一棵入树的图解。

定义 8.19 设 $D=(V,A)$ 是有根树，u,v,w 是有根树的顶点。如果 $(u,v) \in A$，则称 v 是 u 的儿子，而 u 是 v 的父亲，同一父亲的不同儿子称为兄弟。如果从 u 到 w 有有向路，则称 w 是 u 的子孙，而 u 是 w 的祖先。由顶点 u 和它的所有子孙导出的子图称为以 u 为根的子树。从树根到顶点 u 的有向路的长度称为顶点 u 的层数。从根到树叶的最大层数称为有根树的高。

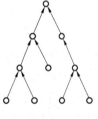

图 8.13

容易证明，有根树的任何子树必是有根树。

在图 8.14 中，v_0 是 v_1,v_2,v_3 的父亲，v_1,v_2,v_3 是 v_0 的 3 个儿子，他们是兄弟，位于第一层，v_2 是 v_{12} 的祖先，v_{17} 是 v_{12} 的子孙。树高为 7。

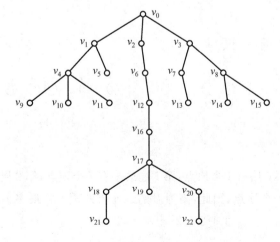

图 8.14

在许多实际应用中,往往需要将有根树的同层上的顶点排序,为此引入有序树的概念。

定义 8.20 如果将有根树每个顶点的儿子顶点都规定了次序,则称该有根树为有序树。如果一个有向图的每个连通分支是有序树,则称该有向图为有序森林。

在一棵有序树的图解中,总是规定每个顶点的儿子是从左向右依次排序的。有序树有各种各样的应用。

例 8.1 英语句子"The big elephant ate the peanut."的语法树可以用图 8.15 的图解表示,显然该语法树是一棵有序树。

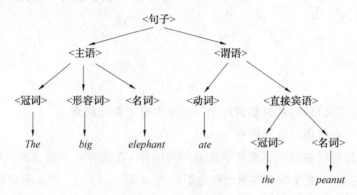

图 8.15

定义 8.21 设 T 为一棵有序树,如果 T 的每个顶点的出度 $\leqslant m$,则称 T 为 m 元有序树。一棵 m 元有序树 T 的每个顶点的出度不是 0 就是 m,则称 T 为正则 m 元有序树。

在 m 元有序树中,二元有序树是最重要的,二元有序树简称二元树。在二元树中,一个分枝点的儿子被区分为左儿子或右儿子,特别是一个分枝点只有一个儿子时也要指明它是左儿子还是右儿子。

例 8.2 算术表达式 $A*(B-C)-(C+D)/E$ 可以用图 8.16 的二元树表示。

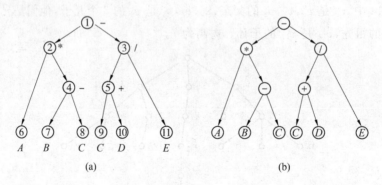

图 8.16

对一棵二元树,第 0 层有 1 个顶点,第 1 层最多有 2 个顶点,第 2 层最多有 2^2 个顶点。一般地,第 i 层最多有 2^i 个顶点,因此,高为 h 的二元树的顶点数最多为
$$1+2+2^2+\cdots+2^h=2^{h+1}-1$$

习 题

1. 设 T 是正则 m 元有序树,它有 n_0 个叶子,问它有多少条弧？

2. 设 T 是一棵二元树,它有 n_0 个叶子,n_2 个出度为 2 的顶点,证明:$n_0 = n_2 + 1$。

3. 从简单有向图的邻接矩阵,如何判定它是否为有根树？如果是,又如何判定它的树根和树叶？

4. 5 个点可以形成多少棵非同构的无向树？又可以形成多少棵有根树？

5. 用二元树表示下列算术表达式：

(1) $(A+B)*C$

(2) $A+B*C$

(3) $A*B-C/(D+E)$

(4) $A/B+(-C)/(D+E*F)$

8.4 判定树与比赛图

有序树的一个重要应用是判定。对于"八硬币问题"：设有八枚硬币 a,b,c,d,e,f,g,h,已知其中有一枚是假的,它的外表与真硬币一样,但是它的重量与真硬币不一样。试用天平称出哪枚硬币是假的,并指出假硬币比真硬币轻还是重。如果要求比较次数最少,怎样解决这个问题呢？为了解决这个问题,用 $x+y$ 表示把硬币 x 和 y 放在天平的一边,用 V 表示假硬币比真硬币重,用 L 表示假硬币比真硬币轻。

第一次取六枚硬币 a,b,c,d,e,f 进行测量,如果 $a+b+c < d+e+f$,则假硬币就在这六枚硬币中,g,h 为真硬币。第二步取这六枚硬币中的四枚 a,b,d,e 进行测量,如果 $a+d < b+e$,则 c,f 是真的,而且 b,d 也是真的,而 a 和 e 中有一个是假的。第三步取一枚真硬币,例如取 b,测量 b 和 a,若 $b=a$,则 e 是假的且 e 比真硬币重,否则 a 是假的且 a 比真硬币轻；如果 $a+d=b+e$,则 a,b,d,e 是真的,而 c 和 f 中有一个是假的。仿照上面的第三步,便可区分 c 和 f 中哪一个是假的,以及假硬币比真硬币轻还是重；如果 $a+d > b+e$,则情况与 $a+d < b+e$ 类似,也可以区分哪一枚硬币是假的,以及假硬币比真硬币轻还是重。

如果第一次测量时 $a+b+c > d+e+f$,则假硬币就在这六枚硬币中,找假硬币的过程与 $a+b+c < d+e+f$ 类似。

如果第一次测量时 $a+b+c = d+e+f$,则这六枚硬币都是真的,而 g 和 h 中有一个是假的。于是,取一枚真硬币与 g 比较,即可判断哪一枚硬币是假的。

上述过程可用图 8.17 的树表示出来,这棵树称为判定树。

这棵判定树的高度为 3,所以只要称 3 次就能找出哪一枚硬币是假的,并能指出假硬币比真硬币轻还是重。

判定树的另一个重要的应用是计算排序算法的速度,这将在数据结构课程中学习。

在给定的选手间进行循环赛时,每一对选手都互相比赛并产生一个胜利者,比赛没有平

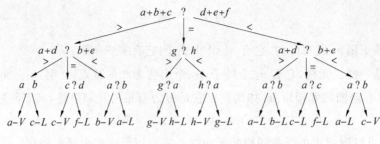

图 8.17

局。如果用点表示选手,对于每一对点,从胜者指向负者画一条弧,这就产生一个比赛图。于是

定义 8.22 一个比赛图是一个定向完全图,它的任何两顶点间有且仅有一条弧。

图 8.18 画出了所有 2 个、3 个和 4 个顶点的比赛图。

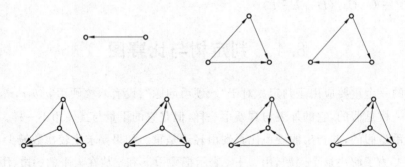

图 8.18

定理 8.8 每一个比赛图有条生成有向路。

证 设 $D=(V,A)$ 是一个有 n 个顶点的比赛图,令 $P=v_1v_2\cdots v_k$ 是 D 的一条最长的有向路。假设 $k<n$,则存在顶点 $v\in V$ 使 v 不在路 P 上。因为 D 是比赛图且 P 是最长路,所以 $(v,v_1)\notin A$ 且 $(v_k,v)\notin A$。于是,$(v_1,v)\in A$ 且 $(v,v_k)\in A$。令 v_i 是路 P 上从 v_1 到 v_k 的最后一个使得 $(v_i,v)\in A$ 的顶点,有 $1\leqslant i<k$。于是,$(v,v_{i+1}),\cdots,(v,v_k)$ 为 D 的弧。因此,$v_1v_2\cdots v_ivv_{i+1}\cdots v_k$ 是 D 的一条比 P 更长的有向路,这与 P 是 D 的一条最长的有向路矛盾。因此,$k=n$,即 D 的一条最长的有向路 P 是生成有向路。   **证毕**

于是,每个比赛图中必有哈密顿路。

习 题

1. 在编号为 $1,2,3,\cdots,12$ 的 12 枚硬币中仅有一枚是假的,它的外表与真硬币一样,但是它的重量与真硬币不一样。现有一个灵敏的天平,没有砝码,要求称量不超过 3 次,找出哪枚硬币是假的,并指出假硬币比真硬币轻还是重。(提示:分别对下述三种情况称量:(1)1,2,3,4 对 5,6,7,8;(2)1,2,3,5 对 4,9,10,11;(3)1,6,9,12 对 2,5,7,10)

2. 对比赛图的顶点数 n 进行归纳证明定理 8.8。

3. 叙述求比赛图中哈密顿路的一个好算法。

第三部分　近世代数

近世代数是相对于古典代数来说的。古典代数是 19 世纪上半叶以前的方程理论，它以方程为研究对象，以方程的根的计算和分布为研究中心。而近世代数则以研究数字、文字和更一般元素的代数运算规律和各种代数结构的性质为中心问题。

公认的近世代数的创始人是挪威数学家阿贝尔(N. Abel)和法国数学家伽罗瓦(E. Galois)。尽管 19 世纪 20~30 年代阿贝尔和伽罗瓦就开创了近世代数的研究，甚至 1770~1771 年间拉格朗日(J. Lagrange)就提出了群的概念，但这个理论系统完备地建立起来还是在 20 世纪，故称为近世代数。

近世代数所要研究的是一类特殊的数学结构——由集合上若干个运算组成的系统，通常称为代数系统。由于代数运算贯穿于任何数学理论和应用中，以及因为代数运算和其中元素的一般性，近世代数的研究在数学里是具有基本性的，它的方法和结果渗透到那些与它相近的各个不同的数学分支中，从而近世数学对于全部数学的发展有着显著的影响，成为现今数学的各个部分不可缺少的有力工具。不仅如此，近世代数学在其他一些科学领域中也有较直接的应用，特别是在计算机科学领域中有着更重大的影响。近世代数中的某些内容不但在计算机科学中有直接的应用，而且还成为这个年轻科学的理论基础之一。近世代数学作为代数系统的理论，其方法具有以下特点：

第一个特点就是采用集合论的记号。关于集合论中的一些基本概念及有关理论已经在第 1~4 章中讨论过。

第二个特点是对运算及运算规律的重视。在近世代数中，我们主要研究代数系统中的运算规律和性质，不关心运算对象究竟是什么、有什么属性，我们是在纯粹的形式下研究代数运算的，只从运算的观点来考虑代数系统中的元素,于是运算律有着特别的重要性。在初等代数中,像交换律、结合律、分配律是常用的运算律,在近世代数中,它们中的某些运算律将以公理形式加到运算上予以固定,并且它们是否成立将影响着整个代数系统的性质。因此,在近世代数中,我们将特别重视诸如交换律、结合律、分配律等是否成立,在运算中要自觉地使用运算律。

第三个特点是使用抽象化和公理化的方法。抽象化表现在:第一,运算对象是抽象的。正如前面所说,运算对象是些东西,但是并未说明它们究竟是些什么具体的东西,也不知道它们有些什么属性,所以我们称运算对象是些元素。第二,代数运算是抽象的,而且是用公理化的方法规定的。代数系统中的运算,我们只假定它是一个满足一些运算规律和性质的代数运算,它是以公理的形式规定的,至于究竟如何运算我们是不关心的,这样就避免了在研究中混杂有元素的特殊属性和运算的特殊性质,从而使结果具有广泛的应用性。这样,在具体问题中就允许我们对元素及运算进行具体解释,只要符合公理,就可以应用已有的研究结果。采用抽象化和公理化的方法使所得到的理论具有普遍性,而且还使论证确切和严格,从而保证结果是精确肯定的。

应该注意的是,在近世代数学中,是严格地遵从概念的含义和公理的形式进行推理和运算的,概念和公理是出发点。而且近世代数学中的一些名词术语是从算术、初等代数、初等数论中借用过来并加以推广的,它们既有原来的含义也有与之不同之处。因此,为了学好这部分内容,必须清楚地掌握每个概念,掌握基本的推理方法,学会运用概念和公理进行正确的逻辑推理,学会将抽象的理论和方法运用到具体的实际问题中去。

本部分的主要内容包括群、环与域、格与布尔代数。

第 9 章

群

代数系统是一类特殊的数学结构,它由集合及其上定义的若干个代数运算而组成系统,我们主要研究代数系统中代数运算的规律和性质,并且是在最纯粹的形式下研究代数运算。本章主要讨论代数运算的性质,以及一些具有特殊性质的代数系统,包括半群、幺半群、群、变换群和循环群,以及陪集、拉格朗日定理、正规子群、同态和同构的概念。

9.1 二元代数运算

在第 2 章已经给出了二元代数运算的定义,本节主要讨论二元代数运算的规律和性质。在此我们回顾一下二元代数运算的定义:设 A 是一个集合,一个从 $A \times A$ 到 A 的映射 φ 称为 A 上的一个二元代数运算。如果映射 φ 将 $A \times A$ 中的元素 (a,b) 映射至 A 中的元素 c 上,可表示为 $\varphi(a,b)=c$,而按代数运算的习惯表示为 $a\varphi b=c$。集合 A 上的抽象的二元代数运算常用符号"$*$"、"$\circ$"、"$\triangle$"等表示,并且称为乘法。这样二元代数运算的表示则为 $a*b=c$,并把 $a*b$ 叫做 a 与 b 的乘积。

定义 9.1 设 $*$ 是集合 A 上的二元代数运算,如果对于 $\forall x,y \in A$,都有 $x*y \in A$,则称 $*$ 在 A 上封闭。

按照二元代数运算的定义,运算的封闭性已蕴含在定义中。也就是说,我们定义的集合 A 上的二元代数运算都是在 A 上封闭的。但对于 A 的一个子集 $B \subseteq A$,该运算就不一定具有封闭性了。

定义 9.2 设 $*$ 为集合 A 上的一个二元代数运算,如果对于 $\forall x,y \in A$,有 $x*y=y*x$,则称 $*$ 满足交换律,或 $*$ 是可交换的。如果对于 $\forall x,y,z \in A$,有 $x*(y*z)=(x*y)*z$,则称 $*$ 满足结合律,或 $*$ 是可结合的。

例 9.1 设 $\mathbf{Q}$ 是有理数集合,$\triangle$ 是 $\mathbf{Q}$ 上的二元代数运算,$\forall a,b \in \mathbf{Q}, a \triangle b = a+b-ab$,问 $\triangle$ 是否满足交换律?

解 因为 $\forall a,b \in \mathbf{Q}$,有 $a \triangle b = a+b-ab = b+a-ba = b \triangle a$,所以 $\triangle$ 满足交换律。

例 9.2 设 A 是一个非空集合,$\triangle$ 是 A 上的二元代数运算,$\forall a,b \in A, a \triangle b = b$,证明:$\triangle$ 满足结合律。

证 $\forall a,b,c \in A$,有

$$(a \triangle b) \triangle c = b \triangle c = c, \quad a \triangle (b \triangle c) = a \triangle c = c$$

所以 $(a \triangle b) \triangle c = a \triangle (b \triangle c)$，因此 $\triangle$ 满足结合律。

定义 9.3 设 $*$ 为集合 A 上的一个二元代数运算，则称二元组 $(A, *)$ 为一个（具有一个代数运算的）代数系统。

类似地，可以有具有两个代数运算的代数系统，具有三个代数运算的代数系统等。在代数系统 $(A, *)$ 中，$*$ 赋以 A 的元素间一种代数结构。

定理 9.1 设 $(A, *)$ 是一个代数系统，如果二元代数运算 $*$ 满足结合律，则 $\forall a_i \in A$，$i=1,2,\cdots,n$，n 个元素 $a_1, a_2, \cdots, a_n$ 的乘积仅与这 n 个元素及其次序有关而唯一确定。

证 用数学归纳法，施归纳于 n。

当 $n=1,2$ 时结论显然成立。

当 $n=3$ 时，由结合律的定义保证了结论成立。

假设对 A 中任意小于 n 个元素结论成立，$k < n$。

下面证对 A 中任意 n 个元素 $a_1, a_2, \cdots, a_n$，结论成立。

对 $a_1, a_2, \cdots, a_n$ 这 n 个元素按次序无论用什么方法加括号确定计算方案，最后一步必是两个元素的乘积，不妨设为 $b_1 * b_2$。其中，b_1 必为前 k 个元素 $a_1, a_2, \cdots, a_k$ 之积，而 b_2 必为后 $n-k$ 个元素 $a_{k+1}, \cdots, a_n$ 之积。由归纳假设，有

$$b_1 * b_2 = (a_1 * a_2 * \cdots * a_k) * (a_{k+1} * \cdots * a_n) =$$
$$(a_1 * a_2 * \cdots * a_k) * ((a_{k+1} * \cdots * a_{n-1}) * a_n) = (a_1 * a_2 * \cdots * a_{n-1}) * a_n$$

这表明，$a_1, a_2, \cdots, a_n$ 这 n 个元素按此次序无论用什么方法加括号确定计算方案，计算的结果都等于 $(a_1 * a_2 * \cdots * a_{n-1}) * a_n$。因此，对 A 中任意 n 个元素 $a_1, a_2, \cdots, a_n$ 的乘积仅与这 n 个元素及其次序有关而唯一确定，结论成立。 证毕

同样，用数学归纳法可证定理 9.2。

定理 9.2 设 $(A, *)$ 是一个代数系统，如果二元代数运算 $*$ 满足交换律和结合律，则 $\forall a_i \in A$，$i=1,2,\cdots,n$，n 个元素 $a_1, a_2, \cdots, a_n$ 的乘积仅与这 n 个元素有关而与其次序无关。

定义 9.4 设 $*$ 和 $\circ$ 皆为集合 A 上的二元代数运算，对于 $\forall x, y, z \in A$，如果 $x * (y \circ z) = (x * y) \circ (x * z)$，则称 $*$ 对 $\circ$ 满足左分配律；如果 $(y \circ z) * x = (y * x) \circ (z * x)$，则称 $*$ 对 $\circ$ 满足右分配律。如果 $*$ 满足交换律，则左、右分配律合而为一，这时称 $*$ 对 $\circ$ 满足分配律。

例 9.3 整数集 $\mathbf{I}$ 上的通常加法（$+$）和乘法（$\times$），有 $\times$ 对 $+$ 满足分配律。

定义 9.5 设 $(A, *)$ 是一个代数系统，如果对于 $\forall x \in A$，都有 $x * x = x$，则称 $*$ 满足等幂律，或 $*$ 是等幂的。

如果存在 $x \in A$，使 $x * x = x$，称 x 为 $*$ 的等幂元。显然，$*$ 满足等幂律当且仅当 $\forall x \in A$ 有 x 为等幂元。

例 9.4 集合的 $\cap$，$\cup$ 运算均满足等幂律。

定义 9.6 设 $(A, *)$ 是一个代数系统，如果 A 中存在一个元素 e_l，对于 $\forall x \in A$，均有 $e_l * x = x$，则称 e_l 为 $*$ 在 A 中的左单位元。如果 A 中存在一个元素 e_r，对于 $\forall x \in A$，均有

$x*e_r=x$,则称 e_r 为 $*$ 在 A 中的右单位元。当一个元素 e 既是左单位元又是右单位元时,称其为单位元,或幺元。

定理 9.3 设 $(A,*)$ 是一个代数系统,如果 $*$ 具有左单位元 e_l 和右单位元 e_r,则 $e_l=e_r$,从而有单位元,且单位元是唯一的。

证 因为 e_l 为左单位元,所以 $e_l*e_r=e_r$。又因为 e_r 为右单位元,所以 $e_l*e_r=e_l$。所以 $e_l=e_r$。此时 $e_l=e_r$ 即为单位元,记为 e。

设 e' 也是 A 中关于 $*$ 的单位元,则 $e'=e'*e=e$,所以单位元是唯一的。 **证毕**

定义 9.7 设 $(A,*)$ 是一个代数系统,如果 A 中存在一个元素 z,对于 $\forall x \in A$,均有 $z*x=x*z=z$,则称 z 为零元。

定义 9.8 设 $(A,*)$ 是一个代数系统,e 是 $*$ 在 A 中的单位元,对于 $a \in A$,如果 $\exists b \in A$ 使得 $a*b=e$,则称 b 为 a 的右逆元,如果 $b*a=e$,则称 b 为 a 的左逆元。如果 b 既是 a 的左逆元,又是 a 的右逆元,则称 b 为 a 的逆元,记为 $a^{-1}=b$。

显然,如果 b 是 a 的逆元,则 a 也是 b 的逆元,因此称 a 与 b 互为逆元。

单位元、零元都是对代数运算而言的,而逆元是对元素而言的。元素有逆元的前提是代数运算有单位元。

例 9.5 考察代数系统 $(\mathbf{I},\times)$,因为 $\forall x \in \mathbf{I}$,有 $x \times 1=1 \times x=x$,所以 1 是单位元。因为 $\forall x \in \mathbf{I}$,有 $x \times 0=0 \times x=0$,所以 0 是零元。因为 $1 \times 1=1$,所以,$1^{-1}=1$,因为 $(-1) \times (-1)=1$,所以 $(-1)^{-1}=-1$,其余元素无逆元。

例 9.6 在代数系统 $(\mathbf{I},+)$ 中,单位元为 0,无零元,$\forall x \in \mathbf{I}, x^{-1}=-x$。

例 9.7 设 A 是一个非空集合,在代数系统 $(2^A,\bigcup)$ 中,单位元为 $\varnothing$,零元为 A,$\varnothing$ 的逆元为 $\varnothing$,其他元素无逆元。在代数系统 $(2^A,\bigcap)$ 中,单位元为 A,零元为 $\varnothing$。A 的逆元为 A,其他元素无逆元。

习　　题

1. 证明:如果 $*$ 是集合 S 上的满足交换律的二元代数运算,那么左单位元就是单位元,或右单位元就是单位元。

2. 整数集 $\mathbf{I}$ 上的二元代数运算 $*$ 为:$x*y=x+y-xy$,证明:$*$ 满足交换律和结合律,求出单位元,并指出每个元素的逆元。

3. 自然数集 $\mathbf{N}$ 上的二元代数运算 $*$ 为:$x*y=x$。证明:$*$ 不满足交换律但满足结合律。问 $*$ 有单位元吗?

4. 设 $*$ 为集合 A 上的满足结合律的二元代数运算,$\forall x,y \in A$,如果 $x*y=y*x$,则 $x=y$。证明:$*$ 满足等幂律。

9.2　半群和幺半群

首先研究的代数系统是半群和幺半群。幺半群在形式语言、自动机等领域中都有具体的应用。本节主要讨论半群、幺半群、子半群、子幺半群和循环半群、循环幺半群的概念和性质。

定义9.9 设 $*$ 是非空集合 S 上的二元代数运算。如果 $*$ 在 S 上满足结合律,即 $\forall x, y, z \in S, (x*y)*z = x*(y*z)$,则称集合 S 对运算 $*$ 形成一个半群,记为 $(S,*)$。

于是,半群就是具有满足结合律的二元代数运算的代数系统。在半群中,只要求它的二元代数运算满足结合律,并未要求它必须满足交换律。如果半群中的二元代数运算满足交换律,则称此半群为交换半群。

例9.8 整数集 $\mathbf{I}$ 对通常的加法运算构成一个半群 $(\mathbf{I},+)$,而且是交换半群;$\mathbf{I}$ 对通常的乘法运算也构成一个半群 $(\mathbf{I},\times)$,而且也是交换半群。$(\mathbf{I},\div)$ 不是半群,因为 $\div$ 不但不封闭,也不满足结合律。偶数集 E 对通常的加法构成一个交换半群 $(E,+)$,对通常的乘法运算也构成一个交换半群 $(E,\times)$。

例9.9 设 M_n 是 $n\times n$ 实矩阵之集,$+$ 是矩阵加法,$\cdot$ 是矩阵乘法,则 $(M_n,+)$ 是交换半群,$(M_n,\cdot)$ 是半群,但不是交换半群。

例9.10 所有 n 次置换之集 S_n 对置换乘法。构成一个半群 $(S_n,\circ)$,它是一个不可交换半群。由于 $|S_n|=n!$,所以,半群 $(S_n,\circ)$ 中仅有 $n!$ 个元素。

含有有限个元素的半群称为有限半群,否则称为无限半群。于是,$(S_n,\circ)$ 是有限半群,而 $(\mathbf{I},+)$、$(\mathbf{I},\times)$、$(E,+)$、$(E,\times)$、$(M_n,+)$、$(M_n,\cdot)$ 都是无限半群。

一般地,对任意正整数 k,必有一个恰好含有 k 个元素的半群。

例9.11 设 $N_k=\{[0],[1],\cdots,[k-1]\}$ 为自然数集 $\mathbf{N}$ 上的模 k 同余关系下的等价类之集,即

$$[i]=\{m\mid m\in\mathbf{N}, m\equiv i(\bmod k)\}$$

在 N_k 上定义加法运算 $(+)$ 如下:$\forall [i],[j]\in N_k, [i]+[j]=[i+j]$,于是 $+$ 是 N_k 上的二元代数运算,并且 $(N_k,+)$ 是一个半群。

实际上,$\forall x\in[i], y\in[j]$,有 $[x]=[i],[y]=[j],[x]+[y]=[i]+[j]$。所以 $[x+y]=[i+j]$。这表明 $+$ 的定义与 $[i],[j]$ 的具体表示无关,$+$ 是 N_k 上的二元代数运算。

因为 $\forall [i],[j],[l]\in N_k$,有 $([i]+[j])+[l]=[i+j+l]$ 且 $[i]+([j]+[l])=[i+j+l]$。所以 $([i]+[j])+[l]=[i]+([j]+[l])$。因此 $+$ 满足结合律,$(N_k,+)$ 是一个半群,它是含有 k 个元素的半群。

上述例子中,有些半群有单位元,有些半群没有单位元。例如,$(\mathbf{I},+)$ 的单位元是 0,$(\mathbf{I},\times)$ 的单位元是 1,$(S_n,\circ)$ 的单位元是 n 次恒等置换,$(N_k,+)$ 的单位元是 $[0]$,但是,$(E,\times)$ 没有单位元。

有单位元并不是半群固有的性质,在没有单位元的半群中可能有左单位元,或有右单位元,而且左单位元或右单位元也可能不止一个。

由定理9.3可得定理9.4。

定理9.4 如果半群中既有左单位元又有右单位元,则左单位元与右单位元相等,从而有单位元,且单位元是唯一的。

定义 9.10　有单位元的半群称为独异点,或幺半群。

在抽象地讨论幺半群时,其单位元常记为 e。为了突出幺半群 $(S,*)$ 中有单位元 e,就把幺半群记为 $(S,*,e)$。

例如,$(I,+)$、$(I,\times)$、$(E,+)$、$(S_n,\circ)$、$(N_k,+)$ 都是幺半群,而 $(E,\times)$ 不是幺半群。

例 9.12　一个非空有限集合 Σ 称为有限字母表,简称字母表。Σ 中的元素称为字母或符号。Σ 中的符号构成的有穷序列称为 Σ 上的符号行或字。空符号行是不含任何符号的符号行,记为 ε。Σ 上所有符号行构成的集合记为 Σ^*,Σ^* 在上定义二元代数运算"·",称为联结运算如下:$\forall \alpha,\beta \in \Sigma^*$,如果 $\alpha = a_1a_2\cdots a_m, \beta = b_1b_2\cdots b_n$,则 $\alpha \cdot \beta = a_1a_2\cdots a_mb_1b_2\cdots b_n$。$\alpha \cdot \beta$ 简记 $\alpha\beta$。

显然联结运算不满足交换律,但满足结合律,ε 是单位元。于是,$(\Sigma^*,\cdot,\varepsilon)$ 是一个幺半群。它在形式语言的代数理论研究中是最基本的。

如果 S 是有限集,则幺半群 $(S,*,e)$ 称为有限幺半群。通常 S 的基数称为幺半群 $(S,*,e)$ 的阶。

在幺半群 $(S,*,e)$ 中可以定义非负整数次幂的运算,$\forall a \in S$,有

$$a^0 = e; \quad a^{n+1} = a^n * a \quad (n \geqslant 0)$$

定理 9.5　设 $(S,*,e)$ 是幺半群,m,n 是任意的非负整数,则 $\forall a \in S$,有

$$a^m * a^n = a^{m+n}; \quad (a^m)^n = a^{mn}$$

如果 $(S,*,e)$ 是交换幺半群,则 $\forall a,b \in S$,有

$$(a*b)^n = a^n * b^n$$

由于幺半群中有单位元,所以某些元素可能有逆元。

定理 9.6　在幺半群 $(S,*,e)$ 中,如果元素 a 有左逆元和右逆元,则左、右逆元必相等,从而 a 有逆元,且逆元必唯一。

证　设幺半群 $(S,*,e)$ 中元素 a 的左逆元为 b_l,右逆元为 b_r,则

$$b_l * a * b_r = b_l * (a * b_r) = b_l * e = b_l$$
$$b_l * a * b_r = (b_l * a) * b_r = e * b_r = b_r$$

所以 $b_l = b_r$,它是 a 的逆元。

设 a 有两个逆元 b_1 和 b_2,则

$$b_1 * a * b_2 = b_1 * (a * b_2) = b_1 * e = b_1$$
$$b_1 * a * b_2 = (b_1 * a) * b_2 = e * b_2 = b_2$$

所以 $b_1 = b_2$,a 的逆元唯一。　　　　　　　　　　　　　　　　　　　　　　证毕

定义 9.11　每个元素都有逆元的幺半群称为群。

下节中将详细讨论群。

在研究各种代数系统时往往通过对某些子代数系统及一些子集的研究而达到对整个代数系统的研究,因此研究代数系统的子集的性质就显得十分重要。

定义 9.12　设 $(S,*)$ 是一个半群,$B \subseteq S$ 且 $*$ 在 B 上封闭,则 $(B,*)$ 亦是半群,称 $(B,*)$ 为 $(S,*)$ 的子半群,简称 B 是 S 的子半群。

定义 9.13 设 $(S,*,e)$ 是一个幺半群，$B \subseteq S$，如果 $e \in B$ 且 B 是 S 的子半群，则称 B 是 S 的子幺半群。

由子半群(子幺半群)的定义可知，当把 $*$ 限制在 B 上时，B 对 $*$ 构成一个半群(幺半群)，因此子半群(子幺半群)也是半群(幺半群)。

例 9.13 $(\mathbf{I},+)$ 是半群，也是幺半群，$(\mathbf{E},+)$ 是 $(\mathbf{I},+)$ 的子半群，也是子幺半群。$(\mathbf{I},\times)$ 是半群，也是幺半群，$(\mathbf{E},\times)$ 是 $(\mathbf{I},\times)$ 的子半群，但不是子幺半群。

定义 9.14 设 $(S,*)$ 是一个半群(幺半群)，如果 $\exists a \in A$，使得 $\forall x \in S$，有 $x=a^i$，则称 $(S,*)$ 是一个循环半群(幺半群)，a 称为生成元。

例 9.14 正整数集合 $\mathbf{I}_+$ 对普通的加法构成的半群 $(\mathbf{I}_+,+)$ 是由 1 生成的循环半群，自然数集合 $\mathbf{N}$ 对普通的加法构成的半群 $(\mathbf{N},+)$ 是由 1 生成的循环幺半群。

定理 9.7 循环半群(幺半群)必为交换半群(幺半群)。

证 设 $(S,*)$ 是一个循环半群，a 是它的生成元。对于 $\forall x,y \in S$，必 $\exists m,n \in \mathbf{N}$ 使 $x=a^m, y=a^n$。$x*y=a^m*a^n=a^{m+n}=a^{n+m}=a^n*a^m=y*x$，所以 $*$ 满足交换律，$(S,*)$ 为交换半群。 **证毕**

习　题

1. 设 $(S,*)$ 是一个半群，证明：对于 $a,b,c \in S$，如果 $a*c=c*a$ 且 $b*c=c*b$，则 $(a*b)*c=c*(a*b)$。

2. 设 $(\{a,b\},*)$ 是一个半群，且 $a*a=b$，证明：
   (1) $a*b=b*a$；
   (2) $b*b=b$。

3. 设 $(S,*)$ 是一个半群，且 $\forall a,b \in S$，如果 $a \neq b$，必有 $a*b \neq b*a$，证明：
   (1) $\forall a \in S, a*a=a$；
   (2) $\forall a,b \in S, a*b*a=a$；
   (3) $\forall a,b,c \in S, a*b*c=a*c$。

4. 证明：设 $(S,*)$ 是一个半群，$A \subseteq S, A \neq \varnothing$，则 S 的一切包含 A 的子半群的交集是 S 的子半群。

5. 证明：一个幺半群的任意多个子幺半群的交集仍是子幺半群。

9.3　群的定义和性质

在具有一种代数运算的代数系统中，最重要的是群，群是抽象代数中最古老且发展得最完善的代数系统。在计算机科学中，群是代码查错、纠错等各个方面研究的基础，本节给出群的定义，并讨论其性质。

在定义 9.11 中将群定义为每个元素都有逆元的幺半群。于是，我们有定义 9.15。

定义 9.15 设 G 是一个非空集合，$*$ 是 G 上的二元代数运算，如果：

(1) $*$ 在 G 上满足结合律;

(2) G 中有单位元;

(3) G 中的每个元素都有逆元。

则 $(G,*)$ 是一个群。

例 9.15 $(\mathbf{I},+)$ 是群,常称为整数加群,在这个群中,0 是单位元,$\forall x \in \mathbf{I}$,x 的逆元是 $-x$。同理,$(\mathbf{Q},+)$ 和 $(\mathbf{R},+)$ 均是群。$(\mathbf{N},+)$ 是幺半群,而不是群,因为虽然 $+$ 在 $\mathbf{N}$ 上满足结合律,$\mathbf{N}$ 中有单位元 0,0 的逆元是 0,但是除 0 外,其他元素均无逆元。

$(\mathbf{N},\times)$,$(\mathbf{I},\times)$,$(\mathbf{Q},\times)$,$(\mathbf{R},\times)$ 都是幺半群,它们中的 0 均无逆元,所以它们都不是群。但是,$(\mathbf{R}\backslash\{0\},\times)$ 是群。

由于群 $(G,*)$ 中的单位元是唯一的,每个元素的逆元是唯一的,所以可以在 G 中引入幂运算,$\forall a \in G$,有

$$a^0 = e, \quad a^{n+1} = a^n * a, \quad a^{-n} = (a^{-1})^n (n \geqslant 1)$$

显然,如果 $a \in G, m, n \in \mathbf{I}$,则

$$a^m * a^n = a^{m+n}; (a^m)^n = a^{mn}$$

群中的二元代数运算必须满足结合律,并未要求必须满足交换律。可是,在有些群中,二元代数运算满足交换律。

定义 9.16 二元代数运算满足交换律的群称为交换群,或阿贝尔(Abel)群。

$(\mathbf{I},+)$、$(\mathbf{Q},+)$ 和 $(\mathbf{R},+)$ 均是交换群。

定义 9.17 如果 G 是有限集,则群 $(G,*)$ 称为有限群。G 的基数称为群 $(G,*)$ 的阶。如果 G 是无限集,则群 $(G,*)$ 称为无限群。

例 9.16 半群 $(N_k,+)$ 的单位元是 $[0]$,任意元素 $[i] \in N_k$,$[i]^{-1} = [k-i]$,因此 $(N_k,+)$ 是群,而且是有限群,常称为模 k 同余类加群。

于是,对任意正整数 k,必有 k 阶有限群。

下面介绍群的一些简单性质。

定理 9.8 设 $(G,*)$ 是群,$\forall a, b \in G$,则

(1) $(a^{-1})^{-1} = a$;

(2) $(a*b)^{-1} = b^{-1} * a^{-1}$

证 由逆元素的定义显然有 $(a^{-1})^{-1} = a$。

因为 $(G,*)$ 是群,所以 $*$ 满足结合律,则

$$(a*b)*(b^{-1}*a^{-1}) = a*(b*b^{-1})*a^{-1} = a*e*a^{-1} = a*a^{-1} = e$$

$$(b^{-1}*a^{-1})*(a*b) = b^{-1}*(a^{-1}*a)*b = b^{-1}*e*b = b^{-1}*b = e$$

由逆元的定义得

$$(a*b)^{-1} = b^{-1}*a^{-1}$$

证毕

定理 9.9 设 $(G,*)$ 是群,$\forall a, b \in G$,则方程 $a*x = b$ 和 $y*a = b$ 均有唯一解。

证 因为 $(G,*)$ 是群,所以 $*$ 满足结合律。$\forall a, b \in G$,有

当 $x = a^{-1}*b$ 时,有 $a*x = b$,因此 $a^{-1}*b$ 是方程 $a*x = b$ 的解。

当 $y=b*a^{-1}$ 时,有 $y*a=b$,因此 $b*a^{-1}$ 是方程 $y*a=b$ 的解。

设 c 为 $a*x=b$ 的任意解,则 $a*c=b$,所以 $a^{-1}*a*c=a^{-1}*b$,即 $c=a^{-1}*b$,因此 $a*x=b$ 有唯一解。

类似地,设 d 为 $y*a=b$ 的任意解,则 $d*a=b$,所以 $d*a*a^{-1}=b*a^{-1}$,即 $d=b*a^{-1}$,因此 $y*a=b$ 有唯一解。 证毕

定理 9.10 设 $(G,*)$ 是群,则 $*$ 满足消去律,即 $\forall x,y,z \in G$,有
(1) 如果 $x*z=y*z$,则 $x=y$;
(2) 如果 $z*x=z*y$,则 $x=y$。

证 $\forall x,y,z \in G$,如果 $x*z=y*z$,两端同时右乘 z^{-1},得 $x*z*z^{-1}=y*z*z^{-1}$,所以 $x*e=y*e$,因此 $x=y$。

如果 $z*x=z*y$,两端同时左乘 z^{-1},得 $z^{-1}*z*x=z^{-1}*z*y$,所以 $e*x=e*y$,因此 $x=y$。 证毕

定理 9.11 在群 $(G,*)$ 中,除单位元 e 外,不可能有任何别的等幂元。

证 因为 $e*e=e$,所以 e 是等幂元。

现设 $a \in A, a \neq e$ 且 $a*a=a$,则 $a=e*a=(a^{-1}*a)*a=a^{-1}*(a*a)=a^{-1}*a=e$,与假设 $a \neq e$ 矛盾。因此,除单位元 e 外,不可能有任何别的等幂元。 证毕

定理 9.12 非空集合 G 对其上的二元代数运算 $*$ 构成一个群的充要条件为:
(1) $*$ 满足结合律;
(2) $\forall a,b \in G$,方程 $a*x=b$ 和 $y*a=b$ 均有解。

证 设 $(G,*)$ 为群,即得 (1),(2) 成立。

设 (1),(2) 成立,因为 $*$ 满足结合律,所以 $(G,*)$ 为半群。因为 $\forall a,b \in G$,方程 $a*x=b$ 有解,可得对于 $\forall b \in G, b*x=b$ 也有解,设解为 e_r,所以 $b*e_r=b$。因为 $\forall a,b \in G$,方程 $y*a=b$ 有解,可得 $y*b=a$ 也有解,设解为 c,所以 $c*b=a$。因此 $a*e_r=c*b*e_r=c*b=a$。因为 a 是任意元素,所以 e_r 为右单位元。

因为 $\forall a,b \in G$,方程 $a*x=b$ 有解,可得 $b*x=a$ 也有解,设解为 c,所以 $b*c=a$。

因为 $\forall a,b \in G$,方程 $y*a=b$ 有解,可得 $\forall b \in G, y*b=b$ 也有解,设解为 e_l,所以 $e_l*b=b$。因此 $e_l*a=e_l*b*c=b*c=a$。因为 a 是任意元素,所以 e_l 为左单位元。

由定理 9.3 得,$e_l=e_r=e$ 是单位元。

$\forall a \in G, a*x=e$ 有解,不妨设解为 a_r,所以 $\exists a_r \in G$,使 $a*a_r=e$,a_r 是 a 的右逆元。$y*a=e$ 有解,不妨设解为 a_l,所以 $\exists a_l \in G$,使 $a_l*a=e$,a_l 是 a 的左逆元。

由定理 9.6 得,$a_l=a_r$ 是 a 的逆元。

因此 $(G,*)$ 为群。 证毕

定理 9.13 非空有限集合 G 对其上的二元代数运算 $*$ 构成一个群的充要条件为:
(1) $*$ 满足结合律;
(2) $*$ 满足消去律。

证 设 $(G,*)$ 为群,即得 (1),(2) 成立。

设(1),(2)成立,只需证 $\forall a,b \in G$,方程 $a*x=b$ 和 $y*a=b$ 均有解。

显然,$aG=\{ac \mid c \in G\} \subseteq G$,由于 $*$ 满足消去律,所以当 $c_1 \neq c_2$ 时 $ac_1 \neq ac_2$。因此 $\mid aG \mid = \mid G \mid$,$aG=G$。

所以,对于 $\forall a,b \in G$,$\exists c \in G$,使 $a*c=b$,即方程 $a*x=b$ 有解。

类似地,可以证明方程 $y*a=b$ 有解。

由定理 9.12 得 $(G,*)$ 为群。 证毕

定理 9.12 可以作为群的另一定义,定理 9.13 可以作为有限群的另一定义,但它对无限群不成立,例如,所有非零整数之集 $\mathbf{I} \backslash \{0\}$ 对通常乘法不构成群,但是乘法满足结合律和消去律。

定义 9.18 设 $(G,*)$ 是群,$a \in G$。如果存在正整数 n,使 $a^n=e$,则称该元素的阶是有限的,其最小正整数 n 称为 a 的阶。如果不存在这样的正整数 n,则称 a 的阶是无穷大的。

定理 9.14 有限群的每个元素的阶不超过该有限群的阶。

证 设有限群 G,$\mid G \mid = n$,则 $\forall a \in G$,$a, a^2, a^3, \cdots, a^{n+1}$ 中至少有两个元素相等。

不妨设 $a^r = a^s$,$1 \leqslant r < s \leqslant n+1$。$e = a^0 = a^r * a^{-r} = a^s * a^{-r} = a^{s-r}$,由元素的阶的定义可知 a 的阶有限。因为 $s-r \leqslant n$,所以 a 的阶至多为 $\mid G \mid = n$。 证毕

习 题

1. 在集合 $G=\{(a,b) \mid a \neq 0, a,b \in R\}$ 上利用通常的加法和乘法定义二元代数运算 $*$: $\forall (a,b),(c,d) \in G$,$(a,b)*(c,d)=(ac,ad+b)$。证明:$(G,*)$ 是群。
2. 在群 $(G,*)$ 中,证明:如果 $\forall a \in G$,有 $a^2=e$,则 $(G,*)$ 为交换群。
3. 在群 $(G,*)$ 中,证明:如果 $\forall a,b \in G$,有 $(a*b)^2=a^2*b^2$,则 $(G,*)$ 为交换群。
4. 证明:在任一阶大于 2 的非交换群里必有两个非单位元 a 和 b,使得 $ab=ba$。
5. 写出所有 1~5 阶群,证明它们都是交换群。

9.4 子 群

子群是研究群的一个重要工具,群的内容大都与子群有关,本节讨论子群和生成子群。

定义 9.19 设群 $(G,*)$,$H \subseteq G$ 且 $H \neq \varnothing$,如果 $(H,*)$ 是群,则称 $(H,*)$ 为 $(G,*)$ 的子群,简称 H 是 G 的子群。

任何一个至少含有两个元素的群 G,至少有两个不同的子群,一个是群 G 本身,它是 G 的最大子群,另一个是由 G 的单位元 e 构成的子群,它是 G 的最小子群。这两个子群均称为 G 的平凡子群。

例 9.17 $(\mathbf{R},+)$ 是群,$\mathbf{I} \subseteq \mathbf{R}$,$(\mathbf{I},+)$ 是群,所以 $(\mathbf{I},+)$ 是 $(\mathbf{R},+)$ 的子群。$\mathbf{N} \subseteq \mathbf{R}$,但 $(\mathbf{N},+)$ 不是群,所以 $(\mathbf{N},+)$ 不是 $(\mathbf{R},+)$ 的子群。

定理 9.15 设 H 是 G 的子群,则 H 的单位元必是 G 的单位元。H 的元素 a 在 H 中的逆元素也是 a 在 G 中的逆元素。

证 设 G 的单位元为 e，H 的单位元为 e_1。

由于 H 是 G 的子群，所以 $H \subseteq G$，得 $e_1 \in G$。在 G 中，$e_1 * e_1 = e_1 = e_1 * e$，由消去律得 $e_1 = e$，即 H 的单位元必是 G 的单位元。

于是方程 $y * a = e$ 在 H 中的唯一解也是在 G 中的唯一解，因此 a 在 H 中的逆元素也是 a 在 G 中的逆元素。   **证毕**

定理 9.16 群 G 的非空子集 H 是 G 的子群的充分必要条件是：

(1) $\forall a, b \in H, a * b \in H$；

(2) $\forall a \in H, a^{-1} \in H$。

证 如果群 G 的非空子集 H 是 G 的子群，则 H 是群，显然(1)和(2)成立。

如果(1)和(2)成立，由(1)可知，$*$ 在 H 中封闭，结合律在 H 中也成立。

$\forall a \in H, a^{-1} \in H$，所以 $a * a^{-1} = e \in H$，所以 H 中有单位元，H 中每个元素均有逆元，因此 $(H, *)$ 是一个群，H 是 G 的子群。   **证毕**

定理 9.17 群 G 的非空子集 H 是 G 的子群的充要条件是：$\forall a, b \in H$，总有 $a * b^{-1} \in H$。

证 如果群 G 的非空子集 H 是 G 的子群，则 $\forall a, b \in H, b^{-1} \in H$，有 $a * b^{-1} \in H$。

$\forall x \in H$，有 $x * x^{-1} = e \in H$。由 $e, x \in H$，有 $e * x^{-1} = x^{-1} \in H$。

$\forall a, b \in H$，有 $b^{-1} \in H, a * (b^{-1})^{-1} \in H$，即 $a * b \in H$。

根据定理 9.16 得 H 是 G 的子群。   **证毕**

定理 9.18 群 G 的任意多个子群的交集还是 G 的子群。

证 设 H 是群 G 的一些子群的交集，显然 $H \subseteq G$，且 $e \in H$，从而 $H \neq \varnothing$。

$\forall a, b \in H$，有 a, b 属于每个参加交运算的子群，由定理 9.17 得 $a * b^{-1}$ 属于每个参加交运算的子群，从而 $a * b^{-1} \in H$，再由定理 9.17 得 H 是 G 的子群。   **证毕**

定理 9.19 任一群不能是其两个真子群的并。

证 用反证法。假设存在群 G 是其两个真子群 H 和 K 的并，显然 $H \subset G, K \subset G$，$H \cup K = G$。

由于 $H \subset G, K \subset G$，所以 $\exists a, b \in G$ 使得 $a \notin H, b \notin K$，于是 $a \in K, b \in H$，从而 $a * b \in G$，但是 $a * b \notin H, a * b \notin K$。这与 $H \cup K = G$ 相矛盾。

因此 $H \cup K \neq G$。   **证毕**

定义 9.20 设 $(G, *)$ 是一个群，$a \in G$，如果 a 与 G 的每个元素可交换，即 $\forall x \in G$ 有 $a * x = x * a$，则 a 称为 G 的中心元素。G 的中心元素构成的集合 C 称为 G 的中心。

定理 9.20 群 G 的中心 C 是 G 的可交换子群。

证 因为 $\forall x \in G$，有 $e * x = x * e = x$，所以 $e \in C$，从而 $C \neq \varnothing$。

$\forall a, b \in C, \forall x \in G$，有 $a * x = x * a, b * x = x * b$，所以

$$(a * b) * x = a * (b * x) = a * (x * b) = (a * x) * b = (x * a) * b = x * (a * b)$$

从而 $a * b \in C$。

$\forall a \in C, \forall x \in G$，有 $a * x = x * a$，所以

$$a^{-1} * (a * x) * a^{-1} = a^{-1} * (x * a) * a^{-1}$$

于是 $a^{-1}*x = x*a^{-1}$，从而 $a^{-1} \in C$。因此 C 是 G 的子群。显然 C 是可交换群。　　证毕

子群是群的一类特殊子集，但是并不是群的每个子集都能构成子群。在具体问题中，某种子集可能是我们最感兴趣的，但它不是子群。我们可以把不是子群的子集扩大使之成为子群，当然了，扩大得应尽量地小，这就引出了生成子群的概念，从而提供了一种获得子群的方法。设 M 是群 G 的一个非空子集，首先把 M 的每个元素的逆元素加入到 M 中得到

$$M' = M \cup \{a^{-1} \mid a \in M\}$$

这时 M' 满足定理 9.16 的条件(2)，但未必满足条件(1)。然后 M' 的一切有限多个元素的乘积得到的集合记为 R，则 $M \subseteq R$，R 是 G 的子群，R 称为由 M 生成的子群。因此，形式地得到定义 9.21。

定义 9.21　设 M 是群 G 的子集，G 的包含 M 的所有子群的交称为由 M 生成的子群，记为 (M)。

设 G 是一个有限群，$a \in G$，$M = \{a\}$，由 M 生成的子群 $(M) = \{e, a, a^2, a^3, \cdots\cdots\}$ 也记为 $(a) = \{e, a, a^2, a^3, \cdots\cdots\}$。

习　　题

1. 求 $(N_5, +)$ 和 $(N_{12}, +)$ 的所有子群。
2. 设 H 和 K 都是群 G 的子群，定义 $HK = \{h*k \mid h \in H, k \in K\}$，证明：$HK$ 是 G 的子群当且仅当 $HK = KH$。
3. 设 G 是群，$\forall a \in G$，设 $H = \{y \mid y*a = a*y, y \in G\}$，证明：$H$ 是 G 的子群。
4. 设 H 和 K 都是群 G 的子群，判断 $H \cup K$ 是否必为 G 的子群，并证明之。
5. 设 M_n 是一切可逆的 $n \times n$ 实矩阵之集，M_n 对矩阵乘法是否构成群？如果是，求 M_n 的中心。

9.5　变换群和循环群

本节讨论两种重要的群：变换群和循环群。

设集合 $S = \{0, 1\}$，表 9.1(a) 中列出了 S 上的所有 4 个变换 $f_i: S \to S$。。为映射的合成运算，且 $(f_i \circ f_j)(x) = f_i(f_j(x))$，其运算表见表 9.1(b)。显然，。是二元代数运算，满足结合律，单位元为 f_1。只有 f_1 和 f_2 是一一对应，且 $f_1^{-1} = f_1$，$f_2^{-1} = f_2$，因为 f_0 和 f_3 不是一一对应，所以它们无逆元，而且 $(\{f_1, f_2\}, \circ)$ 构成了群。

表 9.1(a)

x	0	1
$f_0(x)$	0	0
$f_1(x)$	0	1
$f_2(x)$	1	0
$f_3(x)$	1	1

表 9.1(b)

。	f_0	f_1	f_2	f_3
f_0	f_0	f_0	f_0	f_0
f_1	f_0	f_1	f_2	f_3
f_2	f_3	f_2	f_1	f_0
f_3	f_3	f_3	f_3	f_3

非空集合 S 上的一切一一对应之集记为 $sym(S)$，实际上，$sym(S)$ 对映射的合成运算。构成一个群，称为 S 上的对称群。当 S 是有限集，且 $|S|=n$ 时，$sym(S)=S_n$。

定义 9.22 $sym(S)$ 的任一子群称为 S 上的一个变换群。S_n 的任一个子群称为 S 上的一个置换群。

例 9.18 设 $S=\{1,2,3\}$，对称群 $(S_3,\circ)$ 有 6 个子群：

$(\{(1)\},\circ)$，$(\{(1),(12)\},\circ)$，$(\{(1),(13)\},\circ)$，$(\{(1),(23)\},\circ)$，

$(\{(1),(123),(132)\},\circ)$，$(S_3,\circ)$

它们都是置换群。

变换群与置换群对群的研究有着重要的意义，后面会得出，任何无限群都与一个变换群同构，任何有限群都与一个置换群同构。

定义 9.23 设 G 是群，如果 G 是由其中的某个元素 a 生成的，即 $(a)=G$，则称 G 为循环群，元素 a 是 G 的生成元。

如果循环群 G 是由元素 a 生成的，则 $\forall x\in G,\exists n\in \mathbf{I}$ 使得 $x=a^n$。

定理 9.21 循环群必为交换群。

证 设 $(G,*)$ 是一个循环群，它的生成元是 a。

对于 $\forall x,y\in G$，有 $r,s\in \mathbf{I}$，使得 $x=a^r$ 和 $y=a^s$。

$$x*y=a^r*a^s=a^{r+s}=a^s*a^r=y*x$$

所以 $*$ 满足交换律，$(G,*)$ 是交换群。 **证毕**

例 9.19 整数加群 $(\mathbf{I},+)$ 是循环群，1 是生成元，$\forall i\in \mathbf{I}$，有 $i=1^i$。

例 9.20 模 k 同余类加群 $(N_k,+)$ 是循环群，$[1]$ 是生成元，$\forall [i]\in N_k$，有 $[i]=[1]^i$。

例 9.19 表明无限循环群是存在的，例 9.20 表明，对任何正整数 k，k 阶循环群也存在。下面研究循环群的结构。

首先，设 $G=(a)$ 是一个无限循环群，对于 $\forall n\in \mathbf{I},a^n\in G$。又 $\forall x\in G,\exists m\in \mathbf{I}$ 使得 $x=a^m$。于是 a 的阶必为无穷大，否则 G 是一个有限循环群。从而

$$G=\{\cdots,a^{-n},\cdots a^{-1},e,a,a^2,\cdots,a^n,\cdots\}$$

其次，设 $G=(a)$ 是一个有限循环群，则 a 的阶有限，不妨设为 n，于是，$e,a,a^2,a^3,\cdots,a^{n-1}$ 是 G 中互不相同的元素。这是因为如果 $\exists k,l,k\neq l,1\leqslant k<l\leqslant n-1$，使得 $a^k=a^l$，则 $a^{l-k}=e$，a 的阶小于 n，矛盾。又 $\forall x\in G,\exists m\in \mathbf{I}$ 使得 $x=a^m$。令 $m=qn+r,0\leqslant r<n$，从而 $a^m=a^{qn+r}=(a^n)^q*a^r=a^r$。因此

$$G=\{e,a,a^2,a^3,\cdots,a^{n-1}\}$$

定理 9.22 循环群 $G=(a)$ 是无穷循环群的充分必要条件是 a 的阶必为无穷大，这时 $G=\{\cdots,a^{-n},\cdots a^{-1},e,a,a^2,\cdots,a^n,\cdots\}$。

循环群 $G=(a)$ 是有限循环群的充分必要条件是 a 的阶为 n，这时

$$G=\{e,a,a^2,a^3,\cdots,a^{n-1}\}$$

习 题

1. 如果 a 是循环群 G 的生成元，证明：a^{-1} 也是 G 的生成元。

2. 证明:循环群的子群必为循环群。

3. 设有代数系统 $(\mathbf{I}, *)$ 二元,代数运算 $*$ 的定义如下:$a,b \in \mathbf{I}, a*b = a+b-2$,证明:$(\mathbf{I}, *)$ 是循环群。

4. 设 a 是 n 阶有限循环群 G 的生成元,证明:如果 $(r,n)=1$,则 $(a^r)=G$。

9.6 陪集和拉格朗日定理

本节讨论群的又一重要内容,群 G 的任意子群 H 将 G 分解成 H 在 G 中的陪集。

定义 9.24 设 H 是群 G 的子群,$a \in G$,称集合 $aH = \{a*h \mid h \in H\}$ 为 a 确定的 H 的左陪集,$Ha = \{h*a \mid h \in H\}$ 为 a 确定的 H 的右陪集,如果 $aH = Ha$,则称之为 a 确定的 H 的陪集。

例 9.21 群 G 的运算表见表 9.2,子群 $H = \{e, a\}$。

表 9.2

*	e	a	b	c
e	e	a	b	c
a	a	e	c	b
b	b	c	e	a
c	c	b	a	e

$$aH = Ha = eH = He = H = \{e, a\}$$
$$bH = Hb = cH = Hc = \{b, c\}$$

定理 9.23 设 H 是群 G 的子群,$x \in H$ 当且仅当 $xH = H$。

证 设 $xH = H$,则由 $e \in H$,得 $x = xe \in xH$,从而 $x \in H$。

$\forall y \in xH$,必 $\exists h \in H$,使 $y = x*h$。因为 H 为群,由 $x, h \in H$ 得 $x*h \in H$,即 $y \in H$,所以 $xH \subseteq H$。

$\forall y \in H, y = x*z$ 在 H 中有唯一解,不妨设解为 z_0,即 $y = x*z_0$。又 $x*z_0 \in xH$,即 $y \in xH$,所以 $H \subseteq xH$。

因此 $xH = H$。 证毕

定理 9.24 设 H 是群 G 的子群,$\forall a, b \in G, aH = bH$ 当且仅当 $a^{-1}b \in H$。

证 设 $\forall a, b \in G, aH = bH$,因为 $b = be \in bH = aH$,所以 $\exists h \in H$ 使得 $ah = b$。于是 $a^{-1}b = h \in H$。

设 $\forall a, b \in G, a^{-1}b \in H$,则 $\exists h \in H$ 使 $a^{-1}b = h$。于是 $b = ah$,从而
$$bH = \{bh' \mid h' \in H\} = \{ahh' \mid h'h \in H\} = aH$$ 证毕

易见,对于右陪集,定理 9.23 和定理 9.24 的类似结论也成立。下面的几个定理对右陪集也有类似的结论。

定理 9.25 设 H 是群 G 的子群,$\forall a, b \in G$,则 $aH = bH$ 或 $aH \cap bH = \varnothing$。

证 设 $aH \cap bH \neq \varnothing$,则 aH 和 bH 至少有一个公共元素。设 $c \in aH \cap bH$,有 $c \in aH$ 且 $c \in bH$,所以,$\exists h_1, h_2 \in H$,使 $c = a * h_1 = b * h_2$,因此 $a = b * h_2 * h_1^{-1}$。

设 $\forall x \in aH$,$\exists h \in H$,使 $x = a * h$,所以 $x = b * h_2 * h_1^{-1} * h$。因为 $h_2 * h_1^{-1} * h \in H$,所以 $x \in bH$,所以 $aH \subseteq bH$。

同理可证 $bH \subseteq aH$,因此 $aH = bH$。 **证毕**

定理 9.26 设 H 是群 G 的子群,$\forall a, b \in G$,则 $|aH| = |bH|$。

证 设映射 $\varphi: aH \to bH$,$\forall h \in H$,$\varphi(ah) = bh$,易验证 φ 是一一对应,所以 $|aH| = |bH|$。 **证毕**

定理 9.27 设 H 是群 G 的子群,则 H 的任意左陪集的基数与 H 的基数相同。

证 设映射 $\varphi: H \to aH$,$\varphi(x) = a * x$,$a \in G$。易验证 φ 为一一对应,所以 H 与 aH 具有相同基数。 **证毕**

定理 9.28 设 H 是群 G 的子群,H 的所有左陪集构成 G 的一个划分。

证 由定理 9.25 知,任意两个陪集 aH 与 bH,$aH = bH$ 或 $aH \cap bH = \varnothing$,故只需证 $\bigcup_{x \in G} xH = G$。

$\forall y \in \bigcup_{x \in G} xH$,必 $\exists x_0 \in H$,使 $y \in x_0 H$,所以 $\exists h \in H$,使 $y = x_0 * h$。因为 $x_0, h \in G$,所以 $y = x_0 * h \in G$。因此 $\bigcup_{x \in G} xH \subseteq G$。

$\forall y \in G$,因为 $e \in H$,所以 $y = y * e \in yH$。因为 $yH \subseteq \bigcup_{x \in G} xH$,所以 $y \in \bigcup_{x \in G} xH$。因此 $G \subseteq \bigcup_{x \in G} xH$。

故 $\bigcup_{x \in G} xH = G$,定理得证。 **证毕**

定理 9.29(拉格朗日定理) 如果 H 是有限群 G 的一个子群,则 $\frac{|G|}{|H|} = j$,称 j 为 H 在 G 中的指数。

证 设 $G = \{a_1, a_2, \cdots, a_n\}$,根据定理 9.28,得 $G = a_1 H \cup a_2 H \cup \cdots \cup a_n H$。

因为 j 为不同左陪集的个数,所以不妨设所有不同的左陪集为 $P_1, P_2, \cdots, P_j$,则

$$G = P_1 \cup P_2 \cup \cdots \cup P_j$$

根据定理 9.25,任意两个不同左陪集 P_i, P_j,$P_i \cap P_j = \varnothing$,所以

$$|G| = |P_1| + |P_2| + \cdots + |P_j|$$

根据定理 9.27,有

$$|P_1| = |P_2| = \cdots = |P_j| = |H|$$

所以

$$|G| = |H| + |H| + \cdots + |H| = j \times |H|$$

因此 $\frac{|G|}{|H|} = j$ **证毕**

推论 9.1 质数阶的群只有平凡子群。

推论 9.2 有限群的每个元素的阶必可整除该有限群的阶。

推论 9.3 质数阶群必为循环群,且每个非单位元的元素都是生成元。

根据推论 9.3,很容易写出任一质数阶群的运算表。拉格朗日定理只指出如果群 G 有子群 H,则 $|H|$ 可整除 $|G|$,但不保证如果 n 可整除 $|G|$,G 必有 n 阶子群。然而拉格朗日定理的逆定理对循环群成立。最后应用陪集概念来定义一个子群,它是非常重要的子群——正规子群。

定义 9.25 设 H 是群 G 的子群,如果 $\forall a \in G$,均有 $aH = Ha$,则称 H 为 G 的正规子群。

显然,交换群必有
$$aH = Ha$$
因此交换群的子群均为正规子群。非交换群则不一定。

定理 9.30 群 G 的子群 H 为正规子群的充要条件是:$\forall a \in G, \forall h \in H$,有
$$a * h * a^{-1} \in H$$

证 如果 H 为正规子群,$\forall a \in G, \forall h \in H, a * h \in aH$,因为 $aH = Ha$,所以必 $\exists h' \in H$,使 $a * h = h' * a$。两端同时右乘 a^{-1} 得 $a * h * a^{-1} = h' \in H$。

如果 $a * h * a^{-1} \in H, \forall x \in aH$,必 $\exists h \in H$,使
$$x = a * h = a * h * (a^{-1} * a) = (a * h * a^{-1}) * a$$
因为 $a * h * a^{-1} \in H$,所以 $(a * h * a^{-1}) * a \in Ha$,即 $x \in Ha$,所以 $aH \subseteq Ha$。同理可证得 $Ha \subseteq aH$,因此 $aH = Ha$。   **证毕**

该定理提供了简便的手段以判定一个已知子群是否为正规子群。

习　　题

1. 证明:6 阶群必有一个 3 阶子群。
2. 写出 7 阶和 11 阶群的运算表。
3. 在对称群 S_3 中找一个子群 H,使得 H 的左陪集不等于 H 的右陪集。
4. 证明:如果 H 和 K 都是 G 的正规子群,那么 $H \bigcap K$ 也是 G 的正规子群。

9.7　同态与同构

本节研究两个代数系统之间的联系,当抽象地讨论代数系统时,用什么符号表示元素和用什么符号表示二元代数运算没有什么关系,因为我们是在纯粹形式下研究代数系统中的代数运算,仅从代数运算的观点来考虑其中的元素,至于它们是什么,有什么属性是不考虑的。因此,我们可以通过一一对应把两个代数系统看成是一样的。

定义 9.26 设 $(A, *)$ 和 $(B, \circ)$ 是两个代数系统,$*$ 和 $\circ$ 分别是集合 A 和 B 上的二元代数运算,设 φ 是从 A 到 B 的一个映射,且 $\forall x, y \in A$,有
$$\varphi(x * y) = \varphi(x) \circ \varphi(y)$$
则称 φ 是 $(A, *)$ 到 $(B, \circ)$ 的一个同态映射,称 $(A, *)$ 与 $(B, \circ)$ 同态,$(\varphi(A), \circ)$ 称为 $(A, *)$ 在 φ 下的同态象。

定理 9.31 设 φ 是从代数系 $(A, *)$ 到代数系 $(B, \circ)$ 的同态，则

(1) 如果 $*$ 满足交换律，则在 $\varphi(A)$ 中 $\circ$ 也满足交换律；

(2) 如果 $*$ 满足结合律，则在 $\varphi(A)$ 中 $\circ$ 也满足结合律；

(3) 如果 e 为 A 上 $*$ 的单位元，则 $\varphi(e)$ 必为 $\varphi(A)$ 上 $\circ$ 的单位元；

(4) 如果元素 $a \in A$ 有逆元 a^{-1}，则在 $\varphi(A)$ 中，$\varphi(a^{-1})$ 必为 $\varphi(a)$ 的逆元。

证 (1) $\forall b_1, b_2 \in \varphi(A)$，必 $\exists a_1, a_2 \in A$，使 $b_1 = \varphi(a_1)$ 且 $b_2 = \varphi(a_2)$。

因为 $*$ 满足交换律，所以 $a_1 * a_2 = a_2 * a_1$，$\varphi(a_1 * a_2) = \varphi(a_2 * a_1)$。所以

$$\varphi(a_1) \circ \varphi(a_2) = \varphi(a_2) \circ \varphi(a_1)$$

即 $b_1 \circ b_2 = b_2 \circ b_1$，因此 $\circ$ 满足交换律。

(2) $\forall b_1, b_2, b_3 \in \varphi(A)$，必 $\exists a_1, a_2, a_3 \in A$，使 $b_1 = \varphi(a_1)$，$b_2 = \varphi(a_2)$，$b_3 = \varphi(a_3)$。

因为 $*$ 满足结合律，所以 $a_1 * (a_2 * a_3) = (a_1 * a_2) * a_3$，$\varphi(a_1 * (a_2 * a_3)) = \varphi((a_1 * a_2) * a_3)$。故

$$\varphi(a_1) \circ (\varphi(a_2) \circ \varphi(a_3)) = (\varphi(a_1) \circ \varphi(a_2)) \circ \varphi(a_3)$$

即 $b_1 \circ (b_2 \circ b_3) = (b_1 \circ b_2) \circ b_3$，因此 $\circ$ 满足结合律。

(3) $\forall b \in \varphi(A)$，必 $\exists a \in A$，使 $b = \varphi(a)$。

$$b \circ \varphi(e) = \varphi(a) \circ \varphi(e) = \varphi(a * e) = \varphi(a) = b$$
$$\varphi(e) \circ b = \varphi(e) \circ \varphi(a) = \varphi(e * a) = \varphi(a) = b$$

因此 $\varphi(e)$ 是 $\circ$ 在 $\varphi(A)$ 中的单位元。

(4) $\varphi(a^{-1}) \circ \varphi(a) = \varphi(a^{-1} * a) = \varphi(e)$，$\varphi(a) \circ \varphi(a^{-1}) = \varphi(a * a^{-1}) = \varphi(e)$。

所以 $\varphi(a^{-1})$ 是 $\varphi(a)$ 在 $\varphi(A)$ 中关于 $\circ$ 的逆元。 **证毕**

设 φ 为代数系 A 到代数系 B 的同态映射，如果 φ 为单射，则称 φ 为单同态；如果 φ 为满射，则称 φ 为满同态，这时记为 $A \sim B$；如果 φ 为一一对应，则称 φ 为同构，并称 A 与 B 同构，记作 $A \cong B$。

例 9.22 设 $(\mathbf{R}, +)$，$(\mathbf{R}, \times)$ 是两个代数系统，令 $\varphi: \mathbf{R} \to \mathbf{R}$，$\varphi(x) = e^x$，则 φ 是 $(\mathbf{R}, +)$ 到 $(\mathbf{R}, \times)$ 的同态。

因为 $\forall x, y \in R$，有 $\varphi(x+y) = e^{x+y}$，$\varphi(x) \times \varphi(y) = e^x \times e^y = e^{x+y}$，所以 $\varphi(x+y) = \varphi(x) \times \varphi(y)$。

φ 是单射，所以 φ 是 $(\mathbf{R}, +)$ 到 $(\mathbf{R}, \times)$ 的单同态。但 φ 不是满射，所以 φ 不是 $(\mathbf{R}, +)$ 到 $(\mathbf{R}, \times)$ 的满同态。

例 9.23 $(\mathbf{R}_+, \times)$ 和 $(\mathbf{R}, +)$ 是两个群，令 $f: \mathbf{R}_+ \to \mathbf{R}$，$f(x) = \ln x$，可以证明：$f$ 是一一对应，且 $f(x \times y) = \ln(x \times y) = \ln x + \ln y = f(x) + f(y)$，所以 f 是 $(\mathbf{R}_+, \times)$ 到 $(\mathbf{R}, +)$ 的同构，$(\mathbf{R}_+, \times) \cong (\mathbf{R}, +)$。

两个群之间存在同构映射称为群同构。实际上，抽象地看，同构的两个群是一样的，其性质完全相同，只是其元素和代数运算的表示符号不同。易见，对于任意三个群 G_1, G_2, G_3，有：$G_1 \cong G_1$；如果 $G_1 \cong G_2$，则 $G_2 \cong G_1$；如果 $G_1 \cong G_2$ 且 $G_2 \cong G_3$，则 $G_1 \cong G_3$。一个群到自身的同构被称为自同构。

定理 9.32 如果从群 $(G,*)$ 到代数系 $(\bar{G},\circ)$ 存在一个同态 f，则 $(f(A),\circ)$ 也是一个群。

证 因为 $(G,*)$ 是群，所以，$*$ 在 G 上满足结合律，G 中有单位元 e，G 中的每个元素 a 都有逆元。

根据定理 9.31(2)，$\circ$ 在 $f(G)$ 上满足结合律。

根据定理 9.31(3)，$(G,*)$ 中的单位元 e 的象 $f(e)$ 必为 $(f(A),\circ)$ 的单位元。

根据定理 9.31(4)，$\forall y \in f(G)$，必存在 $x \in G$ 使 $y = f(x)$，而 $f(x^{-1})$ 在 $f(G)$ 中，且必为 $f(x)$ 的逆元。

因此 $(f(A),\circ)$ 是一个群。 证毕

推论 9.4 如果从群 $(G,*)$ 到代数系 $(\bar{G},\circ)$ 存在一个满同态，则 $(\bar{G},\circ)$ 为一个群。

推论 9.5 如果 f 是群 $(G,*)$ 到群 $(\bar{G},\circ)$ 的同态，则 $(f(A),\circ)$ 是 $(\bar{G},\circ)$ 的子群。

定理 9.33（群的 Caley 同构定理） 任一群都与某个变换群同构。

证 设 $(G,*)$ 是一个群，$\forall a \in G$，设映射 $f_a: G \to G$，$\forall x \in G$，$f_a(x) = a*x$。

$\forall x, y \in G$，如果 $f_a(x) = f_a(y)$，则 $a*x = a*y$，消去 a，得 $x = y$，因此 f_a 为单射。因为 $(G,*)$ 为群，所以 $a*z = x$ 在 G 中有唯一解，即 $\exists z \in G$，使 $a*z = x$，即 $f_a(z) = x$，因此 f_a 为满射。

故 f_a 为一一对应。

设 G 中所有 x 所决定的变换 f_x 构成的集合为 F。构造映射 $g: G \to F$，$\forall y \in G$，$g(y) = f_y$。考虑 $(F,\circ)$，其中 $\circ$ 为映射的合成运算。$\forall f_a, f_b \in F$，及 $\forall x \in G$，有

$$(f_a \circ f_b)(x) = f_a(f_b(x)) = f_a(b*x) = a*b*x = f_{a*b}(x) \tag{1}$$

因为 $a*b \in G$，所以 $f_{a*b} \in F$，$\circ$ 在 F 上封闭，$(F,\circ)$ 为一个代数系统。

$\forall a, b \in G$，由式(1)，得

$$g(a*b) = f_{a*b} = f_a \circ f_b = g(a) \circ g(b)$$

所以 g 为一个同态。

$\forall f_y \in F$，必 $\exists y \in G$，使 $g(y) = f_y$，所以 g 为满射，g 为满同态。

根据推论 9.4，$(F,\circ)$ 为一个群。

$\forall a, b \in G$，如果 $g(a) = g(b)$，即 $\forall x \in G$，$f_a(x) = f_b(x)$，即 $a*x = b*x$，消去 x，得 $a = b$，所以 g 为单射，从而 g 为一一对应，g 是一个群同构。

因此，任一群均与一个变换群同构。 证毕

推论 9.6 任一 n 阶有限群同构于一个 n 次置换群。

由于在近世代数中，我们主要关心的是代数运算及其性质，所以两个同构的群在本质上就没有区别了。也就是说，同构的群只用群的性质无法区别它们，于是同构的群就可以看成是相同的群，因此，如果一个群能与已经研究清楚的群同构，那么这个群也就研究清楚了。但同构的群与相同的群是有区别的，如整数加群与偶数加群同构，但后者是前者的子群。

定理 9.34 设 φ 为群 $(G,*)$ 到群 $(\bar{G},\circ)$ 的满同态，则

$$\varphi^{-1}(\bar{e}) = \{x \mid x \in G \text{ 且 } \varphi(x) = \bar{e}\}$$

是 G 的正规子群。

证 由定理 9.31(3) 知, $e \in \varphi^{-1}(\bar{e})$，所以 $\varphi^{-1}(\bar{e}) \neq \varnothing$。
$\forall a, b \in \varphi^{-1}(\bar{e})$，有 $\varphi(a) = \varphi(b) = \bar{e}$，所以
$$\varphi(a * b^{-1}) = \varphi(a) \circ \varphi(b^{-1}) = \bar{e} \circ (\varphi(b))^{-1} = \bar{e} \circ \bar{e}^{-1} = \bar{e} \circ \bar{e} = \bar{e}$$
所以 $a * b^{-1} \in \varphi^{-1}(\bar{e})$，因此 $\varphi^{-1}(\bar{e})$ 为 G 的子群。

设 $\forall x \in G, \forall a \in \varphi^{-1}(\bar{e})$，则
$$\varphi(x * a * x^{-1}) = \varphi(x) \circ \varphi(a) \circ \varphi(x^{-1}) = \varphi(x) \circ \bar{e} \circ \varphi(x^{-1}) =$$
$$\varphi(x) \circ \varphi(x^{-1}) = \varphi(x * x^{-1}) = \varphi(e) = \bar{e}$$
所以 $x * a * x^{-1} \in \varphi^{-1}(\bar{e})$，因此 $\varphi^{-1}(\bar{e})$ 是 G 的正规子群。 **证毕**

定义 9.27 设 φ 是群 $(G, *)$ 到群 $(\bar{G}, \circ)$ 的满同态，$\bar{e}$ 是 $\bar{G}$ 的单位元，则 $\varphi^{-1}(\bar{e})$ 称为同态 φ 的核，记为 $\text{Ker } \varphi$。

定理 9.35 设 H 是群 G 的正规子群，则 $G \sim G/H$，H 是这个同态的核。

证 设 $\varphi: G \to G/H, \forall a \in G$，有 $\varphi(a) = aH$。易见，φ 是 G 到 G/H 的满射。
$\forall x, y \in G$，有
$$\varphi(x * y) = (x * y)H = (x * y)HH = x(yH)H =$$
$$x(Hy)H = (xH)(yH) = \varphi(x) * \varphi(y)$$
所以 φ 是 G 到 G/H 的同态，$G \sim G/H$。

由于 H 是 G/H 中的单位元，所以
$$\varphi^{-1}(H) = \{x \mid \varphi(x) = H, x \in G\}$$
但 $aH = H$ 当且仅当 $a \in H$，所以 $\varphi^{-1}(H) = H$，即 $\text{Ker } \varphi = H$，H 是这个同态的核。 **证毕**

定理 9.36(群的同态基本定理) 设 φ 是群 $(G, *)$ 到群 $(\bar{G}, \circ)$ 的满同态，$K = \text{Ker } \varphi$，则 $G/K \cong \bar{G}$。

证 设 $f: G/K \to \bar{G}, \forall a \in G$，有 $f(aK) = \varphi(a)$。
如果 $aK = bK$，则 $a^{-1} * b \in K$，从而
$$\varphi(a^{-1} * b) = \varphi(a^{-1}) \circ \varphi(b) = \varphi(a)^{-1} \circ \varphi(b) = \bar{e}$$
故 $\varphi(a) = \varphi(b)$，即 $f(aK) = f(bK)$，因此 f 是 G/K 到 $\bar{G}$ 的映射。

由于 φ 为满射，所以 f 也是满射。

如果 $aK \neq bK$，则 $f(aK) \neq f(bK)$。否则就有 $f(aK) = f(bK)$，即 $\varphi(a) = \varphi(b)$，从而
$$\varphi(a^{-1} * b) = \varphi(a^{-1}) \circ \varphi(b) = \varphi(a)^{-1} \circ \varphi(b) = \bar{e}$$
故 $a^{-1} * b \in K$，从而 $aK = bK$，矛盾。所以 f 是单射。

因此 f 是一一对应。
因为
$$f((aK) * (bK)) = f((ab) * K) = \varphi(a * b) = \varphi(a) \circ \varphi(b) = f(aK) \circ f(bK)$$
所以 f 是 G/K 到 $\bar{G}$ 的同构，$G/K \cong \bar{G}$。 **证毕**

习 题

1. 设 $(G, *)$ 是一个群，且 $a \in G$。定义映射 $f: G \to G, \forall x \in G$，有 $f(x) = a * x * a^{-1}$，

证明:f 是 $(G, *)$ 的自同构。

2. $(\mathbf{R}, +)$ 是实数加法群,设 $f: \mathbf{R} \to \mathbf{C}$,$f(x) = e^{2\pi i x}$,$f$ 是否为同态?如果是,请写出同态象和同态核。

3. 群 $(\mathbf{R} \setminus \{0\}, \times)$ 与 $(\mathbf{R}, +)$ 同构吗?证明你的判断。

4. 设 f 是群 G 到 $\bar{G}$ 的满同态。证明:H 是 G 的正规子群当且仅当 $f(H)$ 是 $\bar{G}$ 的正规子群。

5. 证明:两个同态的合成还是同态。

第10章

环 与 域

在第 9 章中研究了具有一种二元代数运算的代数系统:半群、幺半群和群,本章将讨论具有两个二元代数运算的代数系统中最基本的代数系统:环与域。在第 11 章中将要研究的格与布尔代数也都是具有两个二元代数运算的代数系统。

10.1 环与域的定义及性质

本节给出环与域的定义,并研究其性质。

定义 10.1 设 A 是一个非空集合,A 上有两个二元代数运算,一个称为加法并用"+"表示,另一个称为乘法并用"∘"表示。如果

(1) $(A, +)$ 是一个交换群;

(2) $(A, \circ)$ 是一个半群;

(3) 乘法∘对加法+满足左、右分配律,

则称代数系统$(A, +, \circ)$是一个环,也简单地说 A 是一个环。

在环$(A, +, \circ)$中,a 与 b 的积常简写成 ab。应该注意的是,按照定义 10.1,环$(A, +, \circ)$中的乘法未必满足交换律,也未必有单位元。

定义 10.2 如果环$(A, +, \circ)$中的乘法∘满足交换律,则该环称为交换环。

例 10.1 整数集合 $\mathbf{I}$ 对通常加法和乘法构成的代数系统$(\mathbf{I}, +, \times)$是一个环,并且是交换环。$(\mathbf{I}, +, \times)$ 称为整数环。

环这类代数结构的原始原型是整数环,从半群的观点看,整数环提供了两个半群$(\mathbf{I}, +)$和$(\mathbf{I}, \times)$,这两个半群均有单位元,它们之间用分配律联系起来。

类似地,有理数集 $\mathbf{Q}$,实数集 $\mathbf{R}$,复数集 $\mathbf{C}$ 对通常加法和乘法分别构成了交换环$(\mathbf{Q}, +, \times)$,$(\mathbf{R}, +, \times)$,$(\mathbf{C}, +, \times)$。

例 10.2 设 M_n 是 $n \times n$ 实矩阵之集,$+$ 是矩阵加法,$\cdot$ 是矩阵乘法,因为$(M_n, +)$是交换群,$(M_n, \cdot)$是半群,矩阵乘法对加法满足左、右分配律,因此$(M_n, +, \cdot)$是一个环,但矩阵乘法不满足交换律,所以$(M_n, +, \cdot)$不是交换环。

例 10.3 设 $R(x)$ 是 x 的实系数多项式集合,$+$ 和 $\cdot$ 分别是多项式加法和乘法,则$(R(x), +, \cdot)$是一个环,而且是交换环。

定义 10.3 如果 A 是有限非空集合,则环$(A, +, \circ)$称为有限环。

例 10.4 集合$\{0\}$对通常加法和乘法构成一个环$(\{0\},+,\times)$,称为零环,它只有一个元素。

例 10.5 有限环的一个重要的例子是模k同余类环$(N_k,+,\times)$,这里$N_k=\{[0],[1],\cdots,[k-1]\}$是有限集,$k>0$,$+$和$\times$分别是模$k$加法和模$k$乘法。由例 9.15 知,$(N_k,+)$是交换群。

对于$(N_k,\times)$,因为$\forall [i],[j],[l]\in N_k$,有
$$([i]\times[j])\times[l]=[i\cdot j\cdot l]$$
$$[i]\times([j]\times[l])=[i\cdot j\cdot l]$$
则
$$([i]\times[j])\times[l]=[i]\times([j]\times[l])$$

所以$\times$满足结合律,$(N_k,\times)$是一个半群。

对$\forall [i],[j],[l]\in N_k$,有
$$[i]\times([j]+[l])=[i]\times[j+l]=[i\cdot(j+l)]=[(i\cdot j)+(i\cdot l)]=$$
$$[i\cdot j]+[i\cdot l]=([i]\times[j])+([i]\times[l])$$

所以$\times$对$+$满足分配律。

因此$(N_k,+,\times)$是有限环,也是交换环。

于是,对任何自然数k,必有恰好含有k个元素的交换环。

为了方便讨论环的性质,做如下的记法规定:在环$(A,+,\circ)$中,加法$+$的单位元记为0,并称为A的零元素。$\forall a\in A$,a的加法逆元记为$-a$,并称为a的负元素。A中加法的逆运算称为减法,并用"$-$"表示,$\forall a,b\in A$,$a+(-b)$记为$a-b$,a对加法的m次幂记为ma,当$m>0$时,ma定义为m个a相加,而当$m<0$时,ma定义为$(-m)(-a)$,当$m=0$时,$ma=0$。

下面介绍环的主要性质。

设$(A,+,\circ)$是一个环,对$\forall a,b,c\in A$,$\forall m,n\in \mathbf{I}$,有

(1) $a+0=0+a=a$;

(2) $a+b=b+a$;

(3) $(a+b)+c=a+(b+c)$;

(4) $(-a)+a=a+(-a)=0$;

(5) $-(a+b)=-a-b$;

(6) $a+c=b\Leftrightarrow a=b-c$;

(7) $-(-a)=a$;

(8) $-(a-b)=-a+b$;

(9) $ma+na=(m+n)a$;

(10) $m(na)=(mn)a$;

(11) $n(a+b)=na+nb$;

(12) $n(a-b)=na-nb$;

(13) $a\circ(b\circ c)=(a\circ b)\circ c$;

(14) $a \circ (b+c) = (a \circ b) + (a \circ c)$, $(b+c) \circ a = (b \circ a) + (c \circ a)$;

(15) $a \circ 0 = 0 \circ a = 0$;

(16) $(-a) \circ b = a \circ (-b) = -(a \circ b)$;

(17) $(-a) \circ (-b) = a \circ b$;

(18) $a \circ (b-c) = (a \circ b) - (a \circ c)$;

(19) $(\sum_{i=1}^{n} a_i)(\sum_{j=1}^{m} b_j) = \sum_{i=1}^{n} \sum_{j=1}^{m} a_i b_j$

(20) $(na)b = a(nb) = n(ab)$

(21) 如果 $ab = ba$，则二项式定理成立，即当 $n > 0$ 时有 $(a+b)^n = \sum_{i=0}^{n} C_n^i a^i b^{n-i}$。

环的上述计算性质与初等代数中所熟知的计算性质在形式上是一样的。然而，并不是初等代数中的所有的计算性质在环里均成立。例如，在初等代数中，由 $ab = 0$ 可知 $a = 0$ 或 $b = 0$，这在一般的环中就未必成立。

例 10.6 在环 $(M_2, +, \cdot)$ 中，$\begin{pmatrix} 0 & 0 \\ 0 & 2 \end{pmatrix}$ 和 $\begin{pmatrix} 3 & 0 \\ 0 & 0 \end{pmatrix}$ 是 M_2 的两个非零元素，但是

$$\begin{pmatrix} 0 & 0 \\ 0 & 2 \end{pmatrix} \cdot \begin{pmatrix} 3 & 0 \\ 0 & 0 \end{pmatrix} = \begin{pmatrix} 0 & 0 \\ 0 & 0 \end{pmatrix}$$

定义 10.4 设 $(A, +, \circ)$ 是一个环，$a \in A$，如果存在非零元素 $b \in A$ 使得 $a \circ b = 0$，则称 a 为 A 的左零因子。如果存在非零元素 $c \in A$ 使得 $c \circ a = 0$，则称 a 为 A 的右零因子。如果 a 既是 A 的左零因子，又是 A 的右零因子，则称 a 为 A 的零因子。

因此，环 A 的零元素必是一个零因子。一个非零环中除了零元素外，可能有非零的零因子。由于把零元素视为左零因子、右零因子和零因子意义不大，所以如无特殊说明，以后凡谈到左零因子、右零因子和零因子均指非零的左零因子、非零的右零因子和非零的零因子。这样，若 A 有左零因子，则 A 必有右零因子。但这并不意味着 a 是 A 的左零因子时，a 必是 A 的右零因子。其次，若 b 是 A 的零因子，则 b 是 A 的左零因子，所以存在非零元素 $c \in A$ 使得 $b \circ c = 0$，但未必 $c \circ b = 0$。

定义 10.5 没有非零的左零因子，也没有非零的右零因子的环称为无零因子环。可交换无零因子环称为整环。

在无零因子环中，计算规则"由 $ab = 0$ 可知 $a = 0$ 或 $b = 0$"成立。

例 10.7 对于整数环 $(\mathbf{I}, +, \times)$，因为不含有零因子，且 $\times$ 可交换，所以 $(\mathbf{I}, +, \times)$ 是整环。而对于环 $(N_6, +, \times)$，因为 $[3] \circ [2] = [0]$，但 $[3] \neq [0]$，且 $[2] \neq [0]$，所以 $[3]$ 和 $[2]$ 都是零因子，$(N_6, +, \times)$ 含有零因子，不是无零因子环，也不是整环。

定理 10.1 环 $(A, +, \circ)$ 是无零因子环的充分必要条件是在 A 中乘法满足消去律，即 $\forall a, b, c \in A$，如果 $a \neq 0, ab = ac$，则 $b = c$；如果 $a \neq 0, ba = ca$，则 $b = c$。

证 设环 $(A, +, \circ)$ 是无零因子环，因为 $\forall a, b, c \in A, a \neq 0, ab = ac$，所以 $ab - ac = 0$，得 $a(b-c) = 0$，于是 $b - c = 0$，所以 $b = c$。

同理，$a \neq 0, ab = ac$，则 $b = c$。

设在 A 中乘法满足消去律，因为 $\forall a, b \in A$，如果 $a \neq 0, ab = 0$，由 $ab = a \circ 0$ 得 $b = 0$，于是 A 中没有非零的零因子，因此环 $(A, +, \circ)$ 是无零因子环。 证毕

定义 10.6 设 $(A, +, \circ)$ 是环，如果

(1) 它至少含有一个非零元素；

(2) 非零元素的全体对乘法构成一个群，

则称 $(A, +, \circ)$ 为一个体。

定义 10.7 可换体称为域。

定义 10.8 仅有有限个元素的体（域）称为有限体（域）。

如果 $(A, +, \circ)$ 是一个体，则它由两部分组成：加法群 $(A, +)$ 和乘法群 $(A \setminus \{0\}, \circ)$，它们之间由乘法 $\circ$ 对加法 $+$ 的左、右分配律联系起来，因此在体和域中，乘法有单位元，非零元素对乘法有逆元。显然，在体和域中没有零因子。

例 10.8 有理数集 **Q**，实数集 **R**，复数集 **C** 对通常加法和乘法分别构成的环 $(\mathbf{Q}, +, \times)$，$(\mathbf{R}, +, \times)$，$(\mathbf{C}, +, \times)$ 都是体，也是域。但整数环 $(\mathbf{I}, +, \times)$ 不是域，因为 $(\mathbf{I} \setminus \{0\}, \times)$ 中不是每个元素均有逆元，所以，$(\mathbf{I} \setminus \{0\}, \times)$ 不是群。

例 10.9 设 p 是一个素数，证明：模 p 同余类环 $(N_p, +, \times)$ 是一个域。

证 设 $[i], [j] \in N_p, [i] \neq 0, [j] \neq 0$，则 $[i] \times [j] = [ij] \neq 0$。否则 $p | ij$，由于 p 是一个素数，得 $p \nmid i, p \nmid j$，所以 $p \nmid ij$，矛盾。故 $(N_p, +, \times)$ 是无零因子环。从而乘法 $\times$ 满足消去律，$(N_p \setminus \{0\}, \times)$ 是群，而且是交换群，因此 $(N_p, +, \times)$ 是一个域。 证毕

$(N_p, +, \times)$ 是有限域。注意，如果 p 不是素数，则 $(N_p, +, \times)$ 不是域，因为此时 N_p 中有零因子。

由于域中乘法满足交换律，$a \neq 0$ 时方程 $ax = b$ 有唯一解 $a^{-1}b$，所以在域中可以引入除法。如果 $a, b \in A, a \neq 0$，则 b 被 a 除记为 $\dfrac{b}{a}$，$\dfrac{b}{a}$ 称为 b 被 a 除的商且 $\dfrac{b}{a} = a^{-1}b$。

在域中，商有以下性质：

(1) 如果 $a, b, c, d \in A, b \neq 0, d \neq 0$，则 $ad = bc$ 当且仅当 $\dfrac{a}{b} = \dfrac{c}{d}$；

(2) 如果 $a, b, c, d \in A, b \neq 0, d \neq 0$，则 $\dfrac{a}{b} \circ \dfrac{c}{d} = \dfrac{ac}{bd}, \dfrac{a}{b} \pm \dfrac{c}{d} = \dfrac{ad \pm bc}{bd}$；

(3) $\forall a, b, c, d \in A, b \neq 0, d \neq 0, c \neq 0$，则 $\dfrac{\frac{a}{b}}{\frac{c}{d}} = \dfrac{ad}{bc}$。

类似于子群的概念，在环、体和域中有子环、子体和子域的概念。

定义 10.9 环 $(A, +, \circ)$ 的非空子集 S，如果 S 对其中的加法及乘法也形成一个环，则称 S 是 A 的子环。

定义 10.10 设 $(A, +, \circ)$ 是体（域），S 是 A 的非空子集，如果 S 对 A 的加法及乘法也形成一个体（域），则称 S 是 A 的子体（子域）。

定理 10.2 环 A 的非空子集 S 是 A 的子环的充要条件为:

(1) $\forall a, b \in S, a - b \in S$;

(2) $\forall a, b \in S, a \circ b \in S$.

证 设 $(A, +, \circ)$ 是一个环,所以 $(A, +)$ 为交换群,$(A, \circ)$ 为半群,$\circ$ 对 $+$ 满足左、右分配律。

因为 S 是 A 的非空子集,所以对于 $(S, +)$,由于条件(1)成立,根据定理 9.17,$(S, +)$ 是 $(A, +)$ 的子群,交换律可继承,所以 $(S, +)$ 是一个交换群。

对于 $(S, \circ)$,由于条件(2)成立,根据定义 9.12,$(S, \circ)$ 是 $(A, \circ)$ 的子半群,$(S, \circ)$ 是一个半群。

$\circ$ 对 $+$ 的左、右分配律可继承,因此,$(S, +, \circ)$ 是一个环,$(S, +, \circ)$ 是 $(A, +, \circ)$ 的子环。

必要性证明较容易,在这里省略。 **证毕**

一个环中未必有单位元。如果一个环中有单位元,则它的子环中也未必有单位元。其次,有单位元的环,即使它的某个子环中有单位元,则子环中的单位元也未必是原环中的单位元。

例 10.10 对于整数环 $(\mathbf{I}, +, \times)$,偶数集 $E \subseteq \mathbf{I}$,$(E, +, \times)$ 是 $(\mathbf{I}, +, \times)$ 的一个子环。$(\mathbf{I}, +, \times)$ 中有单位元 1,而 $1 \notin E$,所以 $(E, +, \times)$ 中没有单位元。

习 题

1. 设集合 $A = \{5x \mid x \in \mathbf{I}\}$,$+$ 和 $\times$ 是普通的加法和乘法,判断 $(A, +, \times)$ 是否是环,是否是整环。

2. 证明:在环 $(A, +, \circ)$ 中,如果某两元素 a 和 b,有 $a \circ b = b \circ a$,那么

(1) $a \circ b^{-1} = b^{-1} \circ a$(假定 b^{-1} 存在);

(2) $a \circ (-b) = (-b) \circ a$。

3. 证明:$(S_1, +, \circ)$ 和 $(S_2, +, \circ)$ 是环 $(A, +, \circ)$ 的两个子环,则 $(S_1 \cap S_2, +, \circ)$ 亦是 $(A, +, \circ)$ 的子环。

4. 证明:域一定是整环。

5. 证明:有限整环必定是域。

10.2 同态和理想

在群中,引入群的同构的概念说明两个群在什么条件下可以抽象地看成是一样的。同样地,同构的概念也作为比较两个环、体和域是否一样的工具。

定义 10.11 设 $(A, +, \circ)$ 和 $(\overline{A}, \overline{+}, \overline{\circ})$ 是两个环(体、域),如果存在一一对应 $\varphi: A \to \overline{A}$,对 $\forall a, b \in A$,有

(1) $\varphi(a + b) = \varphi(a) \overline{+} \varphi(b)$;

(2) $\varphi(a \circ b) = \varphi(a) \bar{\circ} \varphi(b)$,

则称 A 与 $\bar{A}$ 同构,记为 $A \cong \bar{A}$,φ 称为 A 到 $\bar{A}$ 的一个同构。

同构的两个环(体、域)可以抽象地看成是一样的。

例 10.11 设 $A = \{a\}$,证明:$(\{\varnothing, A\}, \oplus, \cap) \cong (\{[0], [1]\}, +, \times)$。

证 令 $f: \{\varnothing, A\} \to \{[0], [1]\}$,其中 $f(\varnothing) = [0]$,$f(A) = [1]$,显然 f 是一一对应。

因为

$$f(\varnothing \oplus \varnothing) = f(\varnothing) = [0] = [0] + [0] = f(\varnothing) + f(\varnothing)$$
$$f(\varnothing \oplus A) = f(A) = [1] = [0] + [1] = f(\varnothing) + f(A)$$
$$f(A \oplus \varnothing) = f(A) = [1] = [1] + [0] = f(A) + f(\varnothing)$$
$$f(A \oplus A) = f(\varnothing) = [0] = [1] + [1] = f(A) + f(A)$$
$$f(\varnothing \cap \varnothing) = f(\varnothing) = [0] = [0] \times [0] = f(\varnothing) \times f(\varnothing)$$
$$f(\varnothing \cap A) = f(\varnothing) = [0] = [0] \times [1] = f(\varnothing) \times f(A)$$
$$f(A \cap \varnothing) = f(\varnothing) = [0] = [1] \times [0] = f(A) \times f(\varnothing)$$
$$f(A \cap A) = f(A) = [1] = [1] \times [1] = f(A) \times f(A)$$

所以 $(\{\varnothing, A\}, \oplus, \cap) \cong (\{[0], [1]\}, +, \times)$ 证毕

定义 10.12 设 $(A, +, \circ)$ 和 $(\bar{A}, \bar{+}, \bar{\circ})$ 是两个环,如果存在一个映射 $\varphi: A \to \bar{A}$,对 $\forall a, b \in A$,有

(1) $\varphi(a + b) = \varphi(a) \bar{+} \varphi(b)$;

(2) $\varphi(a \circ b) = \varphi(a) \bar{\circ} \varphi(b)$,

则称 φ 是从 A 到 $\bar{A}$ 的一个同态,而 A 与 $\bar{A}$ 称为是同态的。如果 φ 是满射,则 φ 是一个满同态,A 与 $\bar{A}$ 是满同态的,此时记为 $A \sim \bar{A}$。

该定义的第(1)条保证了从 $(A, +)$ 到 $(\bar{A}, \bar{+})$ 的群同态,第(2)条保证了从 $(A, \circ)$ 对到 $(\bar{A}, \bar{\circ})$ 的半群同态,φ 也保持了。对 $+$ 的左、右分配律。

由于满同态具有良好的性质,所以仅讨论满同态,约定以后谈到的同态均指满同态。

定理 10.3 设 φ 是从环 $(A, +, \circ)$ 到环 $(\bar{A}, \bar{+}, \bar{\circ})$ 的同态,则

(1) 如果 0 与 $\bar{0}$ 分别是 A 与 $\bar{A}$ 的零元素,则 $\varphi(0) = \bar{0}$。

(2) 如果 A 与 $\bar{A}$ 分别有单位元素 e 与 $\bar{e}$,则 $\varphi(e) = \bar{e}$。

(3) $\forall a \in A, \varphi(-a) = -\varphi(a)$。

(4) 如果 $a \in A$ 有逆元素 a^{-1},则 $\varphi(a^{-1}) = (\varphi(a))^{-1}$。

(5) 如果 S 是 A 的一个子环,则 $\varphi(S)$ 是 $\bar{A}$ 的子环。

(6) 如果 $\bar{S}$ 是 $\bar{A}$ 的一个子环,则 $\varphi^{-1}(\bar{S})$ 是 A 的子环。

该定理的证明作为习题。

定义 10.13 设 S 是 A 的一个子环,如果 $\forall a \in A$ 有 $aS \subseteq S$,则称 S 为 A 的左理想子

环,简称左理想。如果 $\forall a \in A$ 有 $Sa \subseteq S$,则称 S 为 A 的右理想子环,简称右理想。如果 S 既是 A 的左理想,又是 A 的右理想,则称 S 为 A 的理想。

如果 A 是交换环,则 A 的左理想与右理想便一致了。

根据定义,环 A 的非空子集 S 是 A 的一个理想的充分必要条件是:

(1) $\forall s_1, s_2 \in S, s_1 - s_2 \in S$;

(2) $\forall a \in A, \forall s \in S, as \in S, sa \in S$。

显然任一非零环 A 至少有两个理想,一个是 A 自身,另一个是 $\{0\}$,把它们称为平凡理想。除了这两个理想外,如果 A 还有其他的理想,那么就把它称为 A 的真理想。

例 10.12 偶数集 $E \subseteq \mathbf{I}, (E, +, \times)$ 是 $(\mathbf{I}, +, \times)$ 的子环。因为 $\forall m \in \mathbf{I}, mE \subseteq E$ 且 $Em \subseteq E$,所以 $(E, +, \times)$ 是 $(\mathbf{I}, +, \times)$ 的理想。

例 10.13 设 S 是形如 $\begin{bmatrix} a & 0 \\ 0 & 0 \end{bmatrix}$ 的所有矩阵构成的集合,则 S 是环 $(\mathbf{M}_2, +, \cdot)$ 的子环,但不是 $(\mathbf{M}_2, +, \cdot)$ 的理想。因为取 $a = \begin{bmatrix} 1 & 0 \\ 1 & 0 \end{bmatrix} \in \mathbf{M}_2, s = \begin{bmatrix} 1 & 0 \\ 0 & 0 \end{bmatrix} \in S$,则

$$a \cdot s = \begin{bmatrix} 1 & 0 \\ 1 & 0 \end{bmatrix} \cdot \begin{bmatrix} 1 & 0 \\ 0 & 0 \end{bmatrix} = \begin{bmatrix} 1 & 0 \\ 1 & 0 \end{bmatrix} \notin S$$

例 10.14 设 a 是交换环 A 的一个元素,A 中一切形如 $xa + na (x \in A, n \in \mathbf{I})$ 的元素构成的集合是 A 的理想,记为 (a),(a) 称为由 a 生成的理想。

实际上,设 $x_1 a + n_1 a, x_2 a + n_2 a \in (a)$,有

$$(x_1 a + n_1 a) - (x_2 a + n_2 a) = (x_1 - x_2)a + (n_1 - n_2)a \in (a)$$

$\forall x \in A$,有

$$x(x_1 a + n_1 a) = x(x_1 a) + x(n_1 a) = (xx_1)a + (xn_1)a = (xx_1 + xn_1)a \in (a)$$

因此 (a) 是 A 的理想。

定理 10.4 设 $\{H_1, H_2, \cdots, H_m\}$ 是 A 的一些理想构成的集族,则 $\bigcap_{i=1}^{m} H_i$ 是 A 的理想。

证 显然,$0 \in \bigcap_{i=1}^{m} H_i$,所以 $\bigcap_{i=1}^{m} H_i \neq \varnothing$。

$\forall a, b \in \bigcap_{i=1}^{m} H_i$,则 $\forall l, 1 \leqslant l \leqslant m, a, b \in H_l$。由于每个 H_l 都是 A 的理想,所以 $\forall x \in A$ 有 $a - b \in H_l, xa \in H_l, ax \in H_l$。故 $a - b \in \bigcap_{i=1}^{m} H_l, xa \in \bigcap_{i=1}^{m} H_l, ax \in \bigcap_{i=1}^{m} H_l$。

因此 $\bigcap_{i=1}^{m} H_i$ 是 A 的理想。   证毕

推论 10.1 设 S 是环 A 的一个非空子集,则 A 中包含 S 的一切理想的交是 A 的一个理想。

定义 10.14 设 S 是环 A 的一个非空子集,A 中包含 S 的一切理想的交称为由 S 生成的理想,记为 (S)。如果 $S = \{a\}$,则 (S) 简记为 (a)。如果 $S = \{a_1, a_2, \cdots a_n\}$,则 (S) 简记为 $(a_1, a_2, \cdots a_n)$。环 A 中的由一个元素 a 生成的理想 (a) 称为 A 的主理想。

于是,如果 A 是一个交换环,$a \in A$,则 $(a) = \{xa + na \mid x \in A, n \in \mathbf{I}\}$。如果 A 还有单位元,则 $(a) = \{xa \mid x \in A\}$。

对任一环 A,零理想子环 $\{0\}$ 是主理想。如果 A 还有单位元 e,则 A 也是主理想,且 $A=(e)$。

例 10.15 设 $a_1, a_2, \cdots a_n$ 是交换环 A 的元素,则

$$(a_1, a_2, \cdots a_n) = \{\sum_{i=1}^{n} x_i a_i + \sum_{i=1}^{n} n_i a_i \mid x_i \in A, n_i \in \mathbf{I}, i=1,2,\cdots,n\}。$$

一般地,如果 S 是交换环 A 的非空子集,则

$$(S) = \{\sum x_i a_i + \sum n_i a_i \mid x_i \in A, n_i \in \mathbf{I}, a_i \in S\}$$

其中 Σ 表示有限求和。

定理 10.5 体和域只有两个理想,一个是体和域自身,另一个是 $\{0\}$。

证 设 A 是一个体,$S \subseteq A$,S 是 A 的一个非零理想,则 S 中至少有一个非零元素 a,于是 $a^{-1}a = e \in S$。所以 $\forall x \in A$ 有 $xe = x \in S$,故 $A \subseteq S$,因此 $S = A$。   证毕

理想概念对于体和域是无用处的。

习　　题

1. 给出定理 10.3 的证明。
2. 设 S_1 和 S_2 是环 A 的两个理想,$S_1 + S_2 = \{s_1 + s_2 \mid s_1 \in S_1, s_2 \in S_2\}$,证明 $S_1 + S_2$ 也是环 A 的理想。
3. 设 f 是从环 $(A, +, \circ)$ 到代数系统 $(S, +, \circ)$ 的同态,证明:$(f(A), +, \circ)$ 也是环。
4. 设 φ 是从环 $(A, +, \circ)$ 到环 $(S, +, \circ)$ 的满同态,证明:φ 是同构的充要条件是 $\mathrm{Ker}\, \varphi = \{0\}$。
5. 已知整数加群与偶数加群同构,试问整数环与偶数环是否同构?并证明之。

10.3　环的同态基本定理

理想子环的作用类似于正规子群,于是有环的同态基本定理。

定理 10.6 设 φ 是从环 A 到环 $\overline{A}$ 的满同态,$\overline{0}$ 是 $\overline{A}$ 的零元素,则 $\varphi^{-1}(\overline{0})$ 是 A 的一个理想子环。

证 由于 $\varphi(0) = \overline{0}$,所以 $0 \in \varphi^{-1}(\overline{0})$,故 $\varphi^{-1}(\overline{0}) \neq \varnothing$。
$\forall a, b \in \varphi^{-1}(\overline{0})$,有

$$\varphi(a-b) = \varphi(a) + \varphi(-b) = \varphi(a) - \varphi(b) = \overline{0}$$

所以 $a - b \in \varphi^{-1}(\overline{0})$。

又 $\forall x \in A, a \in \varphi^{-1}(\overline{0})$,有

$$\varphi(xa) = \varphi(x) \circ \varphi(a) = \overline{0}, \varphi(ax) = \varphi(a) \circ \varphi(x) = \overline{0}$$

所以 $xa \in \varphi^{-1}(\overline{0})$ 且 $ax \in \varphi^{-1}(\overline{0})$。

因此 $\varphi^{-1}(\bar{0})$ 是 A 的一个理想子环。 证毕

定义 10.15 设 φ 是从环 A 到环 $\bar{A}$ 的满同态，$\bar{0}$ 是 $\bar{A}$ 的零元素，A 的理想子环 $\varphi^{-1}(\bar{0})$ 称为同态 φ 的核，记为 $\text{Ker}\,\varphi$。

于是 $\text{Ker}\,\varphi = \varphi^{-1}(\bar{0})$。该定义表明对环 A 的任意同态 φ，有一个理想子环 $\text{Ker}\,\varphi$ 与之对应。反之，有定理 10.7 成立。

定理 10.7 设 S 是环 A 的理想子环，则 $A \sim A/S$，S 是这个同态的核。

证 设 $\varphi: A \to A/S$，$\forall a \in A$，有 $\varphi(a) = a + S$。易见，φ 是 A 到 A/S 的满射。$\forall x, y \in A$，有
$$\varphi(x+y) = [x+y] = [x] + [y] = \varphi(x) + \varphi(y)$$
$$\varphi(xy) = [xy] = [x][y] = \varphi(x)\varphi(y)$$
所以 φ 是从 A 到 A/S 的同态，$A \sim A/S$。
$$\varphi^{-1}(S) = \{x \mid \varphi(x) = S, x \in A\} = S$$
所以 $\text{Ker}\,\varphi = S$，S 是这个同态的核。 证毕

定理 10.8（环的同态基本定理） 设 φ 是从环 A 到环 $\bar{A}$ 的满同态，则 $A/\text{Ker}\,\varphi \cong \bar{A}$。

证 设 $\varphi': A/\text{Ker}\,\varphi \to \bar{A}$，$\forall [a] \in A/\text{Ker}\,\varphi$，有 $\varphi'([a]) = \varphi(a)$。

设 $[a] = [b]$，则 $b \in [a]$，所以，$\exists n \in \varphi^{-1}(\bar{0})$，使得 $b = a + n$。于是
$$\varphi(b) = \varphi(a+n) = \varphi(a) + \varphi(n) = \varphi(a)$$
从而 $\varphi'([a]) = \varphi'([b])$。因此 φ' 是从 $A/\text{Ker}\,\varphi$ 到 $\bar{A}$ 的映射。

因为 φ 是满射，所以 φ' 也是满射。

设 $[a] \neq [b]$，则 $\varphi'([a]) \neq \varphi'([b])$。否则 $\varphi([a]) = \varphi([b])$，得 $\varphi(a-b) = \bar{0}$，故 $a-b \in \text{Ker}\,\varphi$，$[a] = [b]$，矛盾。所以 φ' 是单射。

因此 φ' 是从 $A/\text{Ker}\,\varphi$ 到 $\bar{A}$ 的一一对应。

$\forall [a], [b] \in A/\text{Ker}\,\varphi$，有
$$\varphi'([a]+[b]) = \varphi'([a+b]) = \varphi(a+b) = \varphi(a) + \varphi(b) = \varphi'([a]) + \varphi'([b])$$
$$\varphi'([a][b]) = \varphi'([ab]) = \varphi(ab) = \varphi(a)\varphi(b) = \varphi'([a])\varphi'([b])$$
因此 φ' 是从 $A/\text{Ker}\,\varphi$ 到 $\bar{A}$ 的同构 $A/\text{Ker}\,\varphi \cong \bar{A}$。 证毕

当把同构的环视为同一个环时，则 A 的理想子环与 A 的同态象是一一对应的。关于上述三个定理的意义和作用，可从群的相应定理得知。

习　　题

1. 设 φ 是从环 A 到环 $\bar{A}$ 的满同态，证明：φ 是同构的充分必要条件是 $\text{Ker}\,\varphi = \{0\}$。
2. 设 S_1 和 S_2 是环 A 的两个理想，$S_2 \subseteq S_1$，证明：S_1/S_2 是 A/S_2 的理想。
3. 设 $(A, +, \circ)$ 是一个域，群 $(A, +)$ 与 $(A\backslash\{0\}, \circ)$ 同构吗？

第 11 章

格与布尔代数

具有两个二元运算的代数系统除了环、体和域,还有格。本章研究格与布尔代数。首先把格定义为特殊的偏序集,然后再把格定义为具有两个二元运算的代数系统,并研究格的一些性质。格在数学中,特别是在计算机科学中应用较多,例如在开关电路设计、故障诊断、软件可靠性评价理论中均有重要应用。布尔代数是一种特殊的格,它在计算机科学中的应用是大家非常熟悉的。

11.1 格的定义及简单性质

在第 3 章讨论了偏序关系及偏序集,本节定义一类特殊的偏序集 —— 格,并研究格的一些简单性质。

定义 11.1 $(L,\leqslant)$ 是一个偏序集,如果对 L 的任两个元素 a 和 b,a 和 b 的上确界 $\sup\{a,b\}$ 和下确界 $\inf\{a,b\}$ 都存在,则 $(L,\leqslant)$ 称为格。格 $(L,\leqslant)$ 中,a 和 b 的上确界 $\sup\{a,b\}$ 记为 $a\vee b$,称为 a 与 b 的并,a 和 b 的下确界 $\inf\{a,b\}$ 记为 $a\wedge b$,称为 a 与 b 的交。

例 11.1 全序集必是格。

例 11.2 对非空集合 A,偏序集 $(2^A,\subseteq)$ 是格。实际上,对于 2^A 的任两个元素 S 和 T,有 $\sup\{S,T\}=S\cup T$,即 $S\vee T=S\cup T$,$\inf\{S,T\}=S\cap T$,即 $S\wedge T=S\cap T$。

例 11.3 对正整数集合 $\mathbf{I}_+$,偏序集 $(\mathbf{I}_+,|)$ 是格。对 $\mathbf{I}_+$ 的任两个元素 m 和 n,m 和 n 的最大公约数记为 (m,n),m 和 n 的最小公倍数记为 $[m,n]$,有 $\inf\{m,n\}=(m,n)$,$\sup\{m,n\}=[m,n]$,即 $m\wedge n=(m,n)$,$m\vee n=[m,n]$。

例 11.4 图 11.1 所示的几个偏序集,其中 (a) 和 (d) 是格,而 (b) 和 (c) 不是格,因为 (b) 和 (c) 中的元素 1 和 2 无上确界。

对于一个偏序集 $(A,\leqslant)$,$\leqslant$ 的逆关系可以用 $\geqslant$ 来表示,$\geqslant$ 也是 A 中的偏序关系,称 $(A,\leqslant)$ 和 $(A,\geqslant)$ 互为对偶。从哈斯图上看,后者是前者的上下颠倒。如果 $S\subseteq A$,则关系 $\leqslant$ 的 $\sup S$ 和 $\inf S$ 就分别等同于关系 $\geqslant$ 的 $\inf S$ 和 $\sup S$。因此,如果 $(L,\leqslant)$ 是一个格,则 $(L,\geqslant)$ 也是一个格,称这两个格互为对偶。

互为对偶的两个格有着密切的关系:格 $(L,\leqslant)$ 中求两元素的上确界(下确界)的运算正是格 $(L,\geqslant)$ 中求两元素的下确界(上确界)的运算,反之亦然。因此,给出关于格一般性质的任何有效命题,把关系 $\leqslant$ 与 $\geqslant$ 互换,把 $\vee$ 与 $\wedge$ 互换,能得到另一个有效命题,这就是

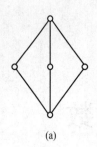 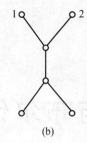 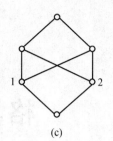 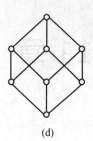

(a) (b) (c) (d)

图 11.1

关于格的对偶性原理。

定理 11.1 设 $(L, \leqslant)$ 是一个格，$\forall a, b, c, d \in L$，有

(1) $a \leqslant a$ （自反性）

(2) 如果 $a \leqslant b$ 且 $b \leqslant a$，必有 $a = b$ （反对称性）

(3) 如果 $a \leqslant b$ 且 $b \leqslant c$，必有 $a \leqslant c$ （传递性）

(4) $a \wedge b \leqslant a, a \wedge b \leqslant b, a \leqslant a \vee b, b \leqslant a \vee b$

(5) 如果 $a \leqslant b$ 且 $a \leqslant c$，必有 $a \leqslant b \wedge c$；
如果 $a \leqslant c$ 且 $b \leqslant c$，必有 $a \vee b \leqslant c$

(6) $a \wedge b = b \wedge a, a \vee b = b \vee a$ （交换律）

(7) $(a \wedge b) \wedge c = a \wedge (b \wedge c), (a \vee b) \vee c = a \vee (b \vee c)$ （结合律）

(8) $a \wedge a = a, a \vee a = a$ （等幂律）

(9) $a \wedge (a \vee b) = a, a \vee (a \wedge b) = a$ （吸收律）

(10) $a \leqslant b \Leftrightarrow a \wedge b = a \Leftrightarrow a \vee b = b$

(11) 如果 $a \leqslant b$ 且 $c \leqslant d$，必有 $a \wedge c \leqslant b \wedge d, a \vee c \leqslant b \vee d$

(12) 如果 $c \leqslant d$，必有 $a \wedge c \leqslant a \wedge d, a \vee c \leqslant a \vee d$ （保序性）

(13) $a \vee (b \wedge c) \leqslant (a \vee b) \wedge (a \vee c)$
$(a \wedge b) \vee (a \wedge c) \leqslant a \wedge (b \vee c)$ （分配不等式）

(14) $a \leqslant c \Leftrightarrow a \vee (b \wedge c) \leqslant (a \vee b) \wedge c$

证 （1)、(2)、(3)、(4)、(5)、(6)、(8) 显然成立。

以下都仅证明对偶式中之一。

(7) 设 $r = (a \wedge b) \wedge c, r' = a \wedge (b \wedge c)$，则 $r \leqslant c$ 且 $r \leqslant a \wedge b$，从而 $r \leqslant a$ 且 $r \leqslant b$ 且 $r \leqslant c$。所以 $r \leqslant a$ 且 $r \leqslant b \wedge c$，进而 $r \leqslant a \wedge (b \wedge c) = r'$。

类似可证得 $r' \leqslant (a \wedge b) \wedge c = r$。因此 $(a \wedge b) \wedge c = a \wedge (b \wedge c)$。

结合律的成立说明无括号的表达式 $a_1 \wedge a_2 \wedge \cdots \wedge a_n$ 和 $a_1 \vee a_2 \vee \cdots \vee a_n$ 都是单义的。

(9) 由 $a \leqslant a$ 和 $a \leqslant a \vee b$ 得 $a \leqslant a \wedge (a \vee b)$。又因为 $a \wedge (a \vee b) \leqslant a$，因此 $a = a \wedge (a \vee b)$。

(10) 如果 $a \leqslant b$，再由 $a \leqslant a$，得 $a \leqslant a \wedge b$，又因为 $a \wedge b \leqslant a$，所以 $a \wedge b = a$。

如果 $a \wedge b = a$，又因为 $a \wedge b \leqslant b$，所以 $a \leqslant b$。

因此 $a \leqslant b \Leftrightarrow a \wedge b = a$。

类似可证得 $a \leqslant b \Leftrightarrow a \vee b = b$。

(11) 由 $a \wedge c \leqslant a$ 且 $a \leqslant b$ 得 $a \wedge c \leqslant b$。又由 $a \wedge c \leqslant c$ 且 $c \leqslant d$ 得 $a \wedge c \leqslant d$，所以 $a \wedge c \leqslant b \wedge d$。

(12) 因为 $a \leqslant a$，将(11)式中 b 取为 a 即得。

(13) 由 $a \leqslant a \vee b$ 和 $a \leqslant a \vee c$ 得 $a \leqslant (a \vee b) \wedge (a \vee c)$，又由 $b \leqslant a \vee b$ 和 $c \leqslant a \vee c$ 得 $b \wedge c \leqslant (a \vee b) \wedge (a \vee c)$。因此 $a \vee (b \wedge c) \leqslant (a \vee b) \wedge (a \vee c)$。

(14) 因为 $a \leqslant c$，则 $a \vee c = c$，代入(13)式得 $a \vee (b \wedge c) \leqslant (a \vee b) \wedge c$。

因为 $a \vee (b \wedge c) \leqslant a \wedge (b \vee c)$，又 $a \leqslant a \vee (b \wedge c)$ 且 $(a \vee b) \wedge c \leqslant c$，得 $a \leqslant c$。

因此 $a \leqslant c \Leftrightarrow a \vee (b \wedge c) \leqslant (a \vee b) \wedge c$。

证毕

由于格 $(L, \leqslant)$ 中任两元素均有上确界和下确界，而且上确界和下确界都是唯一的，因此，格中求两个元素的上确界 $\vee$ 和下确界 $\wedge$ 就是两个二元运算。于是，格 $(L, \leqslant)$ 就是一个代数系统 $(L, \wedge, \vee)$。

定义 11.2 如果代数系统 $(L, \wedge, \vee)$ 的二元运算 $\wedge$ 和 $\vee$ 满足以下性质：$\forall a, b, c \in L$，有

(1) 交换律：$a \wedge b = b \wedge a$，$a \vee b = b \vee a$；

(2) 结合律：$(a \wedge b) \wedge c = a \wedge (b \wedge c)$，$(a \vee b) \vee c = a \vee (b \vee c)$；

(3) 吸收律：$a \wedge (a \vee b) = a$，$a \vee (a \wedge b) = a$。

则 $(L, \wedge, \vee)$ 称为格。

定理 11.2 格的两种定义是等价的。

证 设 $(L, \leqslant)$ 是格，将求两个元素的上确界和下确界的 $\vee$ 和 $\wedge$ 视为两个二元运算，则 $(L, \wedge, \vee)$ 为一个代数系统，根据定理 11.1 的(6)、(7)、(9)，可知 $(L, \leqslant)$ 是按代数系统定义的格 $(L, \wedge, \vee)$。

设 $(L, \wedge, \vee)$ 是按代数系统定义的格，要证明 $(L, \wedge, \vee)$ 是按偏序集定义的格 $(L, \leqslant)$，必须证明由 $\wedge$ 和 $\vee$ 能定义 L 上的偏序关系 $\leqslant$，并且 $\vee$ 和 $\wedge$ 是求两个元素的上确界和下确界运算。

(1) 设 L 上的二元关系 $\leqslant$ 如下：$\forall a, b \in L, a \leqslant b \Leftrightarrow a \wedge b = a$。

$\forall a \in L, a \wedge a = a$，所以 $a \leqslant a$，因此 $\leqslant$ 是自反的。

$\forall a, b \in L$，如果 $a \leqslant b$ 且 $b \leqslant a$，则 $a \wedge b = a$ 且 $b \wedge a = b$。所以 $a = b$，因此 $\leqslant$ 是反对称的。

$\forall a, b, c \in L$，如果 $a \leqslant b$ 且 $b \leqslant c$，则 $a \wedge b = a$ 且 $b \wedge c = b$，可得 $a \wedge c = a \wedge (b \wedge c) = a \wedge b = a$，所以 $a \leqslant c$，因此 $\leqslant$ 是传递的。

故 $\leqslant$ 是 L 上的一个偏序关系。

(2) 由 $a \leqslant b \Leftrightarrow a \wedge b = a \Leftrightarrow (a \wedge b) \vee b = a \vee b \Leftrightarrow b \vee (b \wedge a) = a \vee b \Leftrightarrow b = a \vee b$，得 $a \leqslant a \vee b$ 且 $b \leqslant a \vee b$，所以 $a \vee b$ 是 a 和 b 的一个上界。

设 c 是 a 和 b 的一个上界,即 $a \leqslant c$ 且 $b \leqslant c$,则 $a \vee c = c$ 且 $b \vee c = c$,因而 $(a \vee b) \vee c = a \vee (b \vee c) = a \vee c = c$,得 $a \vee b \leqslant c$,所以 $a \vee b$ 是 a 和 b 的上确界。

同理,可证 $a \wedge b$ 是 a 和 b 的下确界。

因此 $(L, \leqslant)$ 是按偏序关系定义的格。 证毕

以后提到格,既可将其视为偏序格,又可将其视为代数格。例如,对非空集合 A,偏序格 $(2^A, \subseteq)$ 的代数格为 $(2^A, \cap, \cup)$。把格看成代数系统的好处在于可以把代数系统中的有关概念引入格中,例如,类似于子群和子环,在格中有子格的概念;类似于群、环的同态与同构,在格中也有格的同态与同构的概念等。

定义 11.3 设 $(L, \wedge, \vee)$ 是一个格,$S \subseteq L$ 且 $S \neq \varnothing$,如果运算 $\wedge$ 和 $\vee$ 在 S 中封闭,则 $(S, \wedge, \vee)$ 是 $(L, \wedge, \vee)$ 的子格。

由于代数格 $(L, \wedge, \vee)$ 定义中的三条运算律都可被 $(S, \wedge, \vee)$ 自然继承,故 $(S, \wedge, \vee)$ 也是满足这三条运算律的代数格。

例 11.5 格 $(L, \leqslant)$ 的哈斯图如图 11.2 所示。
$S_1 = \{a_1, a_2, a_4, a_6\}$, $S_2 = \{a_1, a_2, a_3, a_4\}$, $(S_1, \leqslant)$ 是 $(L, \leqslant)$ 的子格,而 $(S_2, \leqslant)$ 不是 $(L, \leqslant)$ 的子格。

定义 11.4 设 $(L_1, \wedge_1, \vee_1)$ 和 $(L_2, \wedge_2, \vee_2)$ 是两个格。如果存在一个从 L_1 到 L_2 的映射 φ,且 $\forall a, b \in L_1$,$\varphi(a \wedge_1 b) = \varphi(a) \wedge_2 \varphi(b)$ 且 $\varphi(a \vee_1 b) = \varphi(a) \vee_2 \varphi(b)$,则称 φ 为从格 $(L_1, \wedge_1, \vee_1)$ 到格 $(L_2, \wedge_2, \vee_2)$ 的格同态。

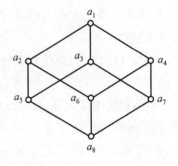

图 11.2

如果 φ 是满射,则称 φ 为满同态,这时说 $(L_1, \wedge_1, \vee_1)$ 与 $(L_2, \wedge_2, \vee_2)$ 满同态,并记为 $(L_1, \wedge_1, \vee_1) \sim (L_2, \wedge_2, \vee_2)$。

如果 φ 是一一对应,则称 φ 为同构,这时说 $(L_1, \wedge_1, \vee_1)$ 同构于 $(L_2, \wedge_2, \vee_2)$,记为 $(L_1, \wedge_1, \vee_1) \cong (L_2, \wedge_2, \vee_2)$。

定理 11.3 设 $(L_1, \wedge_1, \vee_1)$ 和 $(L_2, \wedge_2, \vee_2)$ 是两个格,它们的偏序关系分别为 $\leqslant_1$ 和 $\leqslant_2$,如果 $\varphi: L \to S$ 是格同态,则对 $\forall a, b \in L$ 且 $a \leqslant_1 b$,必有 $\varphi(a) \leqslant_2 \varphi(b)$。

证 $\forall a, b \in L$,如果 $a \leqslant_1 b$,则 $a \wedge_1 b = a$,由 φ 是格同态,得 $\varphi(a \wedge_1 b) = \varphi(a) \wedge_2 \varphi(b) = \varphi(a)$,因此 $\varphi(a) \leqslant_2 \varphi(b)$。 证毕

该定理说明同态具有保序性,但该定理的逆不成立。

习 题

1. 画出 $1 \sim 5$ 阶格的哈斯图。
2. 证明:具有三个或更少元素的格是一个链。
3. 证明:在格 $(L, \leqslant)$ 中,如果 $a \wedge b = a \vee b$,则 $a = b$。
4. 证明:在格 $(L, \leqslant)$ 中,$\forall a, b, c, d \in L$,有
   (1) $(a \wedge b) \vee (c \wedge d) \leqslant (a \vee c) \wedge (b \vee d)$;

(2) $(a \wedge b) \vee (b \wedge c) \vee (a \wedge c) \leqslant (a \vee b) \wedge (b \vee c) \wedge (a \vee c)$。

11.2 特殊的格

在各种各样的特殊格中,我们仅讨论与布尔代数有直接关系的那些特殊的格。

在偏序关系中,定义了偏序集的最大、最小元素,我们以此来定义有界格。

定义 11.5 如果格$(L, \wedge, \vee)$具有最大元素和最小元素,则该格称为有界格,记为$(L, \wedge, \vee, 0, 1)$,其中 0 代表最小元素,1 代表最大元素。

0 和 1 具有以下性质:

$\forall a \in L$,有$a \vee 0 = a, a \vee 1 = 1, a \wedge 0 = 0, a \wedge 1 = a$。

于是,0 是 $\vee$ 的单位元,1 是 $\wedge$ 的单位元。

在格的对偶原理的基础上,增加 0 与 1 的互换,就是有界格的对偶原理。例如,$(a \wedge b) \vee 0$ 的对偶式为 $(a \vee b) \wedge 1$。

例如,对非空集合A,格$(2^A, \cap, \cup)$中最小元素是$\varnothing$,最大元素是A,因此,$(2^A, \cap, \cup)$是一个有界格,记为$(2^A, \cap, \cup, \varnothing, A)$。在集合论中,$\forall S \in 2^A$,$S$关于$A$的余集(补集)$S^c \in 2^A$,并且$S \cap S^c = \varnothing, S \cup S^c = A$。于是,在有界格中引入类似于余集的概念。

定义 11.6 在有界格$(L, \wedge, \vee, 0, 1)$中,对于$a, b \in L$,如果$a \wedge b = 0$且$a \vee b = 1$,则称b是a的补元。

显然b是a的补元,a也是b的补元,称a与b互为补元。

在有界格中,并不是每个元素都有补元,而且一个元素如果有补元,其补元也不一定唯一。但是 1 有唯一补元为 0,0 有唯一补元为 1。

例 11.6 在图 11.3(a) 的有界格中,因为$a \wedge b = c \neq 0$,所以a, b无补。在图 11.3(b) 的有界格中,b和c皆为a的补元。

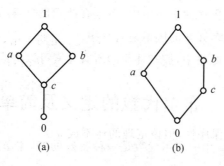

图 11.3

定义 11.7 如果有界格$(L, \wedge, \vee, 0, 1)$中的每个元素至少有一个补元,则称该格为有补格。

例如,对非空集合A,有界格$(2^A, \cap, \cup, \varnothing, A)$中,$\forall S \in 2^A$,$S$的补元是$S$关于$A$的余集$S^c$,因此,它的每个元素都有补元,它是一个有补格。图 11.3(b) 的有界格是一个有补格。

由于格是一个具有两个二元运算的代数系统,所以,自然要考虑两种运算之间的联系,特别是分配律是否成立。实际上,并不是在任意格中分配律都成立。

定义 11.8 格 $(L, \wedge, \vee)$ 称为分配格,如果对于 $\forall a, b, c \in L$,有

(1) $a \wedge (b \vee c) = (a \wedge b) \vee (a \wedge c)$;

(2) $a \vee (b \wedge c) = (a \vee b) \wedge (a \vee c)$。

例如,对非空集合 A,在格 $(2^A, \cap, \cup)$ 中,$\cap$ 和 $\cup$ 互相满足分配律,因此它是一个分配格。

定理 11.4 设 $(L, \wedge, \vee)$ 是一个分配格,$\forall a, b, c \in L$,如果 $a \wedge b = a \wedge c$,$a \vee b = a \vee c$,则 $b = c$。

证 $b = b \vee (b \wedge a) = b \vee (c \wedge a) = (b \vee c) \wedge (b \vee a) = (b \vee c) \wedge (c \vee a) =$
$[b \wedge (c \vee a)] \vee [c \wedge (c \vee a)] = [(b \wedge c) \vee (b \wedge a)] \vee c =$
$(b \wedge c) \vee c \vee (b \wedge a) = c \vee (b \wedge a) = c \vee (c \wedge a) = c$ **证毕**

在一般的格中不仅 $\wedge$ 或 $\vee$ 单独不满足消去律,即使两等式同时成立时,也不一定能满足消去律。例如在图 11.3(b) 中,$a \vee b = a \vee c = 1$,$a \wedge b = a \wedge c = 0$,但 $b \neq c$。在分配格中,消去律成立。

推论 11.1 如果分配格 $(L, \wedge, \vee)$ 中的元素 a 有补元,则补元必唯一。

证 设 $b, c \in A$ 都是 a 的补元,则 $a \wedge b = 0 = a \wedge c$,$a \vee b = 1 = a \vee c$,根据定理11.4得 $b = c$。 **证毕**

由于在分配格中有补必唯一,可将 a 的补元记为 a',将 $'$ 视为求补运算。分配格只保证了有补必唯一,并未保证每个元素必有补,所以,不是所有的分配格都是有补格。

习　题

1. 集合 $A = \{x \mid x \in \mathbf{L}_+, x \mid 30\}$ 和其上的整除关系 R 构成的格 (A, R) 是分配格吗?
2. 证明:在具有两个或更多元素的格中,不含有补元是自身的元素。
3. 证明:具有三个或更多元素的链不是有补格。
4. 证明:在一个有界分配格中,拥有补元的所有元素可以构成一个子格。

11.3 布尔代数的定义及简单性质

计算机科学中有广泛应用的布尔代数是一种特殊的格,本节给出布尔代数的概念及基本性质。

定义 11.9 一个有补分配格称为布尔代数,常记为 $(B, \wedge, \vee, ', 0, 1)$。

例 11.7 令 $B = \{0, 1\}$,在 B 上定义交运算 $\wedge$ 和并运算 $\vee$ 分别见表 11.1(a) 和表 11.1(b)。

表 11.1(a)

∧	0	1
0	0	0
1	0	1

表 11.1(b)

∨	0	1
0	0	1
1	1	1

B 中的求补运算"$'$"定义为 $1'=0,0'=1$。

容易验证,$(B,\wedge,\vee)$ 是格。又因 1 是最大元素且 0 是最小元素,故 $(B,\wedge,\vee)$ 是有界格,记为 $(B,\wedge,\vee,0,1)$。由于定义了补运算"$'$",故 $(B,\wedge,\vee,0,1)$ 是有补格。通过直接验算可知 $(B,\wedge,\vee,0,1)$ 是分配格。因此它是布尔代数,记为 $(B,\wedge,\vee,',0,1)$。它是数字电路和计算机中常用的布尔代数,也是最简单的布尔代数。

例 11.8 对非空集合 $A,(2^A,\cap,\cup)$ 既是有补格,又是分配格,因此,它是布尔代数,记为 $(2^A,\cap,\cup,^c,\varnothing,A)$。如果 $|A|=n$,则得到了含 2^n 个元素的有限布尔代数。$(2^A,\cap,\cup,^c,\varnothing,A)$ 这一布尔代数在布尔代数的理论中具有重要的意义。

设 $(B,\wedge,\vee,',0,1)$ 是任一布尔代数,由定义可知,它必是:偏序集、格、有界格、有补格和分配格,故布尔代数必兼具上述五者的性质。

(1) 格

$B1$:$a\wedge b=b\wedge a, a\vee b=b\vee a$ (交换律)

$B2$:$(a\wedge b)\wedge c=a\wedge(b\wedge c),(a\vee b)\vee c=a\vee(b\vee c)$ (结合律)

$B3$:$a\wedge(a\vee b)=a, a\vee(a\wedge b)=a$ (吸收律)

$B4$:$a\wedge a=a, a\vee a=a$ (等幂律)

(2) 有界格

$B5$:$0\leqslant a\leqslant 1$

$B6$:$0\wedge a=0, 0\vee a=a, 1\wedge a=a, 1\vee a=1$

(3) 分配格

$B7$:$a\wedge(b\vee c)=(a\wedge b)\vee(a\wedge c), a\vee(b\wedge c)=(a\vee b)\wedge(a\vee c)$ (分配律)

$B8$:如果 $a\wedge b=a\wedge c$ 且 $a\vee b=a\vee c$,则 $b=c$ (消去律)

$B9$:$(a\wedge b)\vee(b\wedge c)\vee(a\wedge c)=(a\vee b)\wedge(b\vee c)\wedge(a\vee c)$

(4) 有补格

$B10$:$a\wedge a'=0, a\vee a'=1$

$B11$:$0'=1, 1'=0$

(5) 有补分配格

$B12$:$(a')'=a$

$B13$:$(a\wedge b)'=a'\vee b',(a\vee b)'=a'\wedge b'$ (De Morgan 律)

(6) 偏序集

$B14$:$a\wedge b=\inf\{a,b\}, a\vee b=\sup\{a,b\}$

$B15$:$a\leqslant b\Leftrightarrow a\wedge b=a\Leftrightarrow a\vee b=b$

$B16: a \leqslant b \Leftrightarrow a \wedge b' = 0 \Leftrightarrow a' \vee b = 1 \Leftrightarrow b' \leqslant a'$

证 有些性质以前已证明过了,此处不再证明。

$B12$:因为 $a \wedge a' = 0, a \vee a' = 1, a$ 是 a' 的补元。

又因为 $a' \wedge (a')' = 0, a' \vee (a')' = 1$,所以 $(a')'$ 亦是 a' 的补元。

因为补元唯一,所以 $a = (a')'$。

$B13$: $(a \vee b) \wedge (a' \wedge b') = (a \wedge a' \wedge b') \vee (b \wedge a' \wedge b') = 0 \vee 0 = 0$

$(a \vee b) \vee (a' \wedge b') = (a \vee b \vee a') \wedge (a \vee b \vee b') = 1 \vee 1 = 1$

因为补元唯一,所以 $(a \wedge b)' = a' \vee b'$。

根据对偶原理得,$(a \vee b)' = a' \wedge b'$。

$B16$:由于 $a \leqslant b \Leftrightarrow a \wedge b = a \Leftrightarrow a \vee b = b \leqslant b$,根据 De Morgan 律得

$$a \leqslant b \Leftrightarrow (a \wedge b)' = a' \Leftrightarrow a \vee b' = b'$$

$$a \leqslant b \Leftrightarrow a' \vee b' = a' \Leftrightarrow a' \wedge b' = b'$$

所以
$$a \leqslant b \Rightarrow a \wedge b' = a \wedge (a' \wedge b') = 0$$

$$a \leqslant b \Rightarrow a' \vee b = (a' \vee b') \vee b' = 1$$

反之
$$a \wedge b' = 0 \Rightarrow b \vee (a \wedge b') = b \Rightarrow b \vee a = b \Rightarrow a \leqslant b$$

$$a' \vee b = 1 \Rightarrow a \wedge (a' \vee b) = a \Rightarrow a \wedge b = a \Rightarrow a \leqslant b \qquad \text{证毕}$$

在布尔代数中,对偶原理仍成立,求对偶式时,$\wedge$ 与 $\vee$ 互换,0 与 1 与换,$\leqslant$ 的左右式互换。

从代数系统的角度可等价地给出布尔代数的另一种定义。

定义 11.10 设 $(B, \wedge, \vee)$ 是代数系统,$\wedge$ 和 $\vee$ 是 B 上的二元运算,如果 $\forall a, b, c \in B$,有

(1) $a \wedge b = b \wedge a, a \vee b = b \vee a$ (交换律)

(2) $a \wedge (b \vee c) = (a \wedge b) \vee (a \wedge c)$

$a \vee (b \wedge c) = (a \vee b) \wedge (a \vee c)$ (分配律)

(3) B 中存在两个元素 0 和 1,对于 $\forall a \in B$,有 $a \wedge 1 = a, a \vee 0 = a$

(4) $\forall a \in B$,必存在一个 $a' \in B$,使得 $a \wedge a' = 0, a \vee a' = 1$

则 $(B, \wedge, \vee)$ 是布尔代数。

这个定理的证明很长,在此略去它的证明。

定义 11.11 设 $(B, \wedge, \vee, ', 0, 1)$ 和 $(P, \cap, \cup, ^-, \theta, I)$ 是两个布尔代数。映射 $\varphi: B \to P$,如果 $\forall a, b \in B$,有 $\varphi(a \wedge b) = \varphi(a) \cap \varphi(b), \varphi(a \vee b) = \varphi(a) \cup \varphi(b), \varphi(a') = \overline{\varphi(a)}$,$\varphi(0) = \theta, \varphi(1) = I$。则称 φ 是一个布尔同态,B 与 P 同态,记为 $B \sim P$。如果 φ 是一一对应,则称 φ 是一个布尔同构,B 与 P 同构,记为 $B \cong P$。

定理 11.5 设 φ 是从布尔代数 $(B, \wedge, \vee, ', 0, 1)$ 到 $(P, \cap, \cup, ^-, \theta, I)$ 的一个映射,如果对 $\forall a, b \in B$,有 $\varphi(a \wedge b) = \varphi(a) \cap \varphi(b)$ 且 $\varphi(a') = \overline{\varphi(a)}$,则 φ 是布尔同态。

证 因为 $a \vee b = (a' \wedge b')'$,所以

$$\varphi(a \vee b) = \varphi((a' \wedge b')') = \overline{\varphi(a' \wedge b')} = \overline{\overline{\varphi(a')} \cap \overline{\varphi(b')}} = \overline{\overline{\varphi(a)} \cap \overline{\varphi(b)}} = \varphi(a) \cup \varphi(b)$$

$$\varphi(0) = \varphi(a \wedge a') = \varphi(a) \cap \overline{\varphi(a)} = \theta$$
$$\varphi(1) = \varphi(a \vee a') = \varphi(a) \cup \overline{\varphi(a)} = I$$

根据定义 11.11，φ 是布尔同态。 **证毕**

推论 11.2 如果将定理 11.5 前提条件的 $\varphi(a \wedge b) = \varphi(a) \cap \varphi(b)$ 改为 $\varphi(a \vee b) = \varphi(a) \cup \varphi(b)$，其他条件不变，则结论仍成立。

定理 11.6 设 $(B, \wedge, \vee, ', 0, 1)$ 是布尔代数，$(P, \cap, \cup, \overline{})$ 是一个与 B 同类型的代数系统。如果映射 $\varphi: B \to P$ 对 $\forall a, b \in B$，有

(1) $\varphi(a \wedge b) = \varphi(a) \cap \varphi(b)$

(2) $\varphi(a \vee b) = \varphi(a) \cup \varphi(b)$

(3) $\varphi(a') = \overline{\varphi(a)}$

则 $(\varphi(B), \cap, \cup, \overline{}, \varphi(0), \varphi(1))$ 是布尔代数。

证 $\forall x, y, z \in \varphi(B)$，必存在 $a, b, c \in B$，使得 $x = \varphi(a), y = \varphi(b), z = \varphi(c)$。

(1) $x \cap y = \varphi(a) \cap \varphi(b) = \varphi(a \wedge b) = \varphi(b \wedge a) = \varphi(b) \cap \varphi(a) = y \cap x$

$x \cup y = \varphi(a) \cup \varphi(b) = \varphi(a \vee b) = \varphi(b \vee a) = \varphi(b) \cup \varphi(a) = y \cup x$

所以 $\cap$ 和 $\cup$ 均满足交换律。

(2) $x \cap (y \cup z) = \varphi(a) \cap (\varphi(b) \cup \varphi(c)) = \varphi(a \wedge (b \vee c)) =$
$\varphi((a \wedge b) \vee (a \wedge c)) = \varphi(a \wedge b) \cup \varphi(a \wedge c) =$
$(\varphi(a) \cap \varphi(b)) \cup (\varphi(a) \cap \varphi(c)) = (x \cap y) \cup (x \cap z)$

$x \cup (y \cap z) = \varphi(a) \cup (\varphi(b) \cap \varphi(c)) = \varphi(a \vee (b \wedge c)) =$
$\varphi((a \vee b) \wedge (a \vee c)) = \varphi(a \vee b) \cap \varphi(a \vee c) =$
$(\varphi(a) \cup \varphi(b)) \cap (\varphi(a) \cup \varphi(c)) = (x \cup y) \cap (x \cup z)$

所以 $\cap$ 对 $\cup$、$\cup$ 对 $\cap$ 均满足分配律。

(3) $\varphi(B)$ 中存在 $\varphi(0)$ 和 $\varphi(1)$，

$x \cap \varphi(0) = \varphi(a) \cap \varphi(0) = \varphi(a \wedge 0) = \varphi(0)$

$x \cup \varphi(1) = \varphi(a) \cup \varphi(1) = \varphi(a \vee 1) = \varphi(1)$

所以 $\varphi(0)$ 是最小元素，$\varphi(1)$ 是最大元素。

(4) $x \cap \overline{x} = \varphi(a) \cap \overline{\varphi(a)} = \varphi(a) \cap \varphi(a') = \varphi(a \wedge a') = \varphi(0)$

$x \cup \overline{x} = \varphi(a) \cup \overline{\varphi(a)} = \varphi(a) \cup \varphi(a') = \varphi(a \vee a') = \varphi(1)$

所以 $\overline{\varphi(a)}$ 是 $\varphi(a)$ 的补元。

根据定义 11.10，$(\varphi(B), \cap, \cup, -, \varphi(0), \varphi(1))$ 是布尔代数。 **证毕**

推论 11.3 如果 φ 是满射，则 $(P, \cap, \cup, -, \varphi(0), \varphi(1))$ 亦是布尔代数。

习 题

1. 在布尔代数 $(B, \wedge, \vee, ', 0, 1)$ 中，如果 $a \wedge d = 0, a \vee d = b, a \wedge c = 0, a \vee c = b$，证明：$a \wedge b = a, b \wedge c = c, c = d$。

2. 在布尔代数$(B,\wedge,\vee,',0,1)$中,证明:$a,b\in B, a=b\Leftrightarrow(a\wedge b')\vee(a'\wedge b)=0$。

3. 设$S=\{a,b,c\}, B=\{0,1\}, f:2^S\to B, \forall X\in 2^S$,有

$$f(X)=\begin{cases}1 & (b\in X)\\ 0 & (b\notin X)\end{cases}$$

证明:f是$(2^S,\cap,\cup,{}^c,\varnothing,S)$到$(B,\wedge,\vee,',0,1)$的布尔同态。

4. 设$(B,\wedge,\vee,',0,1)$和$(P,\cap,\cup,\overline{},\theta,I)$是两个布尔代数。在$B\times P$上定义二元运算"$*$"和"$+$"以及一元运算·如下:$\forall(a,b),(c,d)\in B\times P$,有

$$(a,b)*(c,d)=(a\wedge c,b\cap d)$$
$$(a,b)+(c,d)=(a\vee c,b\cup d)$$
$$\cdot(a,b)=(a',\overline{b})$$

且令 $\alpha=(0,\theta)$, $\beta=(1,I)$

证明:$(B\times P,+,*,\cdot,\alpha,\beta)$是布尔代数,称$(B\times P,+,*,\cdot,\alpha,\beta)$为$B$与$P$的直积,记为$B\times P$。

11.4 布尔表达式与布尔函数

定义 11.12 设$(B,\wedge,\vee,',0,1)$是布尔代数,则B中的元素称为布尔常元,取值于B中元素的变元称为布尔变元。

定义 11.13 布尔代数$(B,\wedge,\vee,',0,1)$上的布尔表达式归纳定义为:

(1) 单个布尔常元是布尔表达式,单个布尔变元是布尔表达式。

(2) 如果e_1和e_2都是布尔表达式,则$(e_1)'$,$(e_1\vee e_2)$,$(e_1\wedge e_2)$也是布尔表达式。

(3) 除有限次运用(1)和(2)所形成的表达式外的其他符号串都不是布尔表达式。

例 11.9 设布尔代数$(B,\wedge,\vee,',0,1)$,其中$B=\{0,a,b,1\}$,则下列字符串均是布尔表达式:$a, 0\wedge x, (1\wedge x_1)\vee x_2, (a\vee b)'\wedge(x_1'\vee x_2)\wedge(x_1\wedge x_2)'$。

定义 11.14 含有n个相异变元的布尔表达式称为n元布尔表达式,常记为$f(x_1,x_2,\cdots,x_n)$等形式。

定义 11.15 布尔代数$(B,\wedge,\vee,',0,1)$上的布尔表达式$f(x_1,x_2,\cdots,x_n)$的值,是指对表达式中每个变元,代入B中一个指定元素后,计算出来的表达式的值。对n个相异变元一次指定的n个布尔常元形成一组,称为该布尔表达式的一个指派。

例 11.10 设布尔代数$(\{0,1\},\wedge,\vee,',0,1)$上的三元表达式$f(x_1,x_2,x_3)=(x_1'\wedge x_2')\wedge(x_1'\vee x_2')\wedge(x_2\vee x_3)'$,对该表达式中3个变元$x_1,x_2,x_3$的一组指派为$(1,0,1)$,将这组指派代入后,表达式的值即为

$$f(1,0,1)=(1'\wedge 0')\wedge(1'\vee 0')\wedge(0\vee 1)'=(0\wedge 1)\wedge(0\vee 1)\wedge(1)'=$$
$$0\wedge 1\wedge 0=0$$

定义 11.16 布尔代数$(B,\wedge,\vee,',0,1)$上两个n元布尔表达式$f_1(x_1,x_2,\cdots,x_n)$和$f_2(x_1,x_2,\cdots,x_n)$,如果对n个变元的任意指派,f_1和f_2的值均相等,则称这两个布尔表达

式是等价的或恒等的,并记为
$$f_1(x_1,x_2,\cdots,x_n) \equiv f_2(x_1,x_2,\cdots,x_n)$$

两布尔表达式恒等的概念是建立在任意布尔代数上的,就是说,两个布尔表达式恒等,则在任何布尔代数上皆恒等。在实践上可通过有限次地运用布尔代数恒等式,将一个布尔表达式化成另一个布尔表达式来证明两个布尔表达式恒等。

"恒等"实际上是一个等价关系。设 n 个变元的所有布尔表达式的集合为 BE_n,于是 BE_n 在等价关系"$\equiv$"下被分成若干个等价类,每个等价类中的任两个布尔表达式是等价的,而不同类中的两个表达式是不等价的。于是便产生以下几个问题:

(1) BE_n 在等价关系"$\equiv$"下被分成多少不同的等价类?

(2) 同一个等价类中各布尔表达式的共同特征是什么?

(3) 每一个等价类中各布尔表达式有怎样的标准型?又怎样求这样的标准型?

(4) 上述的标准型是最简单的吗?

为了回答上述问题,下面介绍有关布尔表达式的范式及其性质。

定义 11.17 n 个变元 $x_1,x_2,\cdots,x_n$ 的形如 $x_1^{\alpha_1} \wedge x_2^{\alpha_2} \wedge \cdots \wedge x_n^{\alpha_n}$ 的布尔表达式,称为这 n 个变元的极小项(或基本积),类似地将形如 $x_1^{\alpha_1} \vee x_2^{\alpha_2} \vee \cdots \vee x_n^{\alpha_n}$ 的布尔表达式称为这 n 个变元的极大项(或基本和)。其中

$$x_i^{\alpha_i} = \begin{cases} x_i' & (\alpha_i = 0) \\ x_i & (\alpha_i = 1) \end{cases}$$

例 11.11 包含 3 个变元 a,b,c 的极小项有 8 个: $a' \wedge b' \wedge c', a' \wedge b' \wedge c, a' \wedge b \wedge c',$ $a' \wedge b \wedge c, a \wedge b' \wedge c', a \wedge b' \wedge c, a \wedge b \wedge c', a \wedge b \wedge c$;

极大项也有 8 个: $a' \vee b' \vee c', a' \vee b' \vee c, a' \vee b \vee c', a' \vee b \vee c, a \vee b' \vee c', a \vee b' \vee c, a \vee b \vee c', a \vee b \vee c$。

显然 3 个变元总共可有 8 个不同的极小项和 8 个不同的极大项。对于 n 个变元,每个变元位置上可取变元自身或取其补,即有二种可取状态,故 n 个变元总共可产生 2^n 个不同的极小项和 2^n 个不同的极大项。

极小项与极大项在许多方面性质相同,故一般是以研究极小项性质为主,然后自然可得极大项也具有这些性质。

定理 11.7 任一极小项不与 0 或 1 等价。

证 对任一极小项 $x_1^{\alpha_1} \vee x_2^{\alpha_2} \vee \cdots \vee x_n^{\alpha_n}$,

(1) 对每个 $x_i^{\alpha_i}$,当 $\alpha_i = 1$ 时,取 $x_i = 1$,当 $\alpha_i = 0$ 时,取 $x_i = 0$,则此极小项的值为 1,故不恒为 0,故该极小项不与 0 等价。

(2) 对每个 $x_i^{\alpha_i}$,当 $\alpha_i = 1$ 时,取 $x_i = 0$,当 $\alpha_i = 0$ 时,取 $x_i = 1$,则此极小项值为 0,故不恒为 1,故该极小项不与 1 等价。

证毕

定理 11.8 任两个相异极小项不等价。所谓相异极小项是指两极小项至少有一个变元的指数不同,即设 $\alpha = x_1^{\alpha_1} \wedge x_2^{\alpha_2} \wedge \cdots \wedge x_n^{\alpha_n}, \beta = x_1^{\beta_1} \wedge x_2^{\beta_2} \wedge \cdots \wedge x_n^{\beta_n}$,存在某个 $i \in \{1,2,\cdots,n\}$,使 $\alpha_i \neq \beta_i$,则 α 与 β 不等价。

证 首先假设两个极小项相等，$\alpha \equiv \beta$，因为 $\wedge$ 满足幂等律，则 $\alpha \wedge \beta \equiv \alpha \equiv \beta$，而不与 0 等价，设 α 与 β 的 x_{i_k} 变元的指数不同，即 $\alpha_{i_k} \neq \beta_{i_k}$。当 $\alpha \wedge \beta$ 时，由于"$\wedge$"运算可交换又可结合，而 $x_{i_k}^{\alpha_{i_k}} \wedge x_{i_k}^{\beta_{i_k}} = 0$，因为 0 交任何元素等于 0，所以 $\alpha \wedge \beta = 0$，矛盾，所以 α 与 β 不等价。

证毕

定理 11.9 n 个变元的所有极小项之并恒为 1。

证 由数学归纳法，当 $n=1$ 时，$x_1 \vee x_1' \equiv 1$。假设当 $n=k$ 时，所有极小项之并 p 恒为 1，当 $n=k+1$ 时，所有极小项之并

$$w = (p \wedge x_{k+1}) \vee (p \wedge x'_{k+1})$$

因为 $p \equiv 1$，所以

$$w = (1 \wedge x_{k+1}) \vee (1 \wedge x'_{k+1}) = x_{k+1} \vee x'_{k+1} \equiv 1$$

故命题得证。

证毕

如果不是所有极小项之并，而是若干极小项之并，则不恒为 1。

定义 11.18 若干极小之并所表示的布尔表达式称为交并范式。类似地，若干极大项之交所表示的布尔表达式称为并交范式。

例 11.12 包含三个变元 x,y,z 的交并范式和并交范式如下：

交并范式：$(x' \wedge y \wedge z) \vee (x \wedge y \wedge z') \vee (x' \wedge y' \wedge z)$

并交范式：$(x \vee y' \vee z') \wedge (x \vee y' \vee z) \wedge (x' \vee y \vee z')$。

n 个变元可有多少种不同的交并范式？

已知 n 个变元可有 2^n 个相异的极小项。那么由 0 个极小项构成的交并范式仅一种即为布尔常元。也可表示为 $C_{2^n}^0$。由 1 个极小项构成的交并范式共有 $C_{2^n}^1$ 种，由 2 个极小项构成的交并范式共有 $C_{2^n}^2$ 种，……。故所有交并范式之总数为 $C_{2^n}^0 + C_{2^n}^1 + \cdots + C_{2^n}^{2^n} = 2^{2^n}$。

下面给出一个定理来说明交并范式的作用及意义，因证明复杂而从略。

定理 11.10 任一 n 个变元的布尔表达式必等价于一个同变元的交并范式。

此定理说明了 n 个变元的一切布尔表达式的集合 BE_n，按恒等这一等价关系划分，每组相互等价的表达式构成一个等价类，而每一类中的布尔表达式必皆与一个交并范式等价。那么，有多少不同的交并范式，自然就有多少不同的类。故 n 个变元的一切布尔表达式的集合 BE_n，可划分为 2^{2^n} 个不同的等价类。

考察布尔代数 $(B, \wedge, \vee, ', 0, 1)$，是否每一个 $B^n \to B$ 的映射都可以用此布尔代数上的一个布尔表达式来规定呢？答案是否定的。

如果 $B = \{0,1,2,3\}$，$f: B^2 \to B$ 是映射，有多少种不同的映射呢？因为 $|B^2| = 4^2 = 16$，$|B| = 4$，共有 4^{16} 个不同的映射。如果 $f(x_1, x_2)$ 能够用关于 x_1 和 x_2 的布尔表达式表示出来将是理想的。但是，由于两个变元的布尔表达式共有 $2^{2^2} = 2^4 = 16$ 种，所以，只能有 16 个映射正好用这 16 个布尔表达式表示，而绝大多数的映射不能用布尔表达式表示。显然，能用布尔表达式表示的映射更便于我们去研究，于是为了区别，我们把能用布尔表达式表示的映射称为布尔映射或布尔函数。

定义 11.19 设 $(B, \wedge, \vee, ', 0, 1)$ 是布尔代数，由 n 个变元 $x_1, x_2, \cdots, x_n$ 的布尔表达式

$\alpha(x_1, x_2, \cdots, x_n)$ 所确定的映射 $f: B^n \to B$ 称为布尔函数。

如果 $|B| = m$，所有 $B^n \to B$ 的映射共有 m^{m^n} 种，而布尔表达式共有 2^{2^n} 种。那么，是否存在一个布尔代数，使得所有 $B^n \to B$ 的映射都能用布尔表达式表示呢？令 $m^{m^n} = 2^{2^n}$，解得 $m = 2$。于是，在最小布尔代数上，$B^n \to B$ 的任一映射都可用布尔表达式来表示。

定理 11.11 令布尔代数 $(B, \wedge, \vee, ', 0, 1)$ 中 $B = \{0, 1\}$，则 $B^n \to B$ 的任一映射 f 都可表示为一个布尔表达式。

证 关键在于证明每个映射都对应于一个交并范式。

令极小项
$$P_\alpha(x_1, x_2, \cdots, x_n) = x_1^{\alpha_1} \vee x_2^{\alpha_2} \vee \cdots \vee x_n^{\alpha_n}$$
对于任一指定的极小项，只有唯一的一组 $\alpha = (\alpha_1, \alpha_2, \cdots, \alpha_n) \in B^n$ 的值能使 $P_\alpha = 1$，此时，x_i 的取值必为 $x_i = \alpha_i (i = 1, 2, \cdots, n)$。否则对其他任何组赋值均有 $P_\alpha = 0$。

例如，$P_\alpha = x_1 \wedge x_2' \wedge x_3$，只有 $\alpha = (1, 0, 1)$ 时，$P_\alpha = 1$。

进而可知，对于 $B^n \to B$ 的任一映射 f，如果当 $\alpha = (\alpha_1, \alpha_2, \cdots, \alpha_n)$ 时，$f(\alpha_1, \alpha_2, \cdots, \alpha_n) = 1$，则必有极小项
$$P_\alpha = x_1^{\alpha_1} \vee x_2^{\alpha_2} \vee \cdots \vee x_n^{\alpha_n}$$
可表示它。

对给定映射 $f: B^n \to B$，令所有使 $f = 1$ 的赋值组组成的集合为
$$S = \{\alpha \mid f(\alpha) = 1 \text{ 且 } \alpha \in B^n\}$$
则
$$f(x_1, x_2, \cdots, x_n) = \bigvee_{\alpha \in S} P_\alpha(x_1, x_2, \cdots, x_n)$$
而右端正是一个交并范式。 证毕

上述定理给了我们启示，于是得到如下定理。

定理 11.12 n 个变元的布尔表达式 $\alpha(x_1, x_2, \cdots, x_n)$ 和 $\beta(x_1, x_2, \cdots, x_n)$ 等价，即 $\alpha \equiv \beta$ 的充要条件是在最小布尔代数上的任意赋值，总有 $\alpha = \beta$。

证 如果 $\alpha \equiv \beta$，根据恒等的定义，在任何布尔代数上的任何赋值，二者的值总相等，当然在最小布尔代数上赋值，二者的值也总相等。

如果在最小布尔代数上的任何赋值，均有 $\alpha = \beta$。则因在最小布尔代数上的任意赋值组连同每组赋值的结果可视为 $\{0, 1\}^n \to \{0, 1\}$ 的一个映射，故两布尔表达式中变元取值相同，表达式的结果值相同，可视为映射的自变元取值相同，则映射的值相同，所以可视为 $\{0, 1\}^n \to \{0, 1\}$ 的同一个映射。又根据定理 11.11 可知，两个布尔表达式对应于同一个布尔表达式，即交并范式，所以 α 与 β 等价，即 $\alpha \equiv \beta$。 证毕

此定理说明，在最小布尔代数上赋值相等的表达式，在其他任何布尔代数上赋值也相等。这也就是说，要想验证两布尔表达式或布尔函数等价，只要在最小布尔代数上验证即可。于是，它还为如何求范式提供了理论基础和方法。

例 11.13 $(x_2' \wedge x_3') \vee (x_1 \wedge x_2 \wedge x_3)$
交并范式：$(x_1' \wedge x_2' \wedge x_3') \vee (x_1 \wedge x_2' \wedge x_3') \vee (x_1 \wedge x_2 \wedge x_3)$

并交范式：$(x_1 \vee x_2') \vee (x_1 \vee x_3') \vee (x_2' \vee x_3) \vee (x_2 \vee x') =$
$(x_1 \vee x_2' \vee x_3') \wedge (x_1 \vee x_2' \vee x_3) \wedge (x_1 \vee x_2 \vee x_3') \wedge (x_1' \vee x_2' \vee x_3) \wedge$
$(x_1' \vee x_2 \vee x_3')$。

习　题

1. 化简下列布尔表达式：$(x_1 \wedge x_2 \wedge x_3) \vee (x_2' \wedge x_2 \wedge x_3) \vee (x_1 \wedge x_2' \wedge x_3) \vee (x_1 \wedge x_2 \wedge x_3') \vee (x_1' \wedge x_2' \wedge x_3)(x_1' \wedge x_2 \wedge x_3')(x_1 \wedge x_2' \wedge x_3')$

2. 求 3 个变元的布尔表达式 $(x_1 \wedge x_2) \vee x_3'$ 的交并范式和并交范式。

3. 证明：$(x_1 \wedge (x_2' \vee x_3))' \wedge (x_2' \vee (x_1 \wedge x_3')) \equiv x_1 \wedge x_2 \wedge x_3'$

第四部分　数理逻辑

　　逻辑学是一门研究思维形式及思维规律的科学,分为辩证逻辑与形式逻辑两种。前者是以辩证法认识论的世界观为基础的逻辑学,而后者主要是对思维的形式结构和规律进行研究的类似于语法的一门学科。思维的形式结构包括概念、判断和推理之间的结构和联系,其中概念是思维的基本单位,通过概念对事物是否具有某种属性进行肯定或否定的回答,这就是判断,由一个或几个判断推出另一判断的思维形式就是推理。研究推理有很多方法,用数学方法来研究推理的规律称为数理逻辑。数理逻辑的研究对象是对证明和计算这两个直观概念进行符号化以后的形式系统。数理逻辑具有以下两个特点:

　　第一个特点是强调研究的"过程"。推理包含推理内容和推理过程(或称推理形式)两个方面。推理的内容是指推理中所反映的客观事物及其关系,推理的形式则是指推理的结构。推理的内容和形式在一个具体的推理过程中是统一的。但推理形式又具有相对的独立性。对于推理内容,存在专门的学科去研究,而数理逻辑正是研究共性的推理形式的,它不关心推理内容。在数理逻辑中,用符号代替推理内容的抽象,使单纯研究过程显得简洁明了,这也正是数理逻辑与传统逻辑的重要区别之一。

　　第二个特点是用数学方法,即建立符号体系的方法。引入符号,不仅简化了推理的表达方式,更重要的是为数学运算创造了条件。为了表述规则或理论,都需要使用一种描述语言。由于自然语言难以把推理的形式与内容分开,而且自然语言存在二义性,使传统形式逻辑研究显得繁杂。数理逻辑在将传统形式逻辑符号化的基础上,使用无二义性的数学语言从事逻辑学的研究,符号的引入起到了关键作用。因此,数理逻辑又称为符号逻辑。

　　传统形式逻辑早在公元前三、四百年就已成说。在我国春秋战国时期,孔子、墨子、公孙龙、荀子都进行过研究,而以墨子的贡献最大。形式逻辑在欧洲的创始人是古希腊伟大的哲学家、科学家亚里士多德,他建立了第一个逻辑系统,即三段论理论,他的逻辑学统治世界几千年,直到现代形式逻辑——数理逻辑的产生。数理逻辑的创始人是德国哲学家、数学家莱布尼兹(G. W. Leibniz),他提出建立普遍的符号语言、推理演算和思维机械化的思想。尽管莱布尼兹本人并没有实现他所提出的目标,但数理逻辑的发展却逐步实现了他的理想。数理逻辑的完备是由英国数学家、逻辑学家布尔(G. Boole)完成的。

数理逻辑既是数学的一个分支,也是逻辑学的一个分支,它也是现代计算机技术的基础,数理逻辑大量地应用于程序语言设计、开关线路的分析与设计、自动机理论机器翻译和机器证明,以及人工智能的研究。

本部分的主要内容包括命题逻辑和谓词逻辑。

第12章

命题逻辑

数理逻辑是用数学的方法来研究推理的规律,特别是数学证明的规律。而推理必须包含前提和结论,且前提和结论又都是由陈述句组成的,因而陈述句就成了推理的基本要素,数理逻辑中所要求的是能判断真假而不是可真可假的陈述句,称这样的陈述句为命题。

本章给出命题、联结词、命题公式的定义,并研究重言式、恒等式、蕴含式、范式,最后研究命题逻辑的推理理论。

12.1 命题及联结词

命题作为数理逻辑的基本概念,本节给出命题的概念,并给出联结词的定义。

定义 12.1 能表达判断的陈述句称为命题。

例 12.1 下列各句是命题:

(1) 北京是中国的首都。

(2) 月球上没有生物。

(3) 2 是偶数而 3 是奇数。

(4) 如果明天我有时间,那么我去科技馆参观。

下列各句不是命题:

(5) $x+y=4$。(无确定的真假值)

(6) 请你给我一支笔!(是祈使句而非陈述句)

(7) 多么动听的音乐啊!(是感叹句而非陈述句)

(8) 今天是星期一吗?(是疑问句而非陈述句)

(9) 我正在说谎。(悖论)

命题所表达的判断结果称为命题的真值。真值只有"真"和"假"两种,真常用 T 或 1 来表示;假常用 F 或 0 来表示。一个命题,不真则假,不假则真,二者必居其一,且仅居其一。而一切没有判断内容的句子,无所谓是非的句子都不是命题。在命题的概念中,不强调其真值如何确定,仅关心它是否具有确定的真值,例 12.1 中的(2)和(4)都是这类命题。我们将使用大写字母,或带下标的大写字母,或数字表示命题,例如,

P:雪是白的。

[1]:今天是 3 月 7 日。

表示命题的符号称为命题标识符。如果一个命题标识符表示确定的命题,该标识符就称为命题常量。如果一个命题标识符只表示任意命题的位置标志,该标识符就称为命题变元。命题变元可以表示任意命题,所以它不能确定真值,故命题变元不是命题。当命题变元 P 用一个特定命题取代时,P 才能确定真值,这时称对 P 进行指派。

不能分解为更简单命题的命题称为原子命题。例 12.1 中的(1)和(2)都是原子命题。(3)和(4)不是原子命题,例如,(4)可分为两个原子命题"明天我有时间"和"我去科技馆参观",用"如果 … 那么 …"将两个命题联结成一个命题,在自然语言中,"如果 … 那么 …"被称为联结词,在数理逻辑中仍称之为联结词。而由原子命题和联结词组合而成的命题称为复合命题。

联结词作为复合命题中的重要组成部分,为了便于书写和进行推演,必须对联结词作出明确规定并符号化。

定义 12.2 设 P 是一个命题,P 的否定是一个复合命题,记作 $\neg P$。如果 P 为真,则 $\neg P$ 为假;如果 P 为假,则 $\neg P$ 为真。

P 与 $\neg P$ 的关系见表 12.1。

表 12.1

P	$\neg P$
0	1
1	0

否定可被视为一元运算,它的作用相当于自然语言中的"不"、"否"、"非"等,常把"$\neg$"读作"非"。

例 12.2 P:他会开汽车。$\neg P$:他不会开汽车。

定义 12.3 两个命题 P 和 Q 的合取是一个复合命题,记作 $P \wedge Q$。当且仅当 P 和 Q 同时为真时,$P \wedge Q$ 为真,在其他情况下,$P \wedge Q$ 为假。

P、Q 与 $P \wedge Q$ 的关系见表 12.2。

表 12.2

P	Q	$P \wedge Q$
0	0	0
0	1	0
1	0	0
1	1	1

合取可被视为二元运算,它的作用如同自然语言中的"与"、"且"等,常把 $\wedge$ 读作"与"。

例 12.3 P:今天下雨。Q:明天下雨。R:教室里有 10 套桌椅。则 $P \wedge Q$:今天和明天都下雨。$P \wedge R$:今天下雨且教室里有 10 套桌椅。

对于例 12.3 中的 $P \wedge R$,似乎"今天下雨"与"教室里有 10 套桌椅"没有内在联系,但是我们强调,复合命题的真值只取决于各原子命题的真值,以及联结词的定义,而与原子命题的内容、含义无关,与原子命题之间是否有关系无关,因此,$P \wedge R$ 这样的命题是可以接受的。

定义 12.4　两个命题 P 和 Q 的析取是一个复合命题,记作 $P \vee Q$。当且仅当 P 和 Q 同时为假时,$P \vee Q$ 为假,在其他情况下,$P \vee Q$ 为真。

P、Q 与 $P \vee Q$ 的关系见表 12.3。

表 12.3

P	Q	$P \vee Q$
0	0	0
0	1	1
1	0	1
1	1	1

析取可被视为二元运算,它的作用如同自然语言中的"或",常把 $\vee$ 读作"或"。

例 12.4　P:他会滑冰。Q:他会游泳。则 $P \vee Q$:他会滑冰或游泳。

"或"有两种,一种叫"可兼或",另一种叫"不可兼或"。从析取的真值表可见,当 P 和 Q 同时为真时,$P \vee Q$ 亦为真,这说明析取是"可兼或"。而 P:小明在看电视。Q:小明在睡觉。因看电视和睡觉,二者不能同时进行,故"小明在看电视或在睡觉"中的"或"是"不可兼或",不能用 $P \vee Q$ 表示"小明在看电视或在睡觉"。

定义 12.5　两个命题 P 和 Q 的条件是一个复合命题,记作 $P \rightarrow Q$。当且仅当 P 为真,Q 为假时,$P \rightarrow Q$ 为假,在其他情况下,$P \rightarrow Q$ 为真。P 称为前件,Q 称为后件。

P、Q 与 $P \rightarrow Q$ 的关系见表 12.4。

表 12.4

P	Q	$P \rightarrow Q$
0	0	1
0	1	1
1	0	0
1	1	1

条件可被视为二元运算,它在逻辑中使用得很多,具有重要的作用。$P \rightarrow Q$ 可对应自然语言中的多种描述方式,例如,"如果 P,那么 Q","Q 成立当 P","P 成立仅当 Q","P 是 Q 的充分条件","Q 是 P 的必要条件"等。

例 12.5　P:你给我发一个邮件。Q:我会记住把资料寄给你。则 $P \rightarrow Q$:如果你给我发一个邮件,那么我会记住把资料寄给你。

定义 12.6　两个命题 P 和 Q 的双条件是一个复合命题,记作 $P \leftrightarrow Q$。当且仅当 P 和 Q 的真值相同时,$P \leftrightarrow Q$ 为真,P 和 Q 的真值不同时,$P \leftrightarrow Q$ 为假。

P、Q 与 $P \leftrightarrow Q$ 的关系见表 12.5。

表 12.5

P	Q	$P \leftrightarrow Q$
0	0	1
0	1	0
1	0	0
1	1	1

双条件可被视为二元运算,它相当于自然语言中的"当且仅当","充要条件"。

例 12.6 P:两个三角形全等。Q:两个三角形的三组对应边对应相等。则 $P \leftrightarrow Q$:两个三角形全等,当且仅当其三组对应边对应相等。

以上五个联结词又称逻辑运算符,为方便起见,规定它们的优先级次序为$\neg, \wedge, \vee, \rightarrow, \leftrightarrow$。

原子命题是不包含任何联结词的命题,而至少包含一个联结词的命题是复合命题。

习　　题

1. 判断下列语句是否是命题。
(1) 不存在最大质数。
(2) 请勿乱扔垃圾。
(3) 计算机有空吗?
(4) 这里的风景真美啊!
(5) 明天我不去看电影,我去游泳。
(6) 停机的原因在于程序语法错误或逻辑错误。

2. 给 P 和 Q 指派真值 T,给 R 和 S 指派真值 F,求下列命题的真值。
(1) $P \vee Q \vee R$;
(2) $P \wedge Q \wedge R \vee \neg(P \vee Q \wedge (R \vee S))$;
(3) $(\neg P \wedge Q \vee \neg R) \wedge S \vee (\neg(P \wedge Q) \vee \neg R)$;
(4) $\neg(P \wedge Q) \vee \neg R \vee ((Q \leftrightarrow \neg P) \rightarrow R \vee \neg S)$。

3. 将下列复合命题划分成若干个原子命题。
(1) 如果天气炎热,我就去游泳。
(2) 磁盘既可做输入设备,又可做输出设备。
(3) 如果 a 是奇数或 b 是奇数,则 $a+b$ 必是奇数。
(4) 他们喜欢声乐或者舞蹈。

12.2　命题公式与恒等式

前面已经提到,命题标识符有命题常量和命题变元之分。将命题常量和命题变元用联结词和圆括号按照一定的逻辑关系连接起来就得到了命题公式。本节给出命题公式的定义,并给出命题符号化的方法,最后研究恒等式。

当使用联结词 $\neg, \wedge, \vee, \rightarrow, \leftrightarrow$ 时,命题公式定义为:

定义 12.7 命题公式,简称公式,归纳定义为:

(1) 单个命题变元和命题常元均是命题公式。

(2) 如果 A 和 B 是命题公式,则 $(\neg A), (A \wedge B), (A \vee B), (A \rightarrow B), (A \leftrightarrow B)$ 均是命题公式。

(3) 只有有限次地应用(1)和(2)所得到的包含命题常量、命题变元、联结词和圆括号的符号串是命题公式。

例如,$(\neg(P \wedge Q)), (P \rightarrow (S \vee Q)), ((P \wedge Q) \leftrightarrow (\neg R))$ 都是命题公式,而 $(P \rightarrow Q) \rightarrow (\wedge Q), (P \vee Q, (P \wedge Q) \rightarrow Q)$ 都不是命题公式。

为了简便,我们约定可以省略最外层括号,按照联结词的优先级次序,也可以省略一些括号。例如,$(((P \rightarrow S) \wedge Q) \rightarrow R)$ 可写成 $(P \rightarrow S) \wedge Q \rightarrow R$。命题公式亦可称为命题表达式。

在命题公式中,命题变元不是命题,它没有真值,因此,命题公式的值不确定。如果给命题变元一个确定的指派,此时命题公式便成了命题,它才有确定的真值。

定义 12.8 设 A 是一个命题公式,$P_1, P_2, \cdots, P_n$ 是出现在 A 中的所有原子变元。给 $P_1, P_2, \cdots, P_n$ 指定的一组真值,称为 A 的一个指派或解释。

例 12.7 命题公式 $(P \wedge Q) \vee S$ 的一个指派为:$P \leftarrow T, Q \leftarrow F, S \leftarrow T$,在此指派下,上述命题公式变成了命题,其值为 T。

如果一个命题公式 A 中有 n 个变元,则 A 共有 2^n 种指派。

有了命题公式,我们就可以用形式符号表达自然语言描述的命题。把一个用文字叙述的命题相应地写成由命题标识符、联结词和括号表示的命题公式,称为命题符号化。命题符号化应该注意下列事项:确定给定句子是否为命题;句子中的连接词是否为命题联结词;要正确地表示原子命题并适当选择命题联结词。因此命题符号化的步骤为:

(1) 找出文字叙述的命题中所有原子命题;

(2) 用命题标识符来表示每个原子命题;

(3) 根据句子中的连接词的语义,选择合适的命题联结词;

(4) 使用命题联结词联结命题标识符,得到命题公式。

例 12.8 将自然语言描述的命题:"小张既聪明,又勤奋,所以他成绩好。"进行符号化。

解 设 P 表示"小张聪明",Q 表示"小张勤奋",R 表示"小张成绩好",则命题符号化为:$(P \wedge Q) \rightarrow R$。

命题符号化是很重要的,在命题推理中常常最先遇到的就是命题符号化问题,命题符号化问题解决不好,推理的首要前提就没有了。

为了便于正确表达命题间的相互关系,有时也采用列出真值表的方法,进一步分析原命题,寻找命题联结词,使原命题能够正确地用形式符号予以表达。

在命题公式中,对于变元指派真值的各种可能组合,就确定了这个命题公式的各种真值情况,把它列成表,就是命题公式的真值表。

例 12.9 命题公式 $\neg(P \vee Q)$ 的真值表见表 12.6, $\neg P \wedge \neg Q$ 的真值表见表 12.7。

表 12.6

P	Q	$\neg(P \vee Q)$
0	0	1
0	1	0
1	0	0
1	1	0

表 12.7

P	Q	$\neg P \wedge \neg Q$
0	0	1
0	1	0
1	0	0
1	1	0

在真值表中,命题公式真值的取值数目,决定于变元的个数,一般地,n 个命题变元组成的命题公式共有 2^n 种真值情况。

从表 12.6 和表 12.7 可以看到,在变元的不同指派下,有些命题公式的真值与另一命题公式完全相同。

定义 12.9 命题公式 A 与 B 在任意指派下,真值都相同,则称 A 与 B 恒等,或等值、等价,记为 $A \Leftrightarrow B$。A 与 B 恒等也可记为 $A \equiv B$。

恒等式两端,变元及变元的数量都可能不同。例如,$P \wedge \neg P \Leftrightarrow P \wedge (\neg P \vee \neg Q) \wedge (\neg P \vee Q)$。

【注意】 $\leftrightarrow$ 和 $\Leftrightarrow$ 的区别是:$\leftrightarrow$ 是命题联结词,它出现在命题公式中,作为命题公式的组成部分;$\Leftrightarrow$ 表示两个命题公式之间的一种关系,不属于这两个命题公式的任何一个公式中的符号。

常用的恒等式包括:

(1) 交换律

  $E1: P \vee Q \Leftrightarrow Q \vee P$

  $E2: P \wedge Q \Leftrightarrow Q \wedge P$

  $E3: P \leftrightarrow Q \Leftrightarrow Q \leftrightarrow P$

(2) 结合律

  $E4: (P \vee Q) \vee R \Leftrightarrow P \vee (Q \vee R) \Leftrightarrow P \vee Q \vee R$

  $E5: (P \wedge Q) \wedge R \Leftrightarrow P \wedge (Q \wedge R) \Leftrightarrow P \wedge Q \wedge R$

$E6: (P \leftrightarrow Q) \leftrightarrow R \Leftrightarrow P \leftrightarrow (Q \leftrightarrow R)$

(3) 幂等律

$E7: P \wedge P \Leftrightarrow P$

$E8: P \vee P \Leftrightarrow P$

(4) 分配律

$E9: P \wedge (Q \vee R) \Leftrightarrow (P \wedge Q) \vee (P \wedge R)$

$E10: P \vee (Q \wedge R) \Leftrightarrow (P \vee Q) \wedge (P \vee R)$

$E11: P \rightarrow (Q \rightarrow R) \Leftrightarrow (P \rightarrow Q) \rightarrow (P \rightarrow R)$

(5) 吸收律

$E12: P \wedge (P \vee Q) \Leftrightarrow P$

$E13: P \vee (P \wedge Q) \Leftrightarrow P$

(6) De Morgan 律

$E14: \neg (P \wedge Q) \Leftrightarrow (\neg P \vee \neg Q)$

$E15: \neg (P \vee Q) \Leftrightarrow (\neg P \wedge \neg Q)$

(7) 否定深入

$E16: \neg \neg P \Leftrightarrow P$

$E17: \neg (P \rightarrow Q) \Leftrightarrow P \wedge \neg Q$

$E18: \neg (P \leftrightarrow Q) \Leftrightarrow \neg P \leftrightarrow Q \Leftrightarrow P \leftrightarrow \neg Q$

(8) 变元等同

$E19: P \wedge \neg P \Leftrightarrow F$

$E20: P \vee \neg P \Leftrightarrow T$

$E21: P \rightarrow P \Leftrightarrow T$

$E22: P \rightarrow \neg P \Leftrightarrow \neg P$

$E23: \neg P \rightarrow P \Leftrightarrow P$

$E24: P \leftrightarrow P \Leftrightarrow T$

$E25: P \leftrightarrow \neg P \Leftrightarrow F$

(9) 常值与变元的运算

$E26: P \wedge T \Leftrightarrow P$

$E27: P \wedge F \Leftrightarrow F$

$E28: P \vee T \Leftrightarrow T$

$E29: P \vee F \Leftrightarrow P$

$E30: T \rightarrow P \Leftrightarrow P$

$E31: F \rightarrow P \Leftrightarrow T$

$E32: P \rightarrow T \Leftrightarrow T$

$E33: P \rightarrow F \Leftrightarrow \neg P$

$E34: P \leftrightarrow T \Leftrightarrow P$

$E35: P \leftrightarrow F \Leftrightarrow \neg P$

(10) 联结词化归

$E36: P \rightarrow Q \Leftrightarrow \neg P \vee Q \Leftrightarrow \neg Q \rightarrow \neg P$

$E37: P \leftrightarrow Q \Leftrightarrow (P \rightarrow Q) \wedge (Q \rightarrow P)$

$E38: P \leftrightarrow Q \Leftrightarrow (\neg P \vee Q) \wedge (P \vee \neg Q)$

$E39: P \leftrightarrow Q \Leftrightarrow (P \wedge Q) \vee (\neg P \wedge \neg Q)$

可以使用如下两种方法证明恒等式，一种是真值表法，另一种就是等价置换法。

例 12.10 使用真值表法证明：$P \rightarrow Q \Leftrightarrow \neg P \vee Q$。

证 $P \rightarrow Q$ 和 $\neg P \vee Q$ 的真值表见表 12.8。

表 12.8

P	Q	$P \rightarrow Q$	$\neg P \vee Q$
0	0	1	1
0	1	1	1
1	0	0	0
1	1	1	1

从表 12.8 可以看出，在变元的所有指派下，$P \rightarrow Q$ 和 $\neg P \vee Q$ 的真值均相同，因此 $P \rightarrow Q \Leftrightarrow \neg P \vee Q$。 证毕

定义 12.10 如果 X 是命题公式 A 的一部分，且 X 本身也是一个命题公式，则称 X 为 A 的子公式。

定理 12.1 设 X 是命题公式 A 的子公式，且 $X \Leftrightarrow Y$，如果将 A 中的 X 用 Y 来置换，所得到的公式 B 与公式 A 等价，即 $A \Leftrightarrow B$。

证 因为 $X \Leftrightarrow Y$，所以在相应变元的任一种指派情况下，X 与 Y 的真值相同，故以 Y 取代 X 后，公式 B 与公式 A 在相应的指派情况下，其真值亦相同，故 $A \Leftrightarrow B$。 证毕

满足上述定理条件的置换称为等价置换（或等价代换）。

例 12.11 使用等价置换法证明：$P \leftrightarrow Q \Leftrightarrow (P \wedge Q) \vee (\neg P \wedge \neg Q)$

证 $P \leftrightarrow Q \Leftrightarrow (P \rightarrow Q) \wedge (Q \rightarrow P)$

$(\neg P \vee Q) \wedge (P \vee \neg Q) \Leftrightarrow$

$(\neg P \wedge (P \vee \neg Q)) \vee (Q \wedge (P \vee \neg Q)) \Leftrightarrow$

$(\neg P \wedge P) \vee (\neg P \wedge \neg Q) \vee (Q \wedge P) \vee (Q \wedge \neg Q) \Leftrightarrow$

$F \vee (\neg P \wedge \neg Q) \vee (P \wedge Q) \vee F \Leftrightarrow$

$(\neg P \wedge \neg Q) \vee (P \wedge Q) \Leftrightarrow$

$(P \wedge Q) \vee (\neg P \wedge \neg Q)$ 证毕

在前面的恒等式中可以看出，有关运算律的恒等式总是成对出现的，其中一个恒等式是由另一个恒等式，通过将 $\wedge$ 与 $\vee$ 互换、F 与 T 互换而得到的，这说明在公式之间存在一定的对偶关系，常称为对偶原理。研究和掌握这种对偶关系及其性质可极大地方便许多公式的

证明和生成。

定义 12.11 设有命题公式 A,其中仅有联结词 $\neg$、$\wedge$ 和 $\vee$。在 A 中将 $\wedge$、$\vee$、F、T 分别相应地换以 $\vee$、$\wedge$、T、F 而得到公式 A^*,称 A^* 为 A 的对偶式。

例如,$\neg P \vee (Q \wedge R)$ 的对偶式为 $\neg P \wedge (Q \vee R)$

$(P \wedge T) \vee F$ 的对偶式为 $(P \vee F) \wedge T$。

由定义可知,对偶是相互的,即如果公式 A 是公式 B 的对偶式,则 B 亦为 A 的对偶式。对偶只将 $\wedge$ 与 $\vee$ 互换,T 与 F 互换,而变元及其否定不变。

定理 12.2 设命题公式 A 和 A^* 是对偶式,$P_1,P_2,\cdots,P_n$ 是出现在 A 与 A^* 中的所有命题变元,则 $\neg A(P_1,P_2,\cdots,P_n) \Leftrightarrow A^*(\neg P_1,\neg P_2,\cdots,\neg P_n)$,$A(\neg P_1,\neg P_2,\cdots,\neg P_n) \Leftrightarrow \neg A^*(P_1,P_2,\cdots,P_n)$。

证 由 De Morgan 律

$$\neg(P \wedge Q) \Leftrightarrow \neg P \vee \neg Q, \neg(P \vee Q) \Leftrightarrow \neg P \wedge \neg Q$$

得

$$\neg A(P_1,P_2,\cdots,P_n) \Leftrightarrow A^*(\neg P_1,\neg P_2,\cdots,\neg P_n)$$

同理可证得

$$A(\neg P_1,\neg P_2,\cdots,\neg P_n) \Leftrightarrow \neg A^*(P_1,P_2,\cdots,P_n)$$

证毕

定理 12.3 设 $P_1,P_2,\cdots,P_n$ 是出现在命题公式 A 和 B 中的所有命题变元,如果 $A \Leftrightarrow B$,则 $A^* \Leftrightarrow B^*$。

证 因为 $A \Leftrightarrow B$,即 $A(P_1,P_2,\cdots,P_n) \Leftrightarrow B(P_1,P_2,\cdots,P_n)$,故 $\neg A(P_1,P_2,\cdots,P_n) \Leftrightarrow \neg B(P_1,P_2,\cdots,P_n)$。所以

$$A^*(\neg P_1,\neg P_2,\cdots,\neg P_n) \Leftrightarrow B^*(\neg P_1,\neg P_2,\cdots,\neg P_n)$$

因此 $A^* \Leftrightarrow B^*$。

证毕

习　　题

1. 构造下列命题公式的真值表。

(1) $Q \wedge (P \rightarrow Q) \rightarrow P$；

(2) $\neg(P \vee Q \vee R) \leftrightarrow (P \vee Q) \wedge (P \vee R)$；

(3) $(P \vee Q \rightarrow Q \wedge R) \rightarrow P \wedge \neg R$；

(4) $((\neg P \rightarrow P \wedge \neg Q) \rightarrow R) \wedge Q \vee \neg R$。

2. 化简下列各式,从而证明其值与其包含的变元无关。

(1) $P \wedge (P \rightarrow Q) \rightarrow Q$；

(2) $(P \rightarrow Q) \wedge (Q \rightarrow R) \rightarrow (P \rightarrow R)$；

(3) $(P \rightarrow Q) \rightarrow (\neg P \vee Q)$；

(4) $(P \leftrightarrow Q) \leftrightarrow (P \wedge Q \vee \neg P \wedge \neg Q)$。

3. 设 P 表示命题"天下雪",Q 表示命题"我去镇上",R 表示命题"我有时间",将下列命题符号化。

(1) 如果天不下雪并且我有时间，那么我去镇上。

(2) 我去镇上，仅当我有时间。

(3) 天正在下雪，我没去镇上。

4.将下列命题符号化，并用符号表示写出每一命题的逆命题、反命题和逆反命题。

(1) 如果天不下雨,我将不去;

(2) 仅当你去我将留下;

(3) 如果 a 和 b 是偶数,则 $a+b$ 是偶数。

12.3 重言式与蕴含式

有些命题公式,无论对分量作何种指派,其真值都为 T 或都为 F,它们分别是重言式和矛盾式,这两类特殊的命题公式在命题演算中极为有用。本节给出重言式、矛盾式定义,并重点讨论重言式的性质,最后研究蕴含式。

定义 12.12 在所有指派下,其值永为真的命题公式,称为重言式,或永真式；其值永为假的命题公式,称为矛盾式,或永假式；不是永假式的命题公式称为可满足式。

定义 12.13 如果公式 A 在指派 X 下,其值为真,则称 A 是可满足的,或称 X 满足了 A。

我们将着重研究永真式,它最有用,因为它有以下特点:永真式的否定为永假式,永假式的否定为永真式,这样只研究其一就可以了；两个永真式的合取式、析取式、条件式和双条件式都仍是永真式,这样由简单的永真式可以构造复杂的永真式；由永真式使用公认的规则可以产生许多非常有用的恒等式和蕴含式。

例 12.12 证明：$(P \to Q) \wedge (P \wedge \neg Q)$ 是永假式。

证 $(P \to Q) \wedge (P \wedge \neg Q)$ 的真值表见表 12.9。

表 12.9

P	Q	$P \to Q$	$P \wedge \neg Q$	$(P \to Q) \wedge (P \wedge \neg Q)$
0	0	1	0	0
0	1	1	0	0
1	0	0	1	0
1	1	1	0	0

由表 12.9 可见,对所有的指派,该公式的值全为假,故该公式为永假式。 证毕

定理 12.4 如果命题公式 P 和 Q 均为永真式,则 $\neg P$ 为永假式,而 $P \wedge Q, P \vee Q, P \to Q$ 和 $P \leftrightarrow Q$ 均为永真式。

证 在 P 的任意指派下,因 P 为永真式,所以 P 为真,从而 $\neg P$ 为假,所以 $\neg P$ 为永假式。

在 P 和 Q 的任意指派下,因 P 和 Q 均为永真式,所以 P 为真,Q 亦为真,从而 $P \wedge Q, P \vee Q, P \to Q$ 和 $P \leftrightarrow Q$ 都为真,因此 $P \wedge Q, P \vee Q, P \to Q$ 和 $P \leftrightarrow Q$ 都是永真式。 证毕

定理 12.5 命题公式 A 和 B,$A \Leftrightarrow B$ 的充要条件是 $A \leftrightarrow B$ 为永真式。

证 如果 $A \Leftrightarrow B$,则根据恒等式的定义,在任意指派下,A 与 B 的真值都相同。又根据双条件联结词的定义,A 与 B 的真值相同时,$A \leftrightarrow B$ 为真,因此 $A \leftrightarrow B$ 为永真式。

如果 $A \leftrightarrow B$ 为永真式,即在任何指派下,A 与 B 的真值都相同,根据恒等式的定义,有 $A \Leftrightarrow B$。

证毕

定理 12.5 提供了一种证明恒等式的方法。

例 12.13 证明:$(P \wedge Q) \vee (P \wedge \neg Q) \Leftrightarrow P$

证 $(P \wedge Q) \vee (P \wedge \neg Q) \rightarrow P \Leftrightarrow P \wedge (Q \vee \neg Q) \rightarrow P \Leftrightarrow P \wedge T \rightarrow P \Leftrightarrow P \rightarrow P \Leftrightarrow T$

因为 $(P \wedge Q) \vee (P \wedge \neg Q) \rightarrow P$ 为永真式,所以

$$(P \wedge Q) \vee (P \wedge \neg Q) \Leftrightarrow P$$

证毕

由恒等的定义不难得出:A 与 A 等值,所以 $A \Leftrightarrow A$,故恒等关系是自反的;如果 $A \Leftrightarrow B$,即在任意指派下,A 与 B 等值,当然 B 与 A 亦等值,所以 $B \Leftrightarrow A$,故恒等关系是对称的。

下面的定理说明了恒等是传递的,从而说明恒等关系关系是一个等价关系。

定理 12.6 命题公式 A,B 和 C,如果 $A \Leftrightarrow B$ 且 $B \Leftrightarrow C$,则 $A \Leftrightarrow C$。

证 因为 $A \Leftrightarrow B$ 且 $B \Leftrightarrow C$,在任意指派下,A 与 B 的真值都相同且 B 与 C 的真值都相同,所以 A 与 C 的真值都相同,因此 $A \Leftrightarrow C$。

证毕

定义 12.14 设 A 和 B 是命题公式,在任意指派下,如果 A 为真,则 B 必为真,称 A 永真蕴含 B,或简称 A 蕴含 B,记为 $A \Rightarrow B$。

定义中只强调了 A 为真时,B 必为真,而并不关心 A 为假时,B 是否为真。定义本身提供了一种证明 $A \Rightarrow B$ 的方法。

例 12.14 证明:$P \Rightarrow P \vee Q$。

证 $P \Rightarrow P \vee Q$ 的真值表见表 12.10。

表 12.10

P	Q	$P \vee Q$
0	0	0
0	1	1
1	0	1
1	1	1

从表 12.10 可见,当 P 为真时,$P \vee Q$ 皆为真,故 $P \Rightarrow P \vee Q$。

证毕

常用的基本蕴含式包括:

$I_1: P \wedge Q \Rightarrow P$

$I_2: P \wedge Q \Rightarrow Q$

$I_3: P \Rightarrow P \vee Q$

$I_4: Q \Rightarrow P \vee Q$

$I_5: \neg P \Rightarrow P \rightarrow Q$

$I_6: Q \Rightarrow P \to Q$

$I_7: \neg(P \to Q) \Rightarrow \neg Q$

$I_8: \neg(P \to Q) \Rightarrow P$

$I_9: P, Q \Rightarrow P \wedge Q$(合取规则)

$I_{10}: P, P \to Q \Rightarrow Q; P \wedge (P \to Q) \Rightarrow Q$(分离规则)

$I_{11}: \neg P, P \vee Q \Rightarrow Q; \neg P \wedge (P \vee Q) \Rightarrow Q$

$I_{12}: \neg Q, P \to Q \Rightarrow \neg P; \neg Q \wedge (P \to Q) \Rightarrow \neg P$

$I_{13}: P \to Q, Q \to R \Rightarrow P \to R; (P \to Q) \wedge (Q \to R) \Rightarrow P \to R$

$I_{14}: P \to Q, R \to Q \Rightarrow (P \wedge R) \to Q; (P \to Q) \wedge (R \to Q) \Rightarrow (P \vee R) \to Q$

$I_{15}: P \vee Q, P \to R, Q \to R \Rightarrow R; (P \vee Q) \wedge (P \to R) \wedge (Q \to R) \Rightarrow R$

$I_{16}: P \Rightarrow Q \Rightarrow (P \vee R) \to (Q \vee R)$

$I_{17}: P \Rightarrow Q \Rightarrow (P \wedge R) \to (Q \wedge R)$

蕴含式中用逗号","分隔两项的地方,可用"$\wedge$"代替。

定理 12.7 命题公式 A 和 B,$A \Rightarrow B$ 的充要条件是 $A \to B$ 为永真式。

证 如果 $A \Rightarrow B$,根据蕴含的定义,在所有指派下,A 为真则 B 必为真,此时 $A \to B$ 为真,而当 A 为假时,$A \to B$ 亦为真,因此 $A \to B$ 为永真式。

如果 $A \to B$ 为永真式,根据条件联结词的定义,当 A 为真时,仍要保证 $A \to B$ 为真,那么 B 必须为真,根据蕴含的定义,有 $A \Rightarrow B$ 成立。 **证毕**

定理 12.7 提供了一种证明蕴含式的方法。

例 12.15 证明:$\neg Q \wedge (P \to Q) \Rightarrow \neg P$

证 $\neg Q \wedge (P \to Q) \to \neg P \Leftrightarrow \neg(\neg Q \wedge (\neg P \vee Q)) \vee \neg P \Leftrightarrow$
$(Q \vee \neg(\neg P \vee Q)) \vee \neg P \Leftrightarrow (\neg P \vee Q) \vee \neg(\neg P \vee Q) \Leftrightarrow T$

因为 $\neg Q \wedge (P \to Q) \to \neg P$ 为永真式,所以

$$\neg Q \wedge (P \to Q) \Rightarrow \neg P$$

证毕

定理 12.8 命题公式 A 和 B,$A \Leftrightarrow B$ 的充要条件是 $A \Rightarrow B$ 且 $B \Rightarrow A$。

证 如果 $A \Leftrightarrow B$,根据恒等的定义,在任何指派下,A 与 B 等值,即如果 A 为真,B 必为真;反之如果 B 为真,A 也必为真,根据蕴含的定义,有 $A \Rightarrow B$ 和 $B \Rightarrow A$ 都成立。

如果 $A \Rightarrow B$ 且 $B \Rightarrow A$,根据蕴含的定义,由 $A \Rightarrow B$ 得 A 为真时 B 必为真,亦即 B 为假时 A 必为假;又由 $B \Rightarrow A$ 得 B 为真时 A 必为真,亦即 A 为假时 B 必为假。二结论结合得到 A 与 B 等值,所以 $A \Leftrightarrow B$ 成立。 **证毕**

定理 12.8 提供了又一种证明恒等式的方法。

定理 12.9 命题公式 A 和 B,如果 $A \Rightarrow B$ 且 A 为永真式,则 B 必为永真式。

证 在任何指派下,因为 A 为永真式,所以 A 必为真。因为 $A \Rightarrow B$,根据蕴含的定义,有 B 必为真。即在任何指派下,B 必为真,因此 B 为永真式。 **证毕**

对于蕴含关系,显然 $A \Rightarrow A$ 成立,故蕴含关系是自反的;又根据定理 12.8,蕴含关系是反对称的。

下面的定理说明了蕴含关系是传递的,从而说明蕴含关系是一个偏序关系。

定理 12.10 命题公式 A 和 B,如果 $A \Rightarrow B$ 且 $B \Rightarrow C$,则 $A \Rightarrow C$。

证 根据蕴含的定义,由 $A \Rightarrow B$ 得 A 为真时 B 必为真,又由 $B \Rightarrow C$ 得 B 为真时 C 必为真,所以 A 为真时,C 必为真,因此 $A \Rightarrow C$。
证毕

定理 12.11 设 A 和 B 是两个命题公式,如果 $A \Rightarrow B$,则 $B^* \Rightarrow A^*$。

证 因为 $A \Rightarrow B$,所以 $A \to B$ 为永真式。

又因为 $A \to B \Leftrightarrow \neg B \to \neg A$,所以 $\neg B \to \neg A$ 为永真式,即 $\neg B(P_1, P_2, \cdots, P_n) \to \neg A(P_1, P_2, \cdots, P_n)$ 为永真式。

因为
$$\neg B(P_1, P_2, \cdots, P_n) \to \neg A(P_1, P_2, \cdots, P_n) \Leftrightarrow$$
$$B^*(\neg P_1, \neg P_2, \cdots, \neg P_n) \to A^*(\neg P_1, \neg P_2, \cdots, \neg P_n)$$

所以 $B^*(\neg P_1, \neg P_2, \cdots, \neg P_n) \to A^*(\neg P_1, \neg P_2, \cdots, \neg P_n)$ 为永真式。

将 $\neg P_i$ 代入 $P_i (i=1,2,\cdots,n)$,得
$$B^*(P_1, P_2, \cdots, P_n) \to A^*(P_1, P_2, \cdots, P_n)$$

为永真式。因此 $B^* \Rightarrow A^*$。
证毕

使用对偶原理,根据已知的恒等式或蕴含式,可产生新的恒等式和蕴含式。据此,我们就可以只证明一半数量的恒等式和蕴含式,而另一半数量的恒等式和蕴含式就可用对偶原理自行生成。

习 题

1. 对下列每一公式,找出与该公式恒等的尽可能简单的仅用 $\land$ 和 $\neg$ 表达的公式。

(1) $P \lor (\neg Q \land R \to P)$;

(2) $P \to (Q \to P)$;

(3) $(P \to \neg Q) \land (\neg Q \to \neg R)$。

2. 用化简左边成右边的方法,证明下列永真式。

(1) $((P \land Q) \to P) \leftrightarrow T$;

(2) $(Q \to P) \land (\neg P \to Q) \land (Q \leftrightarrow Q) \leftrightarrow P$;

(3) $\neg(\neg(P \lor Q) \to \neg P) \leftrightarrow F$。

3. 求下列公式的最简等价式(其中包含的运算最少)。

(1) $(((P \lor \neg P) \to Q) \to ((P \lor \neg P) \to R)) \land (R \to Q)$;

(2) $((P \to Q) \leftrightarrow (\neg Q \to \neg P)) \land R$;

(3) $(P \land (Q \land R)) \lor (\neg P \land (Q \land S))$。

4. 证明下列等价式。

(1) $((Q \land R) \to S) \land (R \to (P \lor S)) \Leftrightarrow (R \land (P \to Q)) \to S$

(2) $(P \lor \neg Q) \land (P \lor Q) \land (\neg P \lor \neg Q) \Leftrightarrow \neg(\neg P \lor Q)$

(3) $(Q \to (P \land \neg P)) \to (R \to (P \land \neg P)) \Leftrightarrow R \to Q$

12.4 其他联结词

前边我们定义了五种联结词,但是这些联结词还不能很广泛地直接表达命题间的联系,为此需再定义一些命题联结词。

定义 12.15 设 P 和 Q 是两个命题,复合命题 $P \overline{\vee} Q$ 称作 P 和 Q 的不可兼析取。$P \overline{\vee} Q$ 的真值为真当且仅当 P 和 Q 的真值不同时为真,否则 $P \overline{\vee} Q$ 的真值为假。其真值表见表 12.11。

表 12.11

P	Q	$P \overline{\vee} Q$
0	0	0
0	1	1
1	0	1
1	1	0

显然,$P \overline{\vee} Q \Leftrightarrow \neg(P \leftrightarrow Q)$。$P \overline{\vee} Q$ 也记为 $P \oplus Q$。

定义 12.16 设 P 和 Q 是两个命题,复合命题 $P \not\rightarrow Q$ 称作 P 和 Q 的条件否定。$P \not\rightarrow Q$ 的真值为真当且仅当 P 的真值为真,Q 的真值为假,否则 $P \not\rightarrow Q$ 的真值为假。其真值表见表 12.12。

表 12.12

P	Q	$P \not\rightarrow Q$
0	0	0
0	1	0
1	0	1
1	1	0

显然,$P \not\rightarrow Q \Leftrightarrow \neg(P \rightarrow Q)$。

定义 12.17 设 P 和 Q 是两个命题,复合命题 $P \uparrow Q$ 称作 P 和 Q 的与非。当且仅当 P 和 Q 的真值都为真,$P \uparrow Q$ 的真值为假,否则 $P \uparrow Q$ 的真值为真。其真值表见表 12.13。

表 12.13

P	Q	$P \uparrow Q$
0	0	1
0	1	1
1	0	1
1	1	0

显然，$P\uparrow Q\Leftrightarrow \neg(P\wedge Q)$。

定义 12.18 设 P 和 Q 是两个命题公式，复合命题 $P\downarrow Q$ 称作 P 和 Q 的或非。当且仅当 P 和 Q 的真值都为假，$P\downarrow Q$ 的真值为真，否则 $P\downarrow Q$ 的真值为假。其真值表见表 12.14。

表 12.14

P	Q	$P\downarrow Q$
0	0	1
0	1	0
1	0	0
1	1	0

显然，$P\downarrow Q\Leftrightarrow \neg(P\vee Q)$。

两个命题变元，恰可构成 2^4 个不恒等的命题公式，见表 12.15。

表 12.15

P	Q	$f0$	$f1$	$f2$	$f3$	$f4$	$f5$	$f6$	$f7$	$f8$	$f9$	$f10$	$f11$	$f12$	$f13$	$f14$	$f15$
0	0	0	0	0	0	0	0	0	0	1	1	1	1	1	1	1	1
0	1	0	0	0	0	1	1	1	1	0	0	0	0	1	1	1	1
1	0	0	0	1	1	0	0	1	1	0	0	1	1	0	0	1	1
1	1	0	1	0	1	0	1	0	1	0	1	0	1	0	1	0	1
		永假	$\wedge$	$\not\rightarrow$	P	$\not\leftarrow$	Q	$\bar{\vee}$	$\vee$	$\downarrow$	$\leftrightarrow$	$\neg Q$	$\leftarrow$	$\neg P$	$\rightarrow$	$\uparrow$	永真

由上述分析，命题联结词一共有九个就够了。但是九个联结词是否都必要呢？显然不是的，只用 $\wedge$、$\vee$、$\neg$ 三个联结词构造的式子，就可以把一切命题公式等价地表达出来。

根据 De Morgan 律，$\neg(P\wedge Q)\Leftrightarrow \neg P\vee \neg Q, \neg(P\vee Q)\Leftrightarrow \neg P\wedge \neg Q$。所以，$\wedge$ 和 $\vee$ 中去掉一个也足以把一切命题公式等价地表示出来。

对于一个联结词的集合，用其中联结词构成的式子足以把一切命题公式等价地表达出来，则这个联结词集合是全功能的。由以上讨论，易知 $\{\wedge,\neg\}$ 和 $\{\vee,\neg\}$ 是全功能联结词集合，$\{\uparrow\}$ 和 $\{\downarrow\}$ 也是全功能联结词集合。$\{\wedge,\vee\}$ 不是全功能的联结词集合，因对命题 P 进行 $\wedge$ 和 $\vee$ 运算，不管怎样组合和反复，总得不到 $\neg P$；$\{\neg\}$ 也不是全功能的联结词集合，因为 $\neg$ 是一元运算，表达不了二元运算。

习　题

1. 仅用 $\downarrow$ 和 P,Q，表达 $\neg P, P\wedge Q, P\vee Q, P\rightarrow Q, P\leftrightarrow Q$。
2. 仅用 $\uparrow$ 和 P,Q，表达 $\neg P, P\wedge Q, P\vee Q, P\rightarrow Q, P\leftrightarrow Q$。
3. 证明：联结词 $\uparrow$ 和 $\downarrow$ 均是可交换的，但均不是可结合的。
4. 证明：$P\uparrow Q$ 与 $P\downarrow Q$ 互为对偶式。
5. 证明：$\neg(P\uparrow Q)\Leftrightarrow \neg P\downarrow \neg Q, \neg(P\downarrow Q)\Leftrightarrow \neg P\uparrow \neg Q$。

12.5 范 式

由于同一个命题公式可以有多种相互等价的表达形式,因此,为了对命题公式规范化,本节讨论命题公式的范式及其性质。

定义 12.19 若干变元或变元的否定的析取称为析取式。若干变元或变元的否定的合取称为合取式。

例如,$P, P \lor Q, P \lor Q \lor \neg R, P \lor \neg P \lor R \lor \neg Q$ 都是析取式,$P, P \land Q, \neg P \land Q \land R, P \land Q \land \neg Q \land \neg R$ 都是合取式。

在析取式和合取式中,某个变元及其否定可同时存在。

定义 12.20 n 个命题变元的合取式称为极小项,其中每个变元及其否定不能同时出现,但两者必须出现一个。同样地,n 个命题变元的析取式称为极大项,其中每个变元及其否定不能同时出现,但两者必须出现一个。

例如,包含三个命题变元 P、Q、R 的极小项有 8 个:$\neg P \land \neg Q \land \neg R$、$\neg P \land \neg Q \land R$、$\neg P \land Q \land \neg R$、$\neg P \land Q \land R$、$P \land \neg Q \land \neg R$、$P \land \neg Q \land R$、$P \land Q \land \neg R$、$P \land Q \land R$。

极大项也有 8 个:$\neg P \lor \neg Q \lor \neg R$、$\neg P \lor \neg Q \lor R$、$\neg P \lor Q \lor \neg R$、$\neg P \lor Q \lor R$、$P \lor \neg Q \lor \neg R$、$P \lor \neg Q \lor R$、$P \lor Q \lor \neg R$、$P \lor Q \lor R$。

如果将命题变元记为 1,将命题变元的否定记为 0,于是每个极小项都对应一个二进制数,常以此数来标记极小项。例如 $P \land \neg Q \land R$ 对应二进制数 101,即十进制数 5,用 m_5 来标记这个极小项,于是,8 个极小项应为 $m_0 \sim m_7$。

如果将命题变元记为 0,将命题变元的否定记为 1,于是每个极大项也都对应一个二进制数,以此数来标记极大项。例如 $P \lor \neg Q \lor R$ 对应二进制数 010,即十进制数 2,用 M_2 来标记这个极大项,于是,8 个极大项应为 $M_0 \sim M_7$。

定义 12.21 一个命题公式称为合取范式,当且仅当它具有如下形式:

$$A_1 \land A_2 \land \cdots \land A_n \quad (n \geq 1)$$

其中 $A_1, A_2, \cdots, A_n$ 都是析取式。

同样地,可定义析取范式为

$$A_1 \lor A_2 \lor \cdots \lor A_n \quad (n \geq 1)$$

其中 $A_1, A_2, \cdots, A_n$ 都是合取式。

例如,$P, P \land Q, P \lor Q, (P \lor \neg Q) \land (P \lor Q \lor \neg P)$ 都是合取范式,$P, P \land Q, P \lor Q, (P \land Q) \lor (P \land \neg Q \land \neg P)$ 都是析取范式。

定义 12.22 仅由极小项的析取所构成的析取范式称为主析取范式。同样地,由极大项的合取所构成的合取范式称为主合取范式。

求主范式主要有两种方法,一种是真值表法,一种是利用等价置换拼凑法。

定理 12.12 在真值表中,一个公式的真值为假的指派所对应的大项的合取,即为此公式的主合取范式;一个公式的真值为真的指派所对应的小项的析取,即为此公式的主析取范式。

例 12.16 使用真值表法求公式 $((P \vee Q) \to R) \to P$ 的主合取范式和主析取范式。

解 公式 $((P \vee Q) \to R) \to P$ 的真值表见表 12.16。

表 12.16

P	Q	R	$((P \vee Q) \to R) \to P$
0	0	0	0
0	0	1	0
0	1	0	1
0	1	1	0
1	0	0	1
1	0	1	1
1	1	0	1
1	1	1	1

主合取范式:$(P \vee Q \vee R) \wedge (P \vee Q \vee \neg R) \wedge (P \vee \neg Q \vee \neg R)$

主析取范式:
$$(P \wedge Q \wedge R) \vee (P \wedge Q \wedge \neg R) \vee (P \wedge \neg Q \wedge R) \vee$$
$$(P \wedge \neg Q \wedge \neg R) \vee (\neg P \wedge Q \wedge \neg R)$$

利用等价置换拼凑法求主析取范式(主合取范式)的步骤为:

(1) 将公式中的联结词化归成 $\neg$、$\wedge$ 及 $\vee$。

(2) 利用 De Morgan 律将否定直接移到各命题变元之前。

(3) 利用分配律,结合律将公式化为析取范式(合取范式)。

(4) 去掉析取范式(合取范式)中所有永假(永真)的合取式(析取式)。

(5) 将析取范式(合取范式)中重复出现的合取式(析取式)和相同的变元合并。

(6) 对合取式(析取式)补入未出现的命题变元,即添加 $P \vee \neg P(P \wedge \neg P)$ 式。

(7) 利用分配律展开公式,并去掉析取范式(合取范式)中重复出现的极小项(极大项)。

例 12.17 求公式 $((P \vee Q) \to R) \to P$ 的主析取范式和主合取范式。

解 $((P \vee Q) \to R) \to P \Leftrightarrow \neg(\neg(P \vee Q) \vee R) \vee P \Leftrightarrow$

$((P \vee Q) \wedge \neg R) \vee P \Leftrightarrow (P \wedge \neg R) \vee (Q \wedge \neg R) \vee P$ (析取范式) $\Leftrightarrow$

$(P \wedge (Q \vee \neg Q) \wedge \neg R) \vee ((P \vee \neg P) \wedge Q \wedge \neg R) \vee$

$(P \wedge (Q \vee \neg Q) \vee (R \vee \neg R)) \Leftrightarrow$

$(P \wedge Q \wedge \neg R) \vee (P \wedge \neg Q \wedge \neg R) \vee (P \wedge \neg Q \wedge \neg R) \vee (\neg P \wedge Q \wedge \neg R) \vee$

$(P \wedge Q \wedge R) \vee (P \wedge Q \wedge \neg R) \vee (P \wedge \neg Q \wedge R) \vee (P \wedge \neg Q \wedge \neg R) \Leftrightarrow$

$(P \wedge Q \wedge R) \vee (P \wedge Q \wedge \neg R) \vee (P \wedge \neg Q \wedge R) \vee$

$(P \wedge \neg Q \wedge \neg R) \vee (\neg P \wedge Q \wedge \neg R)$ (主析取范式) $\Leftrightarrow$

$m_7 \vee m_6 \vee m_5 \vee m_4 \vee m_2 \Leftrightarrow M_3 \wedge M_1 \wedge M_0 \Leftrightarrow$

$(P \vee \neg Q \vee \neg R) \wedge (P \vee Q \vee \neg R) \wedge (P \vee Q \vee R)$ (主合取范式)

一个命题公式的主合取范式和主析取范式形式均是唯一的。

命题逻辑中的恒等关系是一个等价关系,此等价关系将全部的命题公式划分为若干个等价类,而每一类公式的标准型为主合取范式或主析取范式。而且范式在命题公式的判定问题中起重要的作用,所谓的命题公式的判定问题就是通过一个可行的、有效的方法来判定一个命题公式是否是永真式或永假式。

定理 12.13 命题公式 A 为永真式(永假式),当且仅当其主析取范式(主合取范式)中包含所有的极小项(极大项)。

定理 12.14 命题公式 A 和 B 恒等,当且仅当 A 和 B 的主范式相同。

例 12.18 证明:命题公式 $(\neg P \vee \neg Q) \rightarrow (P \rightarrow \neg Q)$ 为永真式。

证 $(\neg P \vee \neg Q) \rightarrow (P \rightarrow \neg Q) \Leftrightarrow$

$\neg(\neg P \vee \neg Q) \vee (\neg P \vee \neg Q) \Leftrightarrow$

$(P \wedge Q) \vee \neg P \vee \neg Q \Leftrightarrow$

$(P \wedge Q) \vee (\neg P \wedge (Q \vee \neg Q)) \vee ((P \vee \neg P) \wedge \neg Q) \Leftrightarrow$

$(P \wedge Q) \vee (\neg P \wedge Q) \vee (\neg P \wedge \neg Q) \vee (P \wedge \neg Q) \vee (\neg P \wedge \neg Q) \Leftrightarrow$

$(P \wedge Q) \vee (P \wedge \neg Q) \vee (\neg P \wedge Q) \vee (\neg P \wedge \neg Q)$

因为该命题公式的主析取范式中包含所有的极小项,所以它是永真式。 **证毕**

习 题

1. 求下列各公式的合取范式和析取范式。

(1) $(\neg P \vee \neg Q) \rightarrow (P \leftrightarrow \neg Q)$;

(2) $P \vee (\neg P \rightarrow (Q \vee (\neg Q \rightarrow R)))$;

(3) $(P \rightarrow Q \wedge R) \wedge (\neg P \rightarrow (\neg Q \wedge \neg R))$;

(4) $(P \wedge \neg Q \wedge S) \vee (\neg P \wedge Q \wedge R)$。

2. 求下列各公式的主合取范式和主析取范式,并指出哪些是重言式。

(1) $Q \wedge (P \vee \neg Q)$;

(2) $(Q \rightarrow P) \wedge (\neg P \wedge Q)$;

(3) $((P \rightarrow Q) \rightarrow R)$;

(4) $(P \rightarrow Q) \leftrightarrow (\neg Q \rightarrow \neg P)$。

3. 三人估计比赛结果,甲说"A 第一,B 第二",乙说"C 第二,D 第四",丙说"A 第二,D 第四",结果三人估计的都不全对,但都对了一个。问 A、B、C、D 的名次?

4. 要在 A,B,C,D 四人中派两人出差,按下述三个条件有几种派法?

(1) 如果 A 去,则 C 和 D 中要去一人;

(2) B 和 C 不能都去;

(3) C 去则 D 不去。

12.6 命题逻辑的推理理论

在数理逻辑中,关注的是研究和提供用来从前提导出结论的推理规则和论证原理,这些规则有关的理论称为推理理论。

在实际应用的推理中,常常把本门学科的一些定律、定理和条件,作为假设前提,尽管这些前提在数理逻辑中实非永真,但在推理过程中,却总是假设这些命题为真,并使用一些公认的规则得到另外的命题,形成结论,这种过程就是论证。

定义 12.23 当且仅当 $A_1 \wedge A_2 \wedge \cdots \wedge A_n \Rightarrow C$ 时,C 是 $A_1, A_2, \cdots A_n$ 的有效结论(或逻辑结果),或称 C 可由 $A_1, A_2, \cdots, A_n$ 逻辑推出,并记为 $A_1, A_2, \cdots, A_n \Rightarrow C$。

判别有效结论的过程就是论证过程,论证方法千变万化,但是基本方法包括真值表法和演绎法,真值表法见 12.3 节。而演绎证明的过程大致是:整个证明过程是由一个命题序列构成,每个命题或者是前提之一,或者是前面若干命题的逻辑结果,每一步以一个定理或法则为依据。即设 S 是一个命题公式的集合(前提集合),从 S 逻辑推出公式 C 的一个演绎是一个有限的公式序列:$C_1, C_2, \cdots, C_n$,其中 C_n 或者属于 S,或者是某些 $C_j (j < n)$ 的逻辑结果,并且 C_n 就是 C。公式 C 称为此演绎的逻辑结果,或称从 S 演绎出 C,记为 $C_1, C_2, \cdots, C_{n-1} \Rightarrow C_n$。

尽管我们给出了演绎的概念,但仍不能进行推理,因为如何产生这一演绎的公式序列,还缺少必要的依据,这就是推理规则。下面介绍两种常用的推理规则。

P 规则:前提在推导过程中的任何时候都可以引入使用。

T 规则:在推导中,如果有一个或多个公式,蕴含着公式 A,则公式 A 可以引入推导之中。

演绎证明的具体方法包括直接证法、间接证法和反证法。

直接证法是由一组前提,利用一些公认的推理规则,根据已知的等价或蕴含公式,推演得到有效结论。

例 12.19 证明:$(P \vee Q) \wedge (P \rightarrow R) \wedge (Q \rightarrow S) \Rightarrow S \vee R$。

证   (1) $P \vee Q$ P

      (2) $\neg P \rightarrow Q$ $T(1)E$

      (3) $Q \rightarrow S$ P

      (4) $\neg P \rightarrow S$ $T(2),(3)I$

      (5) $\neg S \leftarrow P$ $T(4)E$

      (6) $P \rightarrow R$ P

      (7) $\neg S \leftarrow R$ $T(5),(6)I$

      (8) $S \vee R$ $T(7)E$ 证毕

定理 12.15 设 S 是前提公式的集合,B 和 C 是两个公式。如果从 $S \wedge B$ 可演绎出 C,则从 S 可演绎出 $B \rightarrow C$。

证 因为从 $S \wedge B$ 可演绎出 C，所以 $S_1 \wedge S_2 \wedge \cdots \wedge S_n \wedge B \Rightarrow C$，其中 $S_i \in S(i=1,2,\cdots,n)$。

因此 $S_1 \wedge S_2 \wedge \cdots \wedge S_n \wedge B \to C$ 为永真式，得 $\neg(S_1 \wedge S_2 \wedge \cdots \wedge S_n \wedge B) \vee C$ 为永真式，$(\neg(S_1 \wedge S_2 \wedge \cdots \wedge S_n) \vee \neg B) \vee C$ 也为永真式。从而 $\neg(S_1 \wedge S_2 \wedge \cdots \wedge S_n) \vee (\neg B \vee C)$ 为永真式，即 $S_1 \wedge S_2 \wedge \cdots \wedge S_n \to (B \to C)$ 为永真式。故 $S_1 \wedge S_2 \wedge \cdots \wedge S_n \Rightarrow B \to C$，即从 S 可演绎出 $B \to C$。 证毕

此定理在证明中使用，常称为 CP 规则。B 作为前提引用时，称为附加前提。

间接证法是将 B 作为附加前提，使用 CP 规则推演得到形如 $B \to C$ 的有效结论。

例 12.20 证明 $P \to (Q \to S), \neg R \vee P, Q \Rightarrow R \to S$

证
(1) R P（附加）
(2) $\neg R \vee P$ P
(3) P T(1),(2)I
(4) $P \to (Q \to S)$ P
(5) $Q \to S$ T(3),(4)I
(6) Q P
(7) S T(6),(5)I
(8) $R \to S$ CP   证毕

定义 12.24 如果一组公式 $A_1, A_2, \cdots, A_n$ 的合取永假，则称 $A_1, A_2, \cdots, A_n$ 不相容，反之则相容。

不相容是 $A_1, A_2, \cdots, A_n$ 的合取永假，即至少有一变元及其否定同时出现，例 $P \wedge \neg P$ 是矛盾。相容是 $A_1, A_2, \cdots, A_n$ 的合取非永假，但也不一定永真。因此，不相容性亦称矛盾性，相容亦称不矛盾。

定理 12.16 设公式 $A_1, A_2, \cdots, A_n$ 是相容的，C 是一个公式，如果 $A_1, A_2, \cdots, A_n, \neg C$ 是不相容的，则 $A_1, A_2, \cdots, A_n \Rightarrow C$。

证 因为 $A_1, A_2, \cdots, A_n, \neg C$ 是不相容的，所以 $A_1 \wedge A_2 \wedge \cdots \wedge A_n \wedge \neg C$ 为永假式。得 $\neg(A_1 \wedge A_2 \wedge \cdots \wedge A_n \wedge \neg C)$ 为永真式，从而 $\neg(A_1 \wedge A_2 \wedge \cdots \wedge A_n) \vee C$ 为永真式，即 $A_1 \wedge A_2 \wedge \cdots \wedge A_n \to C$ 为永真式，因此 $A_1 \wedge A_2 \wedge \cdots \wedge A_n \Rightarrow C$。 证毕

反证法是将 $\neg C$ 作为附加前提，推出矛盾，从而得到 C 为有效结论。

例 12.21 证明 $P \to Q, R \to \neg Q, S \to \neg Q, R \vee S \Rightarrow \neg P$。

证
(1) P P（附加）
(2) $P \to Q$ P
(3) Q T(1),(2)I
(4) $R \to \neg Q$ P
(5) $\neg R$ T(3),(4)I
(6) $S \to \neg Q$ P
(7) $\neg S$ T(3),(6)I

(8) $R \vee S$ P
(9) R $T(7),(8)I$
(10) $R \wedge \neg R$ $T(5),(9)I$

此为矛盾式,故原式得证。   证毕

例 12.22 构造下述前提的有效结论,并证明之。

如果今天是星期一,我们就到软件公司参观或到实践基地实习。如果软件公司无法安排,我们就不去软件公司参观。今天是星期一,而且软件公司无法安排。

解 首先进行命题符号化:设 P:今天是星期一;Q:我们到软件公司参观;R:我们到实践基地实习;S:软件公司无法安排。前提为:$P \rightarrow Q \vee R, S \rightarrow \neg Q, P \wedge S$。

有效结论应该是:我们到实践基地实习。即有效结论为:R。

需证明:$P \rightarrow Q \vee S, S \rightarrow \neg Q, P \wedge S \Rightarrow R$

证 (1) $P \wedge S$ P
(2) P $T(1)I$
(3) S $T(1)I$
(4) $P \rightarrow Q \vee R$ P
(5) $Q \vee R$ $T(2)(4)I$
(6) $S \rightarrow \neg Q$ P
(7) $\neg Q$ $T(3)(6)I$
(8) R $T(5)(7)I$ 证毕

习 题

1.给出一个指派,证明以下各结论不是有效的。

(1) $A \leftrightarrow B, B \leftrightarrow (C \wedge D), C \leftrightarrow (A \vee E), A \vee E \Rightarrow A \wedge E$;

(2) $A \leftrightarrow (B \rightarrow C), B \leftrightarrow (\neg A \vee \neg C), C \leftrightarrow (A \vee \neg B), B \Rightarrow A \vee C$。

2.对下述论证构造一个证明,给出所有必须增加的断言,指出用于每一步的推理规则。

如果李敏来通信工程学院,如果王军不生病,则王军一定去看望李敏。如果李敏出差到南京,那么李敏一定来通信工程学院。王军没有生病。所以,如果李敏出差到南京,王军一定去看望李敏。

3.用直接证法证明:

(1) $(A \rightarrow B) \wedge (A \rightarrow C), \neg(B \wedge C), D \vee A \Rightarrow D$;

(2) $P \wedge Q \rightarrow R, \neg R \vee S, \neg S \Rightarrow \neg P \vee \neg Q$;

(3) $B \wedge C, (B \leftrightarrow C) \rightarrow (H \vee G) \Rightarrow G \vee H$;

(4) $(P \rightarrow Q) \rightarrow R, Q \wedge S \Rightarrow R$。

4.用间接证法证明:

(1) $\neg P \vee Q, \neg Q \vee R, R \rightarrow S \Rightarrow P \rightarrow S$;

(2) $P \rightarrow Q \Rightarrow P \rightarrow (P \wedge Q)$;

(3) $P \vee Q \to R \Rightarrow P \wedge Q \to R$；

(4) $P \to (Q \to R), Q \to (R \to S) \Rightarrow P \to (Q \to S)$。

5. 用反证法证明：

(1) $R \to \neg Q, R \vee S, S \to \neg Q, P \to Q \Rightarrow \neg P$；

(2) $S \to \neg Q, S \vee R, \neg R \leftrightarrow Q \Rightarrow R$；

(3) $P \to Q, (\neg Q \vee R) \wedge \neg R, \neg(\neg P \vee S) \Rightarrow \neg S$；

(4) $A \to (B \to C), D \to (B \wedge \neg C) \Rightarrow \neg(A \wedge D)$。

6. 检验下列论述的有效性：

(1) 如果我学习，那么我数学不会不及格。如果我不热衷于玩游戏，那么我将学习。但是我数学不及格。因此，我热衷于玩游戏。

(2) 如果6是偶数，则7被2除不尽。或5不是素数，或7被2除尽。但5是素数。所以，6不是偶数。

第13章

谓词逻辑

在命题逻辑中,原子命题是演算的基本单位,例如著名的苏格拉底三段论:所有人都是要死的,苏格拉底是人,所以,苏格拉底是要死的。如果用命题逻辑来表达,用 P 表示所有人都是要死的,Q 表示苏格拉底是人,R 表示苏格拉底是要死的,则有 $P,Q \Rightarrow R$。无法从 P 和 Q 推出 R。那么产生这种情况的原因是什么呢?

命题逻辑的推理有很大的局限性,在命题逻辑中,不再对原子命题进行分解,然而虽然 P,Q 和 R 是三个不同的命题,但它们之间有一些共同特征,要反映命题内部的逻辑结构及不同命题的内部结构关系,必须对命题进一步细分,使用谓词逻辑来表达。

本章将讨论谓词、量词、命题符号化、谓词公式、谓词演算的恒等式和蕴含式、前束范式,以及谓词逻辑的推理理论。

13.1 谓词与量词

在命题逻辑中,命题是反映判断的陈述句。一般地,一个反映判断的陈述句由主语和谓语两部分组成,例如,"4 大于 3"的主语是 4,谓语是"大于 3","张三是大学生"的主语是张三,谓语是"是大学生"。尽管还存在多种复合谓语的情况,我们还是认为命题均可分为主、谓两部分。主语一般是客体,客体可以独立存在,它可以是具体的,也可以是抽象的。用以刻画客体的性质或关系的是谓词。因此,引入一个符号表示谓词,再引入一种方法表示客体的名称,就能把" * 是大学生"这个命题的本质属性刻画出来。

我们将用大写字母表示谓词,例如,$S(x)$ 表示"x 是大学生",$S(x)$ 中 x 表示的变元称为客体变元,把含有 n 个客体变元的谓词称为 n 元谓词。那么,$S(x)$ 是一元谓词,$R(x,y)$ 表示 x 和 y 是同乡,它是二元谓词,$G(x,y,z)$ 表示 $x+y>z$,它是三元谓词。我们用小写字母表示客体名称,例如,a 表示"张三",b 表示"李四"。

用谓词表达命题,必须包含客体和谓词两个部分,即给谓词的各客体变元指定具体的客体,该谓词就有了确定的真假值,亦即成了命题。例如,$S(a)$ 表示命题"张三是大学生",$G(1,2,3)$ 表示命题"$1+2>3$"。

谓词的产生是为了细化命题的表示,当然谓词并不能改变命题的根本属性,即仅具有真、假二值。如果我们把上述谓词 $G(x,y,z)$ 的客体变元的取值限定于集合 D 上,则 $G(x,y,z)$ 实际上构成了一个从 D^3 到 $\{F,T\}$ 的映射,故可用映射来定义谓词。

定义 13.1 设 D 是客体名称的非空集合,从 D^n 到 $\{F,T\}$ 的 n 元映射,称为 n 元谓词,亦称为 n 元命题函数。

之所以称为命题函数,是因为随客体变元的取值不同,谓词所表示的命题亦不同,因此谓词的值也不同,故无论从谓词所能表示的命题,还是命题的值,都可视为客体变元的函数。

引入了谓词,是否就可准确地表达命题了呢? 例如,命题"所有的整数都是偶数",如果仅用谓词表示,可设 $A(x)$ 表示 x 是整数,$B(x)$ 表示 x 是偶数,则用 $A(x) \to B(x)$ 表示上述命题。上述命题的否定为

$$\neg(A(x) \to B(x)) \Leftrightarrow \neg(\neg A(x) \lor B(x)) \Leftrightarrow A(x) \land \neg B(x)$$

由于这里并未明确规定"所有的"一词是如何表达的,我们可以认为 $A(x) \land \neg B(x)$ 表示命题"所有的整数都不是偶数",这显然是错误的。因为命题"所有的整数都是偶数"的值为假,其否定"所有的整数都不是偶数"的值应为真,但是"所有的整数都不是偶数"的值实际上为假,这便产生了矛盾。实际上,"所有的整数都是偶数"的否定应为"有的整数不是偶数",这个命题的值为真。产生这种矛盾的原因在于对"所有的"这一词没有给出明确的表示方法。于是,我们引入量词。

短语"所有的 x"称为全称量词,记为 $(\forall x)$。短语"存在 x"称为特称量词,或存在量词,记为 $(\exists x)$。$(\forall x)$ 和 $(\exists x)$ 统称为量词。

谓词前冠以量词的具体意义为:$(\forall x)P(x)$ 表示"对一切 $x, P(x)$ 皆为真",$(\forall x)\neg P(x)$ 表示"对一切 $x, \neg P(x)$ 皆为真",$\neg(\forall x)P(x)$ 表示"并非对一切 $x, P(x)$ 皆为真",$\neg(\forall x)\neg P(x)$ 表示"并非对一切 $x, \neg P(x)$ 皆为真",$(\exists x)P(x)$ 表示"存在 x, 使 $P(x)$ 为真",$(\exists x)\neg P(x)$ 表示"存在 x, 使 $\neg P(x)$ 为真",$\neg(\exists x)P(x)$ 表示"没有 x, 能使 $P(x)$ 为真";$\neg(\exists x)\neg P(x)$ 表示"没有 x, 能使 $\neg P(x)$ 为真"。因此,量词是用来表示客体之间的数量关系的。

谓词中客体变元的取值范围称为个体域。包含所有客体变元的个体域的集合称为全总个体域,亦称为论述域。

例 13.1 设谓词 $P(x):x>5$,个体域为 $D=\{3,5,7\}$,则 $P(3) \Leftrightarrow F, P(7) \Leftrightarrow T$。

可见,对于一个谓词,即使明确给出了个体域也不能保证其有确定的真假值,故不能构成命题。

例 13.2 设谓词 $P(x):x>5$,个体域为 $D_1=\{3,5\}$ 或 $D_2=\{3,7\}$,现考查 $(\exists x)P(x)$ 的值。当个体域为 D_1 时,$(\exists x)P(x) \Leftrightarrow F$。当个体域为 D_2 时,$(\exists x)P(x) \Leftrightarrow T$。

这说明,对于一个谓词,如果被量词限定了,但如果无确定的个体域,仍不能保证其有确定的真假值,故亦不能构成命题。

被量词限定了的谓词被称为量化谓词。那么在确定的个体域中,量化谓词的值是如何确定的呢? 设谓词 $P(x)$ 的个体域为集合 D。量化谓词的取值意义如下:

(1) 对全称量词 $(\forall x)$,当 x 取 D 的每个元素时,$P(x)$ 为真,则 $(\forall x)P(x)$ 为真;否则,只要 D 中有一个元素 x 使 $P(x)$ 为假,则 $(\forall x)P(x)$ 为假。

(2) 对特称量词$(\exists x)$,当 D 中至少有一个元素 x 使 $P(x)$ 为真,则$(\exists x)P(x)$ 为真;否则,D 中没有元素使 $P(x)$ 为真,则$(\exists x)P(x)$ 为假。

(3) 根据(1)和(2),当个体域 D 为有限集时,例如 $D=\{a_1,a_2,\cdots,a_n\}$ 时,可以消去 $(\forall x)P(x)$ 和 $(\exists x)P(x)$ 中的量词,而用下面的无量词形式表示:

$$(\forall x)P(x) \Leftrightarrow P(a_1) \wedge P(a_2) \wedge \cdots \wedge P(a_n)$$

$$(\exists x)P(x) \Leftrightarrow P(a_1) \vee P(a_2) \vee \cdots \vee P(a_n)$$

个体域的给定有以下三种方式:

(1) 直接给出每个谓词的个体域,此时,每个量化谓词的值要根据客体变元在个体域上的取值而定。

例 13.3 $P(x):x>5,Q(y):y<3$,个体域为 $D_P=\{2,3,7\},D_Q=\{1,2\}$,现考察 $(\forall x)P(x) \wedge (\exists y)Q(y)$ 的值。

因为 $2<5$,故 $P(2)$ 为 F,所以$(\forall x)P(x) \Leftrightarrow F$。又因为 $2<3$,故 $Q(2)$ 为 T,所以$(\exists y)Q(y) \Leftrightarrow T$。

因此$(\forall x)P(x) \wedge (\exists y)Q(y) \Leftrightarrow F \wedge T \Leftrightarrow F$。

当每个谓词的个体域都明确时,全总个体域也就相应的明确了。

(2) 明确给出全总个体域,不再分别给出每个谓词的个体域时,全总个体域就是每个谓词的个体域。此时,每个量化谓词的值要根据客体变元在全总个体域上的取值而定。

例 13.4 $P(x):x<2,E(x,y):x=y,Z(x):x>0$,全总个体域为 $D=\{-3,1,2\}$,现考察$(\forall x)(P(x) \vee Z(x)) \wedge (\exists x)(\exists y)E(x,y)$ 的值。

因为$(\forall x)(P(x) \vee Z(x)) \Leftrightarrow (P(-3) \vee Z(-3)) \wedge (P(1) \vee Z(1)) \wedge (P(2) \vee Z(2)) \Leftrightarrow (T \vee F) \wedge (T \vee T) \wedge (F \vee T) \Leftrightarrow T \wedge T \wedge T \Leftrightarrow T$。

因为 $x=1$ 且 $y=1$ 时,$E(x,y)=E(1,1)$ 为 T,所以$(\exists x)(\exists y)E(x,y) \Leftrightarrow T$。

因此$(\forall x)(P(x) \vee Z(x)) \wedge (\exists x)(\exists y)E(x,y) \Leftrightarrow T \wedge T \Leftrightarrow T$。

(3) 既不明确地给出每个谓词的个体域,也不明确地给出全总个体域。此时,全总体个体域是隐含的,相当于包括宇宙间任何具体和抽象事物的全集,这有些类似于集合论中的全集往往不具体给出一样。此时,$(\forall x)P(x)$ 必为假,而$(\exists x)P(x)$ 必为真。这就需要使用特性谓词限定个体域。

如果有多个不同的客体变元,它们具有不同的个体域,那么将这些不同的客体变元放在一起讨论时,会令人甚感不便。于是常常仅给出全总个体域,或用隐含的全总个体域,而不单独地给出每个客体变元的个体域。此时,对不同客体变元的个体域,必须用不同的特性谓词加以刻画。

例如,设 $F(x)$ 表示"x 是不怕死的",$D(x)$ 表示"x 是要死的"。$M(x)$ 表是"x 是人"。如果论述域是全人类,则命题"人总是要死的"表示为$(\forall x)D(x)$,命题"有些人不怕死"表示为$(\exists x)F(x)$。但是,如果论述域为隐含的全总个体域,则上述两个命题就相应的表示为$(\forall x)(M(x) \to D(x))$ 和$(\exists x)(M(x) \wedge F(x))$。

$(\forall x)(M(x) \to D(x))$ 等价于$(\forall x)(\neg M(x) \vee D(x))$,所以它可表达"对一切 x,如果

x 是人,则 x 是要死的",也可表达"对一切 x,x 不是人或 x 是要死的"。$(\exists x)(M(x) \wedge F(x))$ 可表达 "存在一些 x,x 是人并且是不怕死的"。

上述的 $M(x)$ 是特性谓词,用以刻画论述对象具有"人"这一特性,从而从全总个体域中限定了所有人构成的集合作为客体变元的个体域。一般地,对于全称量词,特性谓词作为条件的前件加入,对于特称量词,特性谓词作为合取项加入。

习　　题

1. 求下列各式的值。

(1) $(\forall x)(P(x) \vee Q(x))$,其中 $P(x):x=1,Q(x):x=2$,个体域为 $\{1,2\}$。

(2) $(\forall x)(P \rightarrow Q(x)) \vee R(a)$,其中 $P:3>-2,Q(x):x\leqslant 3,R(x):x>5,a=3$,个体域为 $\{-2,3,5,6\}$。

(3) $(\exists x)(P(x) \rightarrow Q(x))$,其中 $P(x):x>1,Q(x):x=1$,个体域为 $\{1\}$。

2. 如果论述域是 $\{a,b,c\}$,试消去下列各式中的量词。

(1) $(\forall x)R(x) \wedge (\exists x)S(x)$;

(2) $(\forall x)(P(x) \rightarrow Q(x))$。

3. 只允许用谓词:$P(x):x$ 是人,$F(x,y):x$ 是 y 的父亲,$M(x,y):x$ 是 y 的母亲,翻译"a 是 b 的外祖父"。

13.2　谓词公式与变元的约束

有了谓词和量词的概念,能够刻画的命题就广泛而深入得多了。进行谓词演算的谓词公式是怎样定义的呢? 本节给出谓词公式的定义,以及谓词公式中变元的出现形式。

定义 13.2　$P(x_1,x_2,\cdots,x_n)$ 称为谓词演算的原子公式,其中 $x_1,x_2,\cdots,x_n$ 是客体变元。

例如,R,$A(x)$,$B(x,a,y)$ 都是原子谓词公式。

定义 13.3　谓词公式定义为:

(1) 原子谓词公式是谓词公式;

(2) 如果 A,B 是谓词公式,则 $(\neg A),(A \wedge B),(A \vee B),(A \rightarrow B),(A \leftrightarrow B)$ 都是谓词公式;

(3) 如果 A 是谓词公式,则 $(\forall x)A$ 和 $(\exists x)A$ 也都是谓词公式;

(4) 只有有限次地应用(1),(2) 和(3) 所得到的公式是谓词公式。

例如,$(\forall x)A(x),C(x) \wedge (\exists y)(A(y) \rightarrow B(y))$ 都是谓词公式。

由上述定义易知命题公式也是谓词公式。在讨论命题公式时,曾约定最外层的括号可以省略,该约定在谓词公式中仍有效。但需注意,量词后面如果有括号则不能省略。

将一个文字叙述的命题用谓词公式表示出来,称为谓词逻辑的翻译或符号化,反之亦然。一般说来,符号化的步骤为:

(1) 正确理解给定命题。必要时改叙命题,使其中每个原子命题以及原子命题之间的关系明显表达出来。

(2) 把每个原子命题分解成客体、谓词和量词。在全总论域讨论时,给出特性谓词。

(3) 找出量词。应注意全称量词($\forall x$)后跟条件式,存在量词($\exists x$)后跟合取式。

(4) 用恰当的联结词将给定命题表示出来。

例 13.5 将下列命题符号化:

(1) 没有不犯错误的人。

(2) 凡是实数,或大于零或等于零或小于零。

解 (1) 设 $F(x):x$ 犯错误,$M(x):x$ 是人。

$$\neg(\exists x)(M(x) \land \neg F(x))。$$

(2) 设 $R(x):x$ 是实数,$G(x):x>0$,$E(x):x=0$,$L(x):x<0$。

$$(\forall x)(R(x) \to G(x) \overline{\vee} E(x) \overline{\vee} L(x))。$$

例 13.6 设个体域是整数集,$P(x,y,z):xy=z$,$E(x,y):x=y$,$G(x,y):x>y$。将下列命题符号化:

(1) 如果 $xy \neq 0$,则 $x \neq 0$ 且 $y \neq 0$;

(2) $x=y$ 的充分条件是 $x \leqslant y$ 且 $y \leqslant x$。

解 (1) $(\forall x)(\forall y)(\neg P(x,y,0) \to \neg E(x,0) \land \neg E(y,0))$

(2) $(\forall x)(\forall y)(\neg G(x,y) \land \neg G(y,x) \to E(x,y))$。

给定一个谓词公式 X,其中有一部分子公式形式为 $(\forall x)P(x)$ 或 $(\exists x)P(x)$,则 $\forall$、$\exists$ 后面所跟的 x 叫做量词的指导变元或作用变元,$P(x)$ 叫做相应量词的作用域或辖域。在 $(\forall x)$ 或 $(\exists x)$ 的作用域中出现的 x 称为约束变元,其出现称为约束出现。在 X 中除去约束变元以外的变元称为自由变元,其出现称为自由出现。

确定一个量词的作用域即是找出位于该量词之后的相邻的子公式,具体地说,如果量词后有括号,则括号内的子公式就是该量词的作用域;如果量词后无括号,则与量词邻接的子公式为该量词的作用域。

例 13.7 在 $(\forall x)(P(x) \to (\exists y)Q(x,y))$ 中,因为 $(\forall x)$ 后有括号,所以 $(\forall x)$ 的作用域是括号内的子公式:$P(x) \to (\exists y)Q(x,y)$,这里两次出现的 x 都是约束变元。因为 $(\exists y)$ 后无括号,所以 $(\exists y)$ 的作用域是与它邻接的子公式:$Q(x,y)$,这里出现的 y 也是约束变元。

在 $(\exists x)F(x) \land G(x,y)$ 中,$(\exists x)$ 的作用域为 $F(x)$,这里的 x 是约束出现,而 $G(x,y)$ 不在任何量词的作用域内,这里的 x 和 y 都是自由出现。所以,在公式中,第一个 x 是约束变元,第二个 x 是自由变元,本质上这两个 x 的含义是不同的;而 y 仅是自由变元。

在一个公式中,某个客体变元可以既有约束出现,也有自由出现,这是可能的且允许的,但在以后的演算中易引起概念上的混淆。为了避免这种混淆,可以将约束变元换以新名,也可将自由变元代以新名,使一个变元在一个公式中仅以一种形式出现,或者是约束的,或者是自由的。

约束变元的换名规则是:对约束变元可以换名,但必须在量词后及其作用域中所有此变元出现处皆换以同一新变元名称,并且新变元名称不能与公式中原有的任何变元重名。

自由变元的代入规则是:对自由变元可以代入,但必须在公式中所有此变元自由出现处皆代入同一新变元名称,并且新变元名称不能与公式中原有的任何变元重名。

例 13.8 $(\forall x)(\forall y)(P(x,y) \land Q(y,z)) \land (\exists z)R(x,z)$

$(\forall x)$ 的作用域为 $(\forall y)(P(x,y) \land Q(x,y))$,$(\forall y)$ 的作用域均为 $P(x,y) \land Q(y,z)$,所以 $P(x,y) \land Q(y,z)$ 中的 x,y 皆为约束变元,而 z 为自由变元。$(\exists z)$ 的作用域为 $R(x,z)$,其中 z 为约束变元,x 为自由变元。

可以进行约束变元换名:用 u 替换 x,用 v 替换 z,得

$$(\forall u)(\forall y)(P(u,y) \land Q(y,z)) \land (\exists v)R(x,v)$$

也可以进行自由变元代入:用 u 代入 x,用 v 代入 z,得

$$(\forall x)(\forall y)(P(x,y) \land Q(y,v)) \land (\exists z)R(u,z).$$

习 题

1. 将下列公式通过约束变元换名使约束变元与自由变元使用不同的符号。
   (1) $(\forall y)(R(y,x) \to S(x,y)) \land P(x,y) \land (\exists x)Q(x)$;
   (2) $R(x,y) \to (\forall x)(P(x,y) \lor (\forall z)Q(x,z))$。

2. 将下列公式通过自由变元代入使约束变元与自由变元使用不同的符号。
   (1) $((\exists y)A(x,y) \to (\forall x)B(x,z)) \land (\exists x)(\forall z)C(x,y,z)$;
   (2) $((\forall x)P(x,y,z) \to (\exists y)Q(x,y,z)) \lor (\forall x)(\exists z)R(x,y,z)$。

3. 将下列命题符号化。
   (1) 有一个且仅有一个偶数质数;
   (2) 没有一个奇数是偶数;
   (3) 每一列火车都比某些卡车快;
   (4) 某些卡车慢于所有的火车,但至少有一列火车快于每一辆卡车;
   (5) 如果明天下雨,那么有些人将淋湿;
   (6) 所有步行的、骑马的或乘车的人,凡口渴的都喝泉水。

13.3 谓词演算的恒等式与蕴含式

与命题演算类似,在谓词演算中也有恒等式和蕴含式,本节介绍谓词演算的恒等式和蕴含式。

定义 13.4 给定任意谓词公式 A,在论域 E 上,对于公式 A 的所有赋值,A 的值永为真,则称 A 在 E 上有效或永真。如果至少在一种赋值下,A 的值为真,则称 A 在 E 上可满足。如果在所有赋值下,A 的值为假,则称 A 在 E 上不可满足或永假。

定义 13.5 设 A 和 B 是两个谓词公式,E 是它们公有的论述域。如果对 A 和 B 的任一组变元进行赋值,所得命题的真值都相同,则称 A 和 B 在 E 上恒等,并记为 $A \Leftrightarrow B$。如果 E 是

任意的,则称 A 与 B 恒等。

有时也把"恒等"称为"等值"或"等价"。有了谓词公式的恒等和永真等概念,就可以讨论谓词演算的恒等式了。

谓词演算的恒等式如下:

$E40: (\forall x)A \Leftrightarrow A$

$E41: (\exists x)A \Leftrightarrow A$

$E42: \neg(\forall x)P(x) \Leftrightarrow (\exists x)\neg P(x)$

$E43: \neg(\exists x)P(x) \Leftrightarrow (\forall x)\neg P(x)$

$E44: (\forall x)A(x) \vee P \Leftrightarrow (\forall x)(A(x) \vee P)$

$E45: (\forall x)A(x) \wedge P \Leftrightarrow (\forall x)(A(x) \wedge P)$

$E46: (\exists x)A(x) \vee P \Leftrightarrow (\exists x)(A(x) \vee P)$

$E47: (\exists x)A(x) \wedge P \Leftrightarrow (\exists x)(A(x) \wedge P)$

$E48: P \rightarrow (\forall x)A(x) \Leftrightarrow (\forall x)(P \rightarrow A(x))$

$E49: P \rightarrow (\exists x)A(x) \Leftrightarrow (\exists x)(P \rightarrow A(x))$

$E50: (\forall x)A(x) \rightarrow P \Leftrightarrow (\exists x)(A(x) \rightarrow P)$

$E51: (\exists x)A(x) \rightarrow P \Leftrightarrow (\forall x)(A(x) \rightarrow P)$

$E52: (\forall x)(A(x) \wedge B(x)) \Leftrightarrow (\forall x)A(x) \wedge (\forall x)B(x)$

$E53: (\exists x)(A(x) \vee B(x)) \Leftrightarrow (\exists x)A(x) \vee (\exists x)B(x)$

$E54: (\exists x)(A(x) \rightarrow B(x)) \Leftrightarrow (\forall x)A(x) \rightarrow (\exists x)B(x)$

$E55: (\forall x)(\forall y)P(x,y) \Leftrightarrow (\forall y)(\forall x)P(x,y)$

$E56: (\exists x)(\exists y)P(x,y) \Leftrightarrow (\exists y)(\exists x)P(x,y)$

例 13.9 证明:$(\forall x)A(x) \rightarrow P \Leftrightarrow (\exists x)(A(x) \rightarrow P)$

证 $(\forall x)A(x) \rightarrow P \Leftrightarrow \neg(\forall x)A(x) \vee P \Leftrightarrow$
$\qquad\qquad\qquad (\exists x)\neg A(x) \vee P \Leftrightarrow$
$\qquad\qquad\qquad (\exists x)(\neg A(x) \vee P) \Leftrightarrow$
$\qquad\qquad\qquad (\exists x)(A(x) \rightarrow P)$ 证毕

例 13.10 证明:$(\exists x)(A(x) \rightarrow B(x)) \Leftrightarrow (\forall x)A(x) \rightarrow (\exists x)B(x)$

证 $(\exists x)(A(x) \rightarrow B(x)) \Leftrightarrow (\exists x)(\neg A(x) \vee B(x)) \Leftrightarrow$
$(\exists x)\neg A(x) \vee (\exists x)B(x) \Leftrightarrow \neg(\forall x)A(x) \vee (\exists x)B(x) \Leftrightarrow$
$(\forall x)A(x) \rightarrow (\exists x)B(x)$ 证毕

定义 13.6 设 A 和 B 为两个谓词公式,如果对 A 和 B 进行指派,当 A 为真时,必有 B 为真,则称 A 蕴含 B,或 B 是 A 的逻辑结果,记为 $A \Rightarrow B$。

在谓词逻辑中,有如下基本蕴含式:

$I18: (\forall x)P(x) \Rightarrow P(a)$

$I19: P(a) \Rightarrow (\exists x)P(x)$

$I20: (\forall x)P(x) \Rightarrow (\exists x)P(x)$

$I21: (\forall x)P(x) \vee (\forall x)Q(x) \Rightarrow (\forall x)(P(x) \vee Q(x))$

$I22: (\exists x)(P(x) \land Q(x)) \Rightarrow (\exists x)P(x) \land (\exists x)Q(x)$

$I23: (\exists x)P(x) \to (\forall x)Q(x) \Rightarrow (\forall x)(P(x) \to Q(x))$

$I24: (\forall x)(\forall y)P(x,y) \Rightarrow (\forall x)(\exists y)P(x,y)$

$I25: (\forall x)(\forall y)P(x,y) \Rightarrow (\exists x)(\forall y)P(x,y)$

习　　题

1. 证明：$(\exists x)P(x) \land (\forall x)Q(x) \Rightarrow (\exists x)(P(x) \land Q(x))$。

2. 设论述域是 $\{a_0, a_1, \cdots a_n\}$，证明：

(1) $\neg(\forall x)P(x) \Leftrightarrow (\exists x)\neg P(x)$；

(2) $(\forall x)A(x) \lor P \Leftrightarrow (\forall x)(A(x) \lor P)$；

(3) $(\forall x)(A(x) \land B(x)) \Leftrightarrow (\forall x)A(x) \land (\forall x)B(x)$；

(4) $(\exists x)(A(x) \land B(x)) \Rightarrow (\exists x)A(x) \land (\exists x)B(x)$。

3. 证明：

(1) $(\forall x)(\forall y)(P(x) \lor P(y)) \Leftrightarrow (\forall x)P(x) \lor (\forall y)P(y)$；

(2) $(\exists x)(\exists y)(P(x) \land Q(y)) \Rightarrow (\exists x)P(x) \land (\exists y)Q(y)$；

(3) $(\exists x)(\exists y)(P(x) \to P(y)) \Leftrightarrow (\forall x)P(x) \to (\exists y)P(y)$；

(4) $(\forall x)(\forall y)(P(x) \to Q(y)) \Leftrightarrow (\exists x)P(x) \to (\forall y)Q(y)$。

4. 对一个仅含元素 0 和 1 的论述域，证明：$(\forall x)(P(x) \leftrightarrow Q(x)) \Rightarrow (\forall x)P(x) \leftrightarrow (\forall x)Q(x)$。

13.4　前束范式

类似于命题公式的范式，谓词公式也有范式。尽管谓词公式的范式仍是以命题公式的范式为基础的，但因为有了量词，便产生了几种形式不同的范式。本节主要介绍前束范式和 Skolem 范式。

定义 13.7　一个谓词公式，如果量词均非否定地排在全式的开头，它们的作用域都延伸到整个公式的末尾，则该公式叫做前束范式。

例如，$(\forall x)(\exists y)(\forall z)(Q(x,y) \lor R(z))$ 和 $(\exists y)(\forall z)(\neg P(y,z) \to Q(y))$ 都是前束范式。

定理 13.1　任一谓词公式，均和一个前束范式等价。

证　对任一谓词公式，可利用基本恒等式，按下面的步骤构造与原谓词公式等价的前束范式。具体构造步骤为：首先消去多余的量词，然后利用换名或代入规则，使约束变元与自由变元不同。最后利用恒等式将量词提到前面。　　　　　　　　　　　　　　　　　　　证毕

例 13.11　$(\forall x)((\forall y)P(x) \lor (\forall z)Q(z,y) \to \neg(\forall y)R(x,y)) \Leftrightarrow$

$(\forall x)(P(x) \lor (\forall z)Q(z,y) \to \neg(\forall y)R(x,y)) \Leftrightarrow$

$(\forall x)(P(x) \lor (\forall z)Q(z,y) \to (\exists y)\neg R(x,y)) \Leftrightarrow$

$(\forall x)(P(x) \lor (\forall z)Q(z,y) \to (\exists u)\neg R(x,u)) \Leftrightarrow$

$(\forall x)((\forall z)(P(x) \lor Q(z,y) \to (\exists u)\neg R(x,u))) \Leftrightarrow$

$(\forall x)(\exists z)(P(x) \lor Q(z,x) \to (\exists u)\neg R(x,u)) \Leftrightarrow$

$$(\forall x)(\exists z)(\exists u)(P(x) \vee Q(z,y) \rightarrow \neg R(x,u))$$

定义 13.8 如果一个前束范式,它的不含量词的部分为合取范式,则称此前束范式为前束合取范式。类似地还可定义前束析取范式。

接着例 13.11 的结果继续进行:
$$\Leftrightarrow (\forall x)(\exists z)(\exists u)(\neg(P(x) \vee Q(z,y)) \vee \neg R(x,u)) \Leftrightarrow$$
$$(\forall x)(\exists z)(\exists u)(\neg P(x) \wedge (\neg Q(z,y)) \vee \neg R(x,u))$$

此结果为前束析取范式。
$$\Leftrightarrow (\forall x)(\exists z)(\exists u)((\neg P(x) \vee \neg R(x,u)) \wedge (\neg Q(z,y) \vee \neg R(x,u)))$$

此结果为前束合取范式。

前束范式的优点是使量词全集中于公式的前面,前束范式也有一定的缺点,主要是全称量词与特称量词混排无一定规则。1920 年斯柯林(Skolem)对此进行了改进,提出将前束范式中所有特称量词放在全称量词之前,进而在前束范式中消除特称量词。这种形式的范式就称为 Skolem 范式。关于 Skolem 范式的设计原理在此不详细介绍,下面仅给出其构造方法。

(1) 先将公式化为前束范式。

(2) 对某个特称量词,如果其前面无全称量词,则将公式中所有此变元用一个常量符号代替,然后将此特称量词删去。

(3) 对某个特称量词,如果它前面有 n 个全称量词 $(\forall x_1),(\forall x_2),\cdots(\forall x_n)$,则将公式中所有此变元出现之处,用一以 $x_1,x_2,\cdots,x_n$ 为自变元的函数来代替,然后将此特称量词删去。

例 13.12 设公式 G 已化为前束范式:
$$(\exists x)(\forall y)(\forall z)(\exists u)(\forall v)(\exists w)P(x,y,z,u,v,w)$$

用 a 代替 x,用 $f(y,z)$ 代替 u,用 $g(y,z,v)$ 代替 w,得公式 G 的 Skolem 范式为
$$(\forall y)(\forall z)(\forall v)P(a,y,z,f(y,z),v,g(y,z,v))$$

Skolem 范式在定理的机器证明中非常有用,定理的机器证明中著名的归结原理就是建立在 Skolem 范式上的。

习　　题

1. 将下列公式化为前束范式和 Skolem 范式。

(1) $(\forall x)P(x) \rightarrow (\exists x)Q(x)$;

(2) $(\forall x)(P(x) \rightarrow (\exists y)Q(x,y))$;

(3) $\neg((\forall x)P(x) \rightarrow (\exists y)(\forall z)Q(y,z))$;

(4) $(\exists x)(\neg(\exists y)P(x,y) \rightarrow ((\exists z)Q(z) \rightarrow R(x)))$;

(5) $(\forall x)(\forall y)((\exists x)(P(x,z) \wedge P(y,z)) \rightarrow P(y,z) \rightarrow (\exists u)Q(x,y,u))$;

(6) $\neg(\forall x)((\exists y)A(x,y) \rightarrow (\exists x)(\forall y)(B(y,x) \wedge (\forall y)(A(y,x) \rightarrow B(x,y))))$.

13.5 谓词逻辑的推理理论

谓词逻辑是命题逻辑的进一步深化和发展,因此,命题逻辑中的推理规则也是 T 规则,如 P 规则、T 规则和 CP 规则等亦可在谓词的推理理论中应用,但是,在谓词推理中,某些前提和结论可能受到量词的限制,为确定前提和结论之间的内部联系,必须在推理过程中有消去量词和添加量词的规则。下面介绍四条规则。

(1) 全称指定规则,简记 $US:(\forall x)A(x) \Rightarrow A(c)$。

这里,c 是论域中某个任意的客体。

(2) 特称指定规则,简记 $ES:(\exists x)A(x) \Rightarrow A(c)$。

这里,c 是论域中某个使 $A(x)$ 为真的客体,而不是任意客体。例如,$(\exists x)P(x)$ 和 $(\exists x)Q(x)$ 都真,但对于某些 a,不能断定 $P(a)$ 和 $Q(a)$ 都为真。

(3) 特称推广规则,简记为 $EG:A(c) \Rightarrow (\exists x)A(x)$。

这里,c 是论域中一个使 $A(x)$ 为真的客体,这个规则比较明显。

(4) 全称推广规则,简记为 $UG:A(c) \Rightarrow (\forall x)A(x)$。

在应用本规则时,必须能够证明论域中每个客体都能使 $A(x)$ 为真。

US 和 ES 主要用于推导过程中删除量词,一旦量词删去了,就可像命题逻辑一样完成推导过程,从而获得相应的结论。UG 和 EG 主要用于使结论呈量化形式。

例 13.13 证明:$(\forall x)(\forall y)(P(x,y) \to W(x,y)), \neg W(a,b) \Rightarrow \neg P(a,b)$

证 (1) $(\forall x)(\forall y)(P(x,y) \to W(x,y))$ P
    (2) $(\forall y)(P(a,y) \to W(a,y))$ $T(1)US$
    (3) $P(a,b) \to W(a,b)$ $T(2)US$
    (4) $\neg W(a,b)$ P
    (5) $\neg P(a,b)$ $T(3),(4)I$ 证毕

例 13.14 证明:
$(\forall x)(P(x) \to Q(x)) \land (\forall x)(R(x) \to \neg Q(x)) \Rightarrow (\forall x)(R(x) \to \neg P(x))$

证 (1) $(\forall x)(P(x) \to Q(x))$ P
    (2) $P(c) \to Q(c)$ $T(1)US$
    (3) $\neg Q(c) \to \neg P(c)$ $T(2)E$
    (4) $(\forall x)(R(x) \to \neg Q(x))$ P
    (5) $R(c) \to \neg Q(c)$ $T(3)US$
    (6) $R(c) \to \neg P(c)$ $T(3),(5)I$
    (7) $(\forall x)(R(x) \to \neg P(x))$ $T(6)UG$ 证毕

例 13.15 证明:$(\forall x)(H(x) \to M(x)), (\exists x)H(x) \Rightarrow (\exists x)M(x)$

证 (1) $(\exists x)H(x)$ P
    (2) $H(a)$ $T(1)ES$
    (3) $(\forall x)(H(x) \to M(x))$ P
    (4) $H(a) \to M(a)$ $T(3)US$

(5) $M(a)$ $T(2),(4)I$

(6) $(\exists x)M(x)$ $T(5)EG$

例 13.16 证明：$(\forall x)(P(x) \vee Q(x)) \Rightarrow (\forall x)P(x) \vee (\exists x)Q(x)$

证 (1) $\neg((\forall x)P(x) \vee (\exists x)Q(x))$ P(附加前提)

(2) $\neg(\forall x)P(x) \wedge \neg(\exists x)Q(x))$ $T(1)E$

(3) $\neg(\forall x)P(x)$ $T(2)I$

(4) $\neg(\exists x)Q(x)$ $T(2)I$

(5) $(\exists x)\neg P(x)$ $T(3)E$

(6) $(\forall x)\neg Q(x)$ $T(4)I$

(7) $P(c)$ $T(5)ES$

(8) $\neg Q(c)$ $T(6)US$

(9) $\neg P(c) \wedge \neg Q(c)$ $T(7),(8)I9$

(10) $\neg(P(c) \vee Q(c))$ $T(9)E$

(11) $(\forall x)(P(x) \vee Q(x))$ P

(12) $P(c) \vee Q(c)$ $T(11)US$

(13) $(P(c) \vee Q(c)) \wedge \neg(P(c) \vee Q(c))$ $T(10),(12)I$ 证毕

习   题

1. 试分析下列推导步骤有何错误。

(1) $(\forall x)(P(x) \rightarrow Q(x))$ P

(2) $P(c) \rightarrow Q(c)$ $T(1)US$

(3) $(\exists x)P(x)$ P

(4) $P(c)$ $T(3)ES$

(5) $Q(c)$ $T(2),(4)I$

(6) $(\exists x)Q(x)$ $T(5)EG$

2. 判断下列结论 C 是否是有效结论。

(1) $(\forall x)P(x) \rightarrow Q(x),(\exists y)P(y),C:(\exists x)Q(x)$

(2) $(\exists x)(P(x) \wedge Q(x)),C:(\forall x)P(x)$

(3) $(\exists x)P(x),(\exists x)Q(x),C:(\exists x)(P(x) \wedge Q(x))$

(4) $(\forall x)(P(x) \rightarrow Q(x)),\neg Q(a),C:(\forall x)\neg P(x)$

3. 在谓词逻辑中构造下面推理的证明。

(1) 每个科学家都是勤奋的，每个勤奋又身体健康的人在事业中都会获得成功。存在着身体健康的科学家。所以，存在着事业获得成功的人。

(2) 任何人违反交通规则，都要缴纳罚款。因此，如果没有罚款，则没有人违反交通规则。

4. 确定下列结论的有效性，对有效论证给出证明。

(1) 所有有理数都是实数，某些有理数是整数。因此，某些实数是整数。

(2) 某些三角函数是周期函数，某些周期函数是连续的，所以，某些三角函数是连续的。

参考文献

[1] 王义和. 离散数学引论[M]. 3版. 哈尔滨:哈尔滨工业大学出版社, 2007.

[2] 左孝凌, 李为鑑, 刘永才. 离散数学[M]. 上海:上海科学技术文献出版社, 1981.

[3] ROSEN K H. 离散数学及其应用[M]. 6版. 北京:机械工业出版社, 2011.

[4] JOHNSONB R. 离散数学[M]. 5版. 北京:人民邮电出版社, 2003.